KB169851

지구 생명의 (아주) 짧은 역사

지구 생명의 (아주) 짧은 역사

헨리 지 | 홍주연 옮김

까치

A (VERY) SHORT HISTORY OF LIFE ON EARTH
by Henry Gee

역자 홍주연(洪珠姸)

연세대학교 생명공학과를 졸업하고 서울대학교 대학원에서 미술이론 석사과정을 수료했다. 해외 프로그램 제작 PD와 영상 번역가로 일하면서 영화, 드라마, 다큐멘터리의 번역과 검수 및 제작을 담당했다. 현재 번역 에이전시 엔터스코리아에서 출판기획자 및 전문번역가로 활동 중이다. 옮긴 책으로는『생명의 위대한 역사』,『집은 결코 혼자가 아니다』,『똑똑 과학씨, 들어가도 될까요?』,『당신이 알지 못했던 걸작의 비밀』,『뭉크, 추방된 영혼의 기록』,『연필의 힘』 등 다수가 있다.

편집, 교정_ 권은희(權恩喜)

지구 생명의 (아주) 짧은 역사

저자 / 헨리 지
역자 / 홍주연
발행처 / 까치글방
발행인 / 박후영
주소 / 서울시 용산구 서빙고로 67, 파크타워 103동 1003호
전화 / 02 · 735 · 8998, 736 · 7768
팩시밀리 / 02 · 723 · 4591
홈페이지 / www.kachibooks.co.kr
전자우편 / kachibooks@gmail.com
등록번호 / 1-528
등록일 / 1977. 8. 5
초판 1쇄 발행일 / 2022. 7. 28

값 / 뒤표지에 쓰여 있음

ISBN 978-89-7291-776-2 03470

멘토이자 친구였던 제니 클랙(1947-2020)을 추모하며

차례

연대표 1. 우주 속의 지구

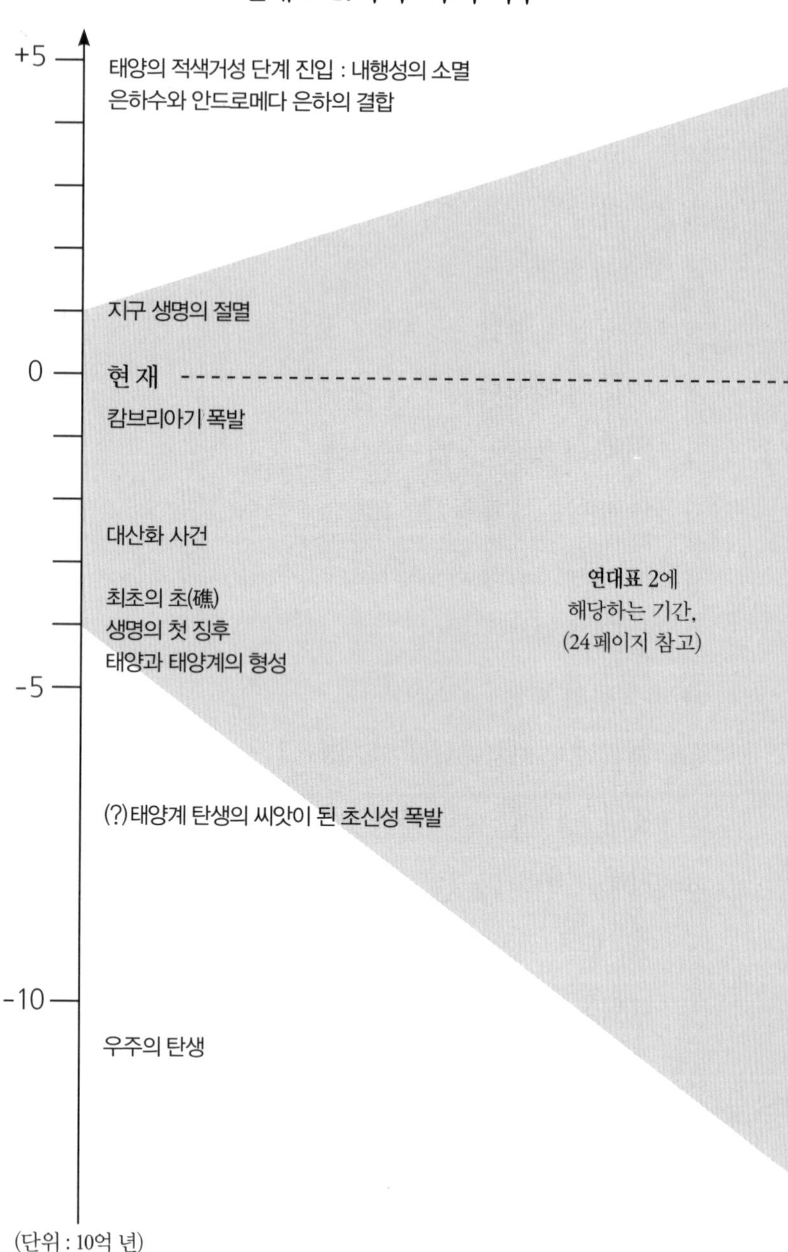
+5
태양의 적색거성 단계 진입 : 내행성의 소멸
은하수와 안드로메다 은하의 결합
지구 생명의 절멸
0
현 재
캄브리아기 폭발
대산화 사건
최초의 초(礁)
생명의 첫 징후
태양과 태양계의 형성
-5
연대표 2에
해당하는 기간,
(24 페이지 참고)
(?)태양계 탄생의 씨앗이 된 초신성 폭발
-10
우주의 탄생
(단위 : 10억 년)

1

불과 얼음의 노래

아주 오랜 옛날, 거대한 별 하나가 죽어가고 있었다. 수백만 년 동안 타오르던 이 별의 중심부에 자리한 용광로에는 더 이상 태울 연료가 없었다. 별은 수소 원자를 융합하여 헬륨을 만들 때에 발생하는 에너지로 빛을 내고 있었다. 이 에너지는 단지 별을 빛나게만 한 것이 아니라 별 자체의 중력이 안쪽으로 끌어당기는 힘에 대항하는 데에도 필수적이었다. 사용 가능한 수소가 고갈되어가자, 별은 헬륨을 융합하여 탄소나 산소처럼 더 무거운 원소의 원자들을 만들기 시작했다. 하지만 이제는 태울 수 있는 것이라고는 거의 남아 있지 않았다.

결국 연료가 완전히 바닥났다. 그러자 중력이 승리했고, 별은 안쪽을 향해 붕괴되었다. 수백만 년 동안 타올랐던 별이지만 붕괴는 순식간이었다. 이로 인해서 발생한 폭발적인 반동이 우주를 환하게 밝혔다. 초신성이었다. 그 별의 행성계에 생명이 존재했다면 이때 전멸했을 것이다. 하지만 별의 죽음이라는 대재앙 속에서 새로운 무엇인가의 씨앗이 생겨났다. 별의 일생의 마지막 순간에 만들어진 규소, 니켈, 황, 철 등 무거운 원소들이 별의 폭발과 함께 아주 멀리까지 퍼져나갔다.

수백만 년 후, 초신성 폭발의 중력 충격파가 기체와 먼지,

얼음으로 이루어진 구름을 통과했다. 중력파에 의한 팽창과 수축으로 구름의 형태가 무너졌다. 뭉쳐진 구름은 회전하기 시작했다. 중력이 끌어당기는 힘에 의해서 구름의 중심에 있는 기체들이 응축되면서 원자들이 서로 융합했다. 수소 원자의 융합으로 헬륨이 생성되면서 빛과 열이 발생했다. 이렇게 하여 별의 생애 주기가 완성되었다. 오래된 별의 죽음으로부터 또다른 새로운 별이 태어난 것이다. 바로 우리의 태양이다.

기체와 먼지, 얼음으로 이루어진 구름 안에는 초신성에서 만들어진 원소들이 풍부했다. 새롭게 생긴 태양 주변을 빙빙 돌던 구름들도 뭉쳐져서 행성계를 이루었다. 그 행성들 중 하나가 우리의 지구이다. 갓 태어난 지구는 우리가 지금 아는 모습과 많이 달랐다. 그 당시 지구의 대기는 메테인, 이산화탄소, 수증기와 수소로 이루어져 있어서 만약 우리가 그 자리에 있었다면 숨을 쉬지 못했을 것이다. 녹은 용암으로 뒤덮인 표면은 소행성, 혜성, 심지어 다른 행성들과의 충돌로 끊임없이 흔들렸다. 현재 화성만 한 크기의 행성이었던 테이아도 그들 중 하나였다.[1] 테이아는 지구와 비스듬한 각도로 충돌한 후에 붕괴되었다. 이 충돌로 지구 표면의 많은 부분이 떨어져 나가 우주 공간으로 분출되었다. 지구는 이렇게 해서 형성된 고리를 마치 토성처럼 몇백만 년 동안 주위에 두르고 있었다. 그러다가 그 고리들이 하나로 합쳐져 또다른 새로운 세계를 만들어냈다. 바로 달이다.[2] 이 모든 일이 약 46억 년 전에 일어났다.

다시 수백만 년이 흘렀다. 지구의 온도가 어느 정도 내려가자 대기 중의 수증기가 응축되어 비가 내리기 시작했다. 그리고 이 비가 다시 수백만 년 동안 내려 최초의 바다를 형성했다. 오로지 바다뿐이었다. 육지는 없었다. 한때 타오르는 불덩이였던 지구는 이제 물의 세계가 되어 있었다. 그렇다고 평온해진 것은 아니었다. 그 당시 지구는 지금보다 더 빠른 속도로 자전했다. 검은 수평선 위로 새롭게 생긴 달이 흐릿하게 떠올라 있었고, 밀려오는 물결은 모두 해일이었다.

행성은 아무렇게나 뒤섞인 암석 덩어리가 아니다. 지름이 수백 킬로미터 이상 되는 행성은 시간이 지날수록 층이 나뉜다. 알루미늄, 규소, 산소처럼 밀도가 낮은 물질은 서로 결합하여 지표면 근처의 가벼운 암석층을 이루고, 니켈, 철처럼 밀도가 높은 물질은 중심부 쪽으로 가라앉는다. 오늘날 지구의 핵은 액체 상태의 금속으로 이루어진 공의 형태로 회전하고 있다. 핵이 고온을 유지하는 이유는 중력, 그리고 우라늄과 같은 무거운 방사성 원소들의 붕괴 때문이다. 먼 옛날 초신성의 마지막 순간에 만들어진 원소들이다. 지구가 돌고 있기 때문에 핵에서는 자기장이 생성된다. 지구를 뚫고 우주로 뻗어나가는 이 자기장이 지구를 태양풍으로부터 보호해준다. 태양풍은 태양으로부터 끊임없이 쏟아지는 에너지 입자들을 가리키는 말이다. 전하를 띤 이 입자들은 지구의 자기장과 만나 튕겨나가거나 지구 주변을 돌아 우주 공간으로 흘러간다.

액체 상태의 핵이 방출하는 열 때문에 지구는 마치 스토브 위에 올려놓은 냄비 속의 물처럼 계속 끓고 있다. 지구 표면으로 올라오는 열은 그 위를 덮은 층을 부드럽게 만들어, 밀도는 낮지만 더 단단한 지각을 부수고, 부서진 조각들을 밀어내어, 그 사이에 새로운 바다를 만든다. 이 지각판들은 끊임없이 움직이면서 서로 부딪치거나, 스쳐 지나가거나, 다른 판 아래로 파고들어간다. 이러한 움직임이 대양의 바닥에 깊은 해구를 파고, 높은 산맥을 솟아오르게 하고, 지진과 화산 폭발을 일으키고, 새로운 육지를 만들어낸다.

벌거벗은 산들이 하늘을 향해 치솟을 때, 지각판의 가장자리에서는 엄청난 양의 지각이 깊은 해구 속으로 빨려들었다. 침전물과 물로 이루어진 이 지각이 지구 내부 깊숙이 끌려갔다가 다시 표면으로 올라올 때는 새로운 형태로 바뀌었다. 사라진 대륙 가장자리의 해저 침전물이 수억 년 후, 화산 폭발로 다시 위로 올라오거나[3] 다이아몬드로 바뀌어 있을지도 모른다.

이런 소란과 재난 속에서 생명이 시작되었다. 생명을 먹이고, 키우고, 발달시키고, 자라게 만든 것이 바로 이런 소란과 재난이었다. 생명은 지각판의 가장자리가 무너져내린 깊은 바닷속에서 진화하기 시작했다. 풍부한 광물을 함유한 뜨거운 물줄기가 어마어마한 압력을 받아 해저의 갈라진 틈으로부터 솟구치는 곳이었다.

초기의 생물은 바위의 미세한 틈을 덮고 있는 거품 낀 막에 지나지 않았다. 상승하는 해류가 거세져서 소용돌이가 되었다가 힘을 잃을 때, 바위의 틈과 구멍 속에 광물이 풍부한 파편들을 떨어뜨려 형성된 막이었다.[4] 불완전한 형태의 이 막은 마치 체처럼 일부 물질만을 통과시켰다. 구멍이 여기저기 뚫려 있기는 했지만 막 안의 환경은 거칠고 험한 바깥세상과는 달리 좀더 차분하고 정연했다. 지붕과 벽을 갖춘 통나무 오두막이라면 아무리 문이 쾅쾅 소리를 내며 여닫히고 창문이 흔들리더라도 바깥의 얼음장 같은 돌풍을 막아주는 안식처가 되는 법이다. 막에 뚫린 구멍은 에너지와 양분이 들어오는 입구이자 노폐물을 내보내는 출구로 활용되었다.[5]

이 작은 웅덩이들은 바깥세상의 화학적 소란으로부터 보호를 받을 수 있는 정돈된 안식처였다. 이들은 에너지 생성 방식을 천천히 개선해가면서 그 에너지를 이용하여 또다른 작은 거품들을 만들어냈다. 새로 만들어진 거품들은 자신을 낳은 막의 일부에 감싸여 있었다. 처음에는 무작위로 만들어졌지만 점점 예측 가능한 형태가 되었다. 막 내부에서 새로운 거품들에게 복제해서 물려줄 수 있는 화학적 틀이 발달한 결과였다. 이로써 새로운 세대의 거품들은 부모의 형태를 충실히 모방하게 되었다. 덜 질서정연한 거품들은 희생되고, 더 효율적인 거품들은 번성하기 시작했다.

이 단순한 형태의 거품들은 생명의 초창기에 일시적으로나마 그리고 큰 노력을 들여서 엔트로피(우주 내의 무질서 총량)가 계속해서 증가하는 것을 멈추는 방법을 찾아냈다. 이것은 생명의 핵심적인 특징이다. 이 작은 비누 거품 같은 세포들은 마치 꽉 쥔 조그만 주먹처럼 생명이 없는 세계와 맞서고 있었다.[6]

생명의 가장 놀라운 점은—그 존재 자체를 제외하면—그것이 놀라울 정도로 일찍 시작되었다는 사실일 것이다. 생명은 지구가 형성된 지 1억 년 만에, 달에 커다란 충돌구를 만들 정도로 거대한 천체들이 어린 지구 위로 여전히 쏟아지고 있던 그 시절, 화산 활동으로 형성된 지구 깊숙한 곳에서 발생했다.[7] 약 37억 년 전에는 어둠 속에 잠긴 심해로부터 햇빛이 비치는 표층수까지 생물들이 퍼져나갔다.[8] 그리고 34억 년 전쯤에는 수없이 많은 생명체가 모여 우주에서도 보이는 초(礁)를 형성하기 시작했다.[9] 지구상에 생명이 완전히 자리를 잡은 것이다.

이 초를 이룬 것은 산호가 아니었다. 산호초는 약 30억 년 후에야 형성되었다. 이 시기의 초는 시아노박테리아라고 불리는 미생물이 만들어낸 머리카락처럼 가느다란 녹색 실과 점액 덩어리로 이루어져 있었다. 오늘날 연못 위를 녹청색 찌꺼기로 뒤덮는 바로 그 생물이다. 이들은 바위와 해저를 잔디처럼 뒤덮고 있다가 폭풍이 불어오면 모래 속에 묻힌다. 그리고 그 위를 다시 뒤덮었다가 다시 모래에 묻히고, 이 과정이 반복되는 동안 점액과 침전물이 층을 이루며 쿠션처럼 푹신한 언덕을 이룬다. 이 언덕 같은 덩어리를 스트로마톨라이트라고 부른다. 이들은 지구상에서 가장 오랫동안 번성한 생물 형태이며, 약 30억 년 동안 반박의 여지가 없는 지구의 지배자였다.[10]

☼

생명이 시작될 무렵의 세계는 따뜻했지만,[11] 바람 소리와 바다 소리 외에는 아무 소리도 들리지 않았다. 바람이 부는 대기 중에는 산소가 거의 없었다. 상층 대기를 보호해주는 오존층이 없었으므로 곧장 들어온 태양의 자외선이 해수면 위나 해수면 아래 몇 센티미터 안쪽에 있는 모든 것을 죽였다. 시아노박테리아 군체는 자외선에 대한 방어 수단으로, 이 유해한 광선을 흡수하는 색소를 진화시켰다. 그리고 이렇게 흡수한 에너지를 이용해서 화학반응을 일으켰다. 그중에 탄소, 수소, 산소 원자를 결합하여 당과 탄수화물을 생성하는 반응이 있었다. 우리가 "광합성"이라고 부르는 이 과정을 통해서 유해한 것들이 생산물로 바뀌었다.

오늘날 식물에서 에너지를 수확하는 색소를 엽록소라고 부른다. 엽록소는 태양 에너지를 이용해서 물을 수소와 산소로 분해하고 이때 방출되는 에너지로 더 많은 화학반응을 일으킬 수 있다. 지구 초기에는 철 또는 황을 포함한 광물도 원료로 삼았을 가능성이 높다. 그러나 가장 좋은 원료는 그때나 지금이나 가장 풍부한 물질인 물이었다. 다만 문제가 있었다. 물로 광합성을 할 때는 뭐든 닿으면 태워버리는 무색무취의 기체가 부산물로 발생한다는 것이었다. 우주에서 가장 위험한 물질 중 하나인 이 기체는 바로 유리산소(O_2)이다.

바다와 유리산소가 없는 대기 중에서 진화한 초기 생명체에게 이 물질은 환경적 재난이었다. 시아노박테리아가 처음 산소를 발생시키는 광합성을 시도하던 약 30억 년 전에는 유리산소가 매우 드물어서 기껏해야 극소량의 오염 물질이라고 부를 수 있을 정도였다. 그러나 산소는 그것이 없는 환경에서 진화한 생물에게는 극소량이라도 재앙이라고 할 수 있을 만큼 강력한 물질이다. 소량의 산소가 여러 세대에 걸쳐 생물들을 태워 죽이면서 지구 역사상 최초의 대규모 멸종을 초래했다.

❂

유리산소가 더 풍부해진 것은 약 24억 년 전부터 21억 년 전 사이의 격변기에 발생한 "대산화 사건(Great Oxidation Event)"을 통해서였다. 아직 원인이 정확히 밝혀지지 않은 이 사건으로 대기 중의 산소 농도는 현재 수준인 21퍼센트 이상으로 급격하게 상승했다가 다시 약 2퍼센트 이하로 떨어져 안정되었다. 오늘날의 기준으로 보면 여전히 호흡이 어려울 정도로 낮은 농도이지만, 이 사건이 생태계에 미친 영향은 지대했다.[12]

지각 활동의 급증으로 탄소가 풍부한 유기 폐기물, 즉 수 세대에 걸친 생물 사체가 대규모로 해저에 묻혔다. 이러한 물질과 접촉할 수 없게 되자, 뭐든지 닿으면 반응을 일으키는 유리

산소가 남아돌게 되었다. 대신 산소는 철을 산화철로, 탄소를 석회석으로 바꾸어 암석들을 만들었다.

새롭게 형성된 암석들이 메테인과 이산화탄소 같은 기체들을 흡수하자, 이 기체들의 대기 중 농도가 낮아졌다. 메테인과 이산화탄소는 지구를 따뜻하게 유지해주는 단열 담요의 속재료와도 같은 기체들이다. "온실 효과"라고 부르는 현상을 촉진시키는 이 기체들이 감소하자, 지구는 최초이자 최대 규모의 빙하기로 돌입했다. 극지방에서 극지방으로 빙하가 퍼져나가면서 이후 약 3억 년 동안 지구 전체가 얼음으로 뒤덮였다. 하지만 대산화 사건과 그후에 일어난 "눈덩이 지구(Snowball Earth)" 같은 종말적 재난 속에서도 지구상의 생명은 언제나 번성했다. 수많은 생물들이 죽었지만 생명 자체는 그 다음에 있을 혁명을 향해 달려가고 있었다.

❂

지구 역사의 첫 20억 년 동안, 가장 정교한 생명의 형태는 세균의 세포를 토대로 만들어진 것이었다. 세균의 세포는 아주 단순하다. 단일 세포든, 서로 달라붙은 채 해저를 뒤덮고 있든, 혹은 시아노박테리아처럼 길고 가느다란 실 형태를 이루고 있든 마찬가지이다. 각각의 세포는 아주 작다. 작은 핀의 머리 부분에 우드스탁 페스티벌의 관객 수만큼의 세균을 집어넣어도 공간이 남아돌 정도이다.[13]

현미경으로 들여다보면 세균의 세포는 단순하고 특징이 없어 보인다. 우리는 그 단순함에 속기 쉽다. 사실 세균은 습성과 서식지에 관한 적응력이 뛰어나다. 이들은 거의 어디에서든 살 수 있다. 사람의 몸 안과 몸 위에 존재하는 세균 세포의 수는 사람 자체의 세포 수보다 훨씬 더 많다. 심각한 질병을 일으키는 세균도 있지만, 인간의 장 내부에서 소화를 도와주는 세균이 없다면 우리도 살아갈 수 없을 것이다.

인체 내부는 산도와 온도가 매우 다양한 공간이지만, 세균의 입장에서 보면 온화한 환경이다. 끓고 있는 주전자의 온도 정도는 훈훈한 봄날로 여기는 세균도 있다. 원유(原油), 인간에게 암을 일으키는 용액, 심지어 핵폐기물 속에서 번성하는 세균도 있다. 어떤 세균들은 우주의 진공 상태, 극한의 온도나 압력, 소금 알갱이 속에서도 수백만 년을 살 수 있다.[14]

세균 세포들은 작지만 함께 모여 사는 습성을 지닌 것으로 잘 알려져 있다. 서로 다른 종의 세균들이 무리를 지어 화학 물질을 교환하고, 한 종의 노폐물이 다른 종의 먹이가 되기도 한다. 앞에서 언급했던 대로 지구상에 남아 있는 가장 오래된 생명체의 흔적인 스트로마톨라이트도 서로 다른 종의 세균들이 이룬 군집이었다. 이들은 심지어 유전자의 일부를 서로 교환하기도 한다. 이렇게 교환이 쉬운 덕분에 오늘날의 세균들은 항생제에 대한 내성을 진화시킬 수 있다. 특정 항생제에 대한 내성 유전자가 없는 세균이 서식지를 공유하는 다른 종으로부터 자유롭게 유전자를 빌려올 수 있기 때문이다.

이렇게 서로 다른 종들끼리 군집을 이루는 세균의 습성이 새로운 진화적 혁명으로 이어졌다. 함께 모여 사는 생활에서 한 단계 더 나아가 유핵세포를 발달시킨 것이다.

❁

약 20억 년 전, 소규모의 세균 군체들이 하나의 막(membrane) 안에서 함께 살아가기 시작했다.[15] 이러한 습성은 오늘날 고세균이라고 불리는 아주 작은 세균 세포가 필수적인 영양분을 얻기 위해서 주변 세포들에게 의존하면서 시작되었다.[16] 이 작은 세포는 유전자와 물질을 더 쉽게 교환하기 위해서 이웃 세포들에게로 손을 뻗었다. 자유분방한 공동체의 구성원이었던 세포들은 점점 더 상호의존적이 되어갔다.

구성원들은 각자 한 가지 역할에만 집중했다. 햇빛을 이용하는 일에 특화되어 있던 시아노박테리아는 오늘날 식물 세포 안에서 볼 수 있는 연녹색 입자인 엽록체가 되었다. 먹이로부터 에너지를 얻는 일을 맡고 있던 또다른 종류의 세균은 미토콘드리아라는 분홍색의 작은 동력 장치가 되었다. 이 미토콘드리아는 오늘날 동식물을 막론하고 핵을 가진 거의 모든 세포 안에서 발견된다.[17] 그리고 역할에 상관없이 모든 세포는 자신들의 유전 자원을 중앙에 있는 고세균 안에 모았는데, 이것은 세포의 유전 정보와 기억, 유산이 들어 있는 도서관이자 저장소인 세포핵이 되었다.[18]

이러한 분업은 군체의 삶을 훨씬 더 간결하고 효율적으로 만들어주었다. 느슨했던 군체는 이제 통합된 개체이자 생명의 새로운 체계가 되었다. 이것이 바로 유핵세포, 혹은 진핵세포이다. 진핵세포로 이루어진 유기체는 단세포 생물이든 다세포 생물이든 모두 "진핵생물"이라고 부른다.[19]

❁

핵의 진화는 더 조직화된 재생산 체계를 가능하게 했다. 일반적으로 세균의 세포는 둘로 나누어져 부모 세포와 똑같은 두 개의 세포를 만드는 방식으로 번식을 한다. 유전물질의 추가로 일어나는 변이는 단편적이고 무작위적이다.

반면 진핵생물의 경우에는 부모가 각자 특화된 생식세포를 만들어낸다. 이것은 매우 정교한 유전물질 교환의 수단이 된다. 부모의 유전자가 함께 뒤섞여 부모 중 어느 쪽과도 다른 별개의 개체를 위한 설계도를 만든다. 우리는 이러한 유전물질의 우아한 교환을 "성(性)"이라고 칭한다.[20] 이로 인한 유전적 변이의 증가는 다양성의 증가로 이어졌다. 다양한 종류의 진핵생물들이 진화했고, 시간이 지나면서 진핵세포들이 모여 이루어진 다세포 생물이 출현하게 되었다.[21]

진핵생물은 약 18억5,000만 년–8억5,000만 년 전 사이에 조용히 생겨났다.[22] 그리고 약 12억 년 전부터 현생 조류와 균류의 단세포 조상이라고 할 수 있는 형태와 단세포의 원생생물로 분화되기 시작했다.[23] 이들은 최초로 바다를 벗어나서 민물 연못과 내륙의 개울을 서식지로 삼았다.[24] 생물이 살지 않던 해안들이 조류, 균류, 지의류로 뒤덮이기 시작했다.[25]

심지어 일부 생물들은 다세포 생물의 삶을 실험해보기도 했다. 12억 년 전의 해초인 방기오모르파(*Bangiomorpha*),[26] 약 9억 년 전의 균류인 오우라스파이라(*Ourasphaira*)[27]가 그 예이다. 더 기이한 생물들도 있었다. 현재까지 알려진 가장 오래된 다세포 생물의 흔적은 무려 21억 년 전의 것이다. 이 생물들 중 일부는 지름이 12센티미터나 되어서 미생물이라고 할 수 없지만, 오늘날의 우리가 보기에는 너무나 독특한 형태여서 조류나 균류 또는 다른 생물과의 관계가 명확하지 않다.[28] 일종의 세균 군체였을 수도 있지만 세균이든 진핵생물이든 그외의 다른 종류든 간에 완전히 다른 범주의 생물이 한때 존재했으나, 후손을 남기지 않고 멸종했기 때문에 우리가 파악하기가 어려울 가능성도 배제할 수 없다.

초기 지구의 초대륙인 로디니아의 첫 균열과 붕괴를 알리는 굉음이 들려왔다. 당시의 주요한 육괴(陸塊)가 모두 포함된 대륙이었다.[29] 이러한 분열의 결과, 대산화 사건 이후로 볼 수 없었던 규모의 빙하기가 연달아 이어졌다. 빙하기는 약 8,000만 년간 지속되었고 이전의 빙하기와 마찬가지로 지구 전체를 뒤덮었다. 하지만 생명은 다시 한번 이러한 시련을 이겨냈다.

평화로운 해초, 조류, 균류, 지의류로 시작한 생명의 세계가 강하고, 기동성 있고, 호전적인 면모를 드러내기 시작했다.

불 속에서 벼려진 생명은 얼음 속에서 더욱 단단해졌다.

연대표 2. 지구의 생명

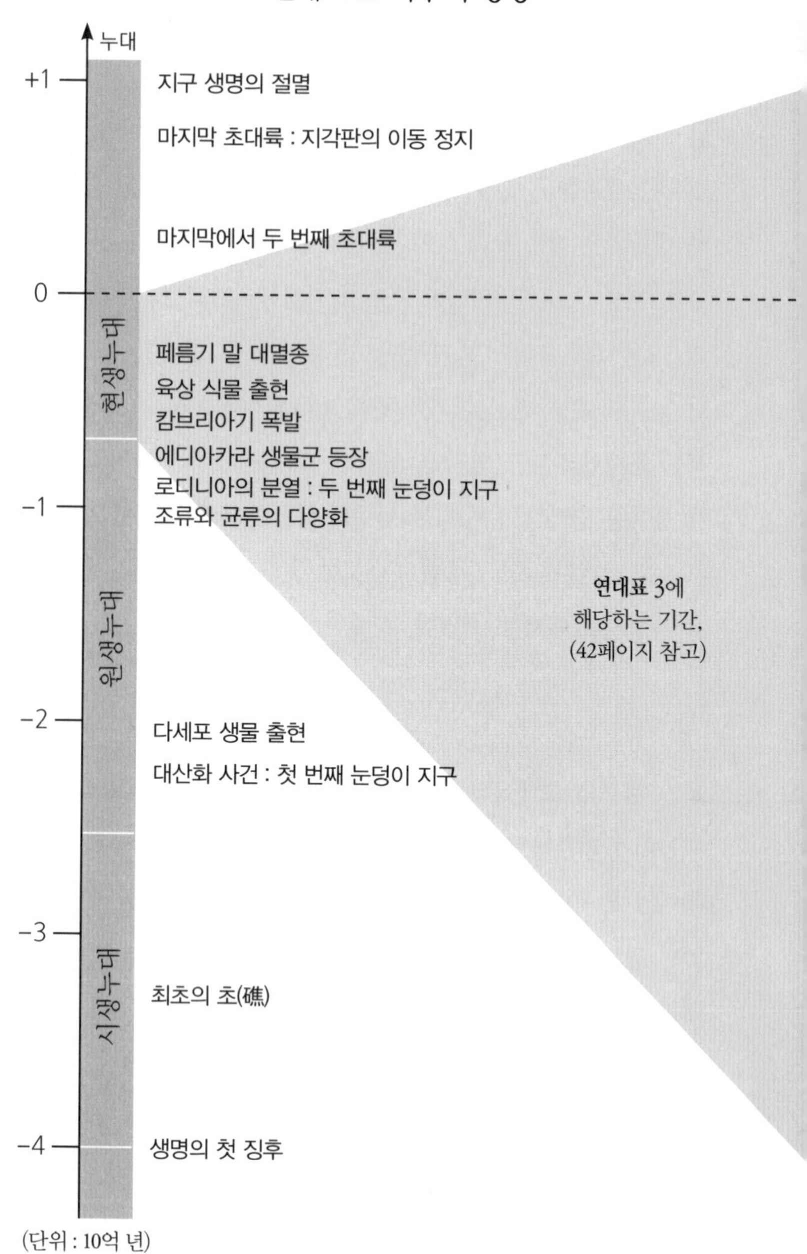
누대
+1
0
-1
-2
-3
-4
현생누대
원생누대
시생누대
지구 생명의 절멸
마지막 초대륙 : 지각판의 이동 정지
마지막에서 두 번째 초대륙
페름기 말 대멸종
육상 식물 출현
캄브리아기 폭발
에디아카라 생물군 등장
로디니아의 분열 : 두 번째 눈덩이 지구
조류와 균류의 다양화
다세포 생물 출현
대산화 사건 : 첫 번째 눈덩이 지구
최초의 초(礁)
생명의 첫 징후
연대표 3에
해당하는 기간,
(42페이지 참고)
(단위 : 10억 년)

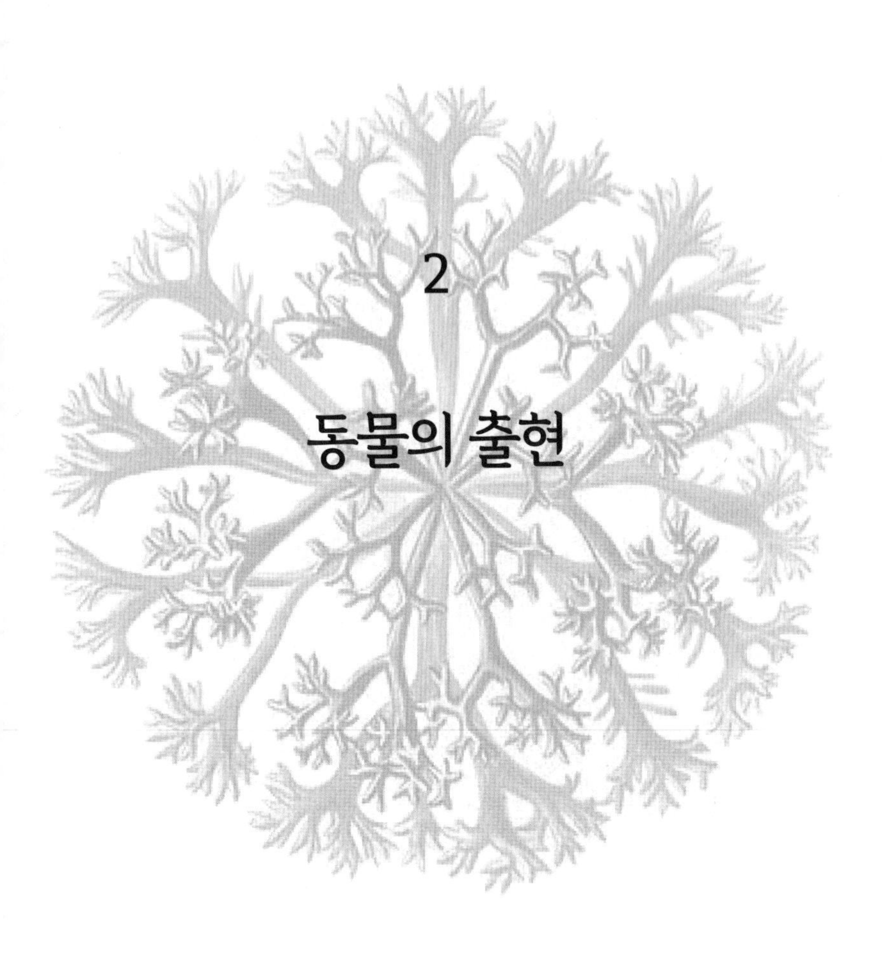

2

동물의 출현

초대륙 로디니아의 분열은 약 8억2,500만 년 전에 시작되었다. 이 분열은 약 1억 년간 지속되며 적도 주변을 고리처럼 둘러싼 대륙들을 남겼다. 분열과 함께 일어난 대규모의 화산 폭발로 어마어마한 양의 화산암이 지표면에 형성되었다. 그중 대부분은 현무암이라는 화성암이었다. 현무암은 비바람에 쉽게 풍화된다. 새롭게 갈라져 나온 육괴의 상당수는 온도와 습도가 높은 열대에 위치하고 있어 풍화가 더욱 심했다.

비바람에 깎여 바닷속으로 들어간 것은 현무암만이 아니었다. 탄소가 포함된 어마어마한 양의 퇴적물도 산소가 닿지 않는 깊은 바닷속으로 들어갔다. 탄소가 산화되어 이산화탄소가 되면 온실 효과가 발생하여 지구가 따뜻해진다. 하지만 대기 중의 탄소가 줄어들면 온실 효과가 사라지면서 지구도 식는다. 탄소와 산소, 이산화탄소가 함께 추는 이 춤의 리듬이 그후 지구와 그 위를 점령한 생명의 역사를 좌우하게 되었다.

로디니아의 파편들이 풍화된 결과, 약 7억1,500만 년 전부터 지구는 다시 약 8,000만 년간 이어지는 전 지구적 규모의 빙하기로 들어섰다.

약 10억 년 전에 일어난 대산화 사건에 이어 찾아온 이 빙하

기는 진화의 원동력이 되었다. 더 활동적인 진핵생물, 바로 동물들이 출현하는 계기가 된 시기였다.[1]

❁

바닷속으로 밀려들어간 탄소는 대양으로 진입했다. 이 바다에서 산소가 포함된 부분은 대기와 접촉하고 있는 해수면의 얇은 층뿐이었다. 그나마 대기 중의 산소 농도도 현재의 10분의 1 정도에 지나지 않았고, 햇빛을 받는 해수면의 산소 농도는 더 낮았다. 이 문장 끝에 찍힌 마침표보다 큰 동물은 생존할 수 없는 수준이었다.

그러나 극소량의 산소만으로도 살아갈 수 있는 동물들이 있었다. 바로 해면(海綿)이다. 해면은 로디니아가 분열되기 시작한 약 8억 년 전에 처음 출현했다.[2]

해면은 예나 지금이나 아주 단순한 동물이다. 해면의 어린 개체는 작고 이동할 수 있지만 성체는 평생 한곳에서만 머문다. 해면 성체의 형태는 단순해서 수천 개의 작은 구멍과 통로, 빈 공간이 뚫려 있는 비정형의 세포 덩어리에 지나지 않는다. 이 공간 내부를 감싸고 있는 세포들은 섬모(纖毛)라고 불리는 머리카락처럼 긴 기관으로 물줄기를 끌어들인다. 다른 세포들은 물줄기 속의 양분을 흡수한다. 해면에는 별도의 장기나 조직이 없다. 살아 있는 해면을 체로 걸러낸 다음 물에 넣으면 다시 모여서, 형태만 다를 뿐 생명에도 기능에도 지장이 없는 해면을 형성할 것이다. 해면은 에너지와 산소가 거의 필요 없는 단순한 생물이다. 하지만 단순한 것을 폄하할 이유는 없다. 지구에 정착한 최초의 해면들은 그후의 세상을 바꿔 놓았다.

해저를 덮은 점액질의 카펫 속에서 살아가는 해면들은 물속의 입자들을 체처럼 걸러냈다. 하루에 해면 하나를 통과하는 물의 양은 적었지만 수천만 년 동안 수십억 개의 해면을 통해서 걸러지는 양은 어마어마했다. 이렇게 느리고 꾸준한 해면의 작용은 해저에 더 많은 탄소를 축적시켜 산소와 반응할 수 없게 만들었다. 해면이 주변의 유기 물질을 걸러내니 산소를 빨아들이는 부패균들이 소화할 물질도 줄어들었다. 그 결과 바닷속과 그 위 대기 중의 산소량이 서서히 증가했다.[3]

해면이 사는 곳보다 한참 위쪽, 햇빛이 비치는 해수면 근처의 바닷속에서는 해파리와 벌레처럼 생긴 작은 동물들이 더 작은 진핵생물과 플랑크톤 형태의 세균을 먹고 살았다.[4] 표층수에는 원래 산소가 더 풍부했다. 그러나 플랑크톤이 죽으면 탄소가 풍부한 사체가 물속을 부유하지 않고 빠르게 해저로 가라앉기 때문에 산소 분자와 접촉할 수 있는 탄소가 줄어들어 바닷속과 대기 중에는 더 많은 산소가 축적되었다.

육안으로 볼 수 있을 만큼 크기가 큰 종류도 있었지만 플랑크톤에 속하는 생물들은 대부분 크기가 매우 작아서 영양분과 노폐물이 단순한 확산을 통해서 몸 안팎으로 드나들 뿐이었다. 조금 더 큰 생물들은 영양분이 들어오고 노폐물이 나갈 수 있는 특별한 공간을 진화시켰다. 이 공간이 바로 입이었다. 다만 이 입은 항문의 역할도 동시에 수행했다.

달리 구분되는 특징이 없던 일부 종의 벌레들에게 항문이 생겨났고 이는 생물권의 혁명으로 이어졌다. 처음으로 묽은 형태가 아니라 단단하게 응축된 배설물이 만들어졌다. 이러한 배설물은 물속에서 천천히 퍼져나가지 않고 빠르게 해저로 가라앉았다. 말 그대로 해저까지의 경주였다. 산소를 빨아들이는 부패 세균은 물줄기 속이 아니라 해저 근처에서 집중적으로 활동하기 시작했다. 한때 탁했던 바다는 더 맑아지고 산소가 풍부해졌다. 더 큰 생물이 진화하기에 충분한 환경이 된 것이다.[5]

항문의 발달은 또다른 결과를 가져왔다. 한쪽에 입이 있고 반대쪽에 항문이 있는 동물은 확실한 이동 방향을 가진다. 앞쪽이 "머리"이고 뒤쪽이 "꼬리"가 되는 것이다. 처음에 이 동물들은 20억 년 이상 해저에 두껍게 쌓인 점액질의 카펫을 갉아먹으며 살았다.

그러다가 그 아래쪽으로 파고들기 시작했다. 그리고 점액 자체를 먹었다. 대적할 상대가 없었던 스트로마톨라이트의 지배 시대는 끝났다.

그리고 점액을 모두 먹어치운 동물들은 이제 서로를 먹이로 삼기 시작했다.

❁

여전히 전 세계적인 빙하 작용이라는 작은 문제가 남아 있었다. 하지만 진화적 변화는 역경 속에서 더 잘 일어난다. 해초들이 번성했고, 이는 초기의 동물들에게 세균보다 더 영양이 풍부한 먹이가 되어주었다.[6]

혹독한 "눈덩이 지구" 상태 때문에 동물들은 복잡성을 증가시키는 방향으로 진화해야만 했을지도 모른다. "너를 죽이지 못하는 고통은 너를 더 강하게 만든다"는 말처럼 초기의 동물들은 역사상 가장 힘든 시절을 이겨내기 위한 회복력을 갖춰야 했다. 역사상 모든 빙하기가 그러했듯이 이 빙하기도 결국 물러갔을 때, 동물들은 더 날렵하고 사나워진 채 지구가 가하는 어떤 시련이든 받아들일 준비가 되어 있었다.

❁

동물들이 갑자기 많이 출현한 것은 6억3,500만 년 전경, 에디아카라기라고 불리는 시기였다. 복잡한 동물이 처음 등장한 이 시기에는 엽상체(葉狀體)와 유사한 아름다운 형태가 번성했다. 이중 많은 수는 범주화가 불가능하다.[7] 그중 일부는 동물이었지만, 나머지는 지의류나 진균류, 혹은 유연관계가 불확실한 군체 생물, 그것도 아니면 비교할 대상이 없는 완전히 새로운 생물이었을 수도 있다.

이중에 디킨소니아(*Dickinsonia*)라고 불리는 유난히 아름다운 생물이 있었다. 폭이 넓고 팬케이크처럼 납작하며 몸이 분절된 형태였다. 이 생물이 오늘날의 지렁이나 괄태충처럼 퇴적물 위를 우아하게 미끄러지는 모습을 상상하기는 어렵지 않다.[8] 킴베렐라(*Kimberella*)라고 불리는 또다른 화석은 연체동물의 초기 조상이 남긴 흔적일지도 모른다.[9] 랑게오모르프(*Rangeomorph*)라는 생물은 분류가 더 어렵다. 나뭇잎을 닮은 이 생물은 평생 한곳에 머물러 살았을 것으로 추정되지만, 마치 딸기처럼 부모 생물의 주변에서 새로운 군체들이 갈라져 나왔다.[10] 이렇게 기이하게 아름다운 생물들로 이루어진 세계는 평온하고 고요했다. 이들은 얕은 바닷속이나 해안의 해초들 사이에서 흩어져 살았다.[11]

❁

에디아카라기 초기의 생물들은 주로 부드러운 몸에 엽상체를 닮은 형태였다. 좀더 확실히 동물과 같은 형태를 갖추고, 이동을 했을 가능성이 있는 생물이 출현한 것은 더 나중인 약 5억 6,000만 년 전이었다. 이 무렵의 생흔 화석이 광범위한 지역에서 발견되었다. 생흔 화석은 생물 자체의 흔적이 아니라 그 생물이 활동한 흔적이다. 생물이 지나간 자국이나 파놓은 굴 같은 것이 여기에 포함된다. 이러한 화석은 범인이 사건 현장에 갓 남기고 떠난 발자국만큼이나 흥미롭다. 우리는 발자국을 통해서 범인의 체격과 심지어 의도까지도 알아낼 수 있다. 하지만 범인이 입고 있었던 옷이나 가지고 다닌 무기에 대해서는 자세히 알 수 없다. 그런 것까지 알아내려면 범인을 현장에서 검거하는 수밖에 없다. 드물게, 아주 드물게 생흔 화석으로도 그런 일이 가능할 때가 있다. 그런 화석 중 하나가 일링기아 스피키포르미스(*Yilingia spiciformis*)이다. 에디아카라기 후기에 살았던 이 생물이 남긴 흔적 끝에서 종종 본체의 화석이 발견되기 때문이다. 이들은 오늘날 낚시꾼들이 미끼로 쓰는 분절된 형태의 벌레와 비슷한 모양이었다.[12]

이러한 흔적의 중요성은 헤아릴 수 없을 정도이다. 이것은 동물들이 처음 이동을 시작하던 시절, 진화의 한순간이 남긴 메아리 또는 잔상이다. 그 전까지 생물들은 대개 평생, 또는 적어도 특정한 생애 주기 동안에는 한자리에 뿌리를 내리고 살았다. 흔적과 자국을 남기는 것은 대부분 근육을 사용하여 방향 이동을 하는 동물들이다. 만약 식량원이 사방에 널려 있다면 굳이 어느 한 곳으로 먹이를 찾으러 갈 필요가 없다. 그러나 어떤 동물의 몸 한쪽에 입이 있어서 한 방향으로만 이동한다면, 그것은 대개 먹이를 찾아다니기 위한 것이다. 에디아카라기 중반부터 동물들은 적극적으로 서로를 먹이로 삼기 시작했고, 그러자 자연스럽게 먹이가 되는 것을 피하기 위한 방법도 찾게 되었다.

진흙 속에 굴을 파는 동물에게는 퇴적물 속을 뚫고 들어갈 수 있는 단단하면서도 유연한 몸이 필요하다. 이러한 몸을 갖추는 방법에는 여러 가지가 있다. 잭 러셀 테리어 종의 개처럼 내골격으로 몸을 떠받칠 수도 있고, 게처럼 외골격으로 보강할 수도 있다. 외골격은 대개 처음에는 새우의 몸처럼 부드럽고 유연하지만, 가재의 몸처럼 단단해지고 광물화되기도 한다. 또다른 방법은 몸 전체를 내부에 액체가 들어 있는 여러 개의 체절(體節)로 나누고, 몸의 앞부분과 뒷부분만 일종의 칸막이벽으로 분리하는 것이다. 만약 체절들이 외부의 튼튼한 근육으로 둘러싸여 있다면, 그 근육에 힘을 주면서 흙 속을 헤치고 나아갈 수 있다. 만약 당신이 이렇게 움직인다면, 당신은 지렁이임이 틀림없다.

지렁이와 같은 계열의 바다 생물들도 동일한 방식을 쓰지만, 그중 많은 수는 각 체절에서 다리와 같은 유연한 기관들이 뻗어나와 있어서 굴을 파거나 물속을 헤치고 가거나 표면을 기어다닐 수 있게 도와준다. 일링기아 스피키포르미스와 같이 화석화된 초기 동물의 흔적 중 일부는 이러한 종류의 벌레들이 만든 것일 수도 있다.

❁

체절이 있는 벌레들은 해파리나 아주 단순한 편형동물보다 구조가 더 정교하다. 그 결정적인 차이점은 몸의 외부와 구별되는 내부가 있다는 것이다.

해파리와 단순한 편형동물의 몸에는 내부 공간이 없다. 이들의 소화관은 표피와 연결되어 있으며, 외부와 통하는 부분이 입이자 항문 역할을 한다. 반면 더 복잡한 형태의 동물들은 서로 반대편에 위치한 입과 항문을 곧장 연결하는 소화관을 가지고 있다. 또한 소화관을 바깥 표피와 분리해주는 내부의 빈 공간이 있기도 하다. 바로 이 공간에서 내부 장기들이 발달할 수 있다.

일반적으로 해파리류의 동물에는 그런 저장 공간이 없다. 내부 공간이 있다는 것은 소화관과 표피가 따로 성장할 수 있다는 뜻이다. 따라서 크고 복잡한 소화관과 큰 몸집을 가질 수 있게 된다. 커다란 소화관과 커다란 몸은 같은 동물을 먹이로 삼는 습성을 가지게 되었을 경우에 유용한 특징이다.

만약 그런 습성이 있다면 이빨이 필요할 것이다. 그리고 먹이가 되는 것을 피하려면 갑옷이 필요할 것이다. 에덴 동산 같았던 에디아카라기 동물들의 몸은 부드럽고 말랑말랑하고 무방비했다. 그러나 에덴으로부터의 추방은 혹독하고 무자비했다. 지구의 또다른 대격변이 불러온 사건이었다.

❁

그 사건은 에디아카라기 말, 또다시 심한 풍화가 일어나던 시기에 벌어졌다. 지각이 날씨의 공격을 너무 심하게 받은 나머지, 지표면은 침식되어 기반암이 드러났고, 깎여나간 물질들은 바닷속으로 들어갔다. 이런 현상은 두 가지 결과를 불러왔다. 첫째, 해수면이 현저하게 높아지고 해안이 물에 잠겨 해양생물의 공간이 넓어졌다. 둘째, 껍질과 뼈대를 만드는 데에 필수적인 칼슘 등의 원소들이 바닷속에 갑자기 많아졌다.[13]

광물화된 골격의 화석으로 가장 오래된 것은 약 5억5,000만 년 된 클로우디나(*Cloudina*)라는 동물의 화석이다. 아주 작은 아이스크림 콘을 차례차례 포개놓은 것처럼 생긴 이 동물의 화석은 전 세계 곳곳에서 발견된다.[14] 이렇게 이른 시기의 화석인데도 그중 일부에는 정체를 알 수 없는 포식자의 날카로운 이빨로 뚫린 구멍의 흔적이 남아 있다.[15] 조금 나중인 5억 4,100만 년 전경에는 트렙티크누스(*Treptichnus*)라고 불리는 생흔 화석이 광범위하게 만들어졌다. 트렙티크누스는 알려지지 않은 어느 동물이 해저에 파놓은 특정한 종류의 굴이다. 이것은 동물이 다시 한번 폭발적으로 출현했던 캄브리아기의 시작을 알리는 흔적이다. 이 시기의 동물들은 굴을 파고, 헤엄을 치고, 싸우고, 서로를 잡아먹었다. 이들에게는 칼슘 화합물로 단단하게 강화된 골격과 이빨이 있었다.

캄브리아기의 동물 중에서 가장 잘 알려진 동물은 삼엽충(Trilobites)일 것이다. 삼엽충은 공벌레나 쥐며느리처럼 생긴 절지동물이다.[16] 절지동물(節肢動物)이란 관절로 연결된 부속지가 달린 동물이라는 뜻이다. 이들은 캄브리아기가 시작된 직후에 출현하여 바닷속에서 번성하다가 데본기부터 그 수가 줄어들어 페름기 말인 약 2억5,200만 년 전, 마침내 멸종했다.

삼엽충의 화석은 상대적으로 흔하다. 지질학자라면 누구나 삼엽충 화석을 하나씩 가지고 있을 것이다. 그러나 친숙하고 흔히 볼 수 있다고 해서 그 가치를 과소평가해서는 안 된다. 삼엽충은 매우 정교하게 아름답고, 오늘날의 동물들만큼 복잡했다. 아주 작은 깔따구부터 커다란 바닷가재에 이르기까지 오늘날의 모든 절지동물이 그렇듯이, 이들도 성장하면서 벗어버릴 수 있는 외골격을 가지고 있었다. 가장 놀라운 것은 아마도 삼엽충의 눈일 것이다. 이들의 눈은 마치 잠자리의 눈처럼 수십 개, 때로는 수백 개의 홑눈으로 이루어져 있었다. 이러한 홑눈은 탄산칼슘 결정의 형태로 화석 속에 보존되었다. 물론 종류는 다양했다. 어떤 삼엽충은 눈이 아주 커다랬지만 어떤 삼엽충은 앞을 보지 못했다. 해저를 뒤지고 다니는 데에 특화된 삼엽충도 있었고 헤엄을 잘 치는 삼엽충도 있었다.

그러나 캄브리아기에 삼엽충만 살았던 것은 아니었다.

❁

약 5억800만 년 전의 어느 날, 오늘날의 캐나다 브리티시컬럼비아 지역에서 해저의 일부가 진흙더미에 묻히면서 그 안 또는 그 위에서 살고 있던 생물들도 모두 함께 묻혔다. 산소가 거의 없는 환경에서 재빨리 매몰된 동물들은 온전한 상태로 보존되었다. 그리고 약 5억 년의 시간이 지난 후에도 부드러운 조직의 아주 미세한 부분까지도 거의 손상되지 않고 남아 있었다. 그 긴 세월 동안 암석들은 아주 천천히 압축되어 셰일이 되었고, 약 5,000만 년 전부터 바다 위로 솟아올라 북아메리카에서 가장 높은 산봉우리들 사이에 자리를 잡았다. 이것이 1909년에 발견되어 "버제스 셰일(Burgess Shale)"이라는 이름으로 알려지게 되었다. 이 안에 남은 화석들은 캄브리아기 해저 생물들의 모습을 엿볼 수 있게 해주는 귀한 흔적이다.

온갖 별난 동물이 다 있었다. 가시, 관절로 연결된 부속지, 달가닥거리는 집게발, 깃털 모양의 더듬이 같은 것들이 얼핏 오늘날의 갑각류, 곤충, 거미와 비슷해 보이는 동물들의 몸에 붙어 있었다. 오늘날의 절지동물도 수없이 다양하지만 그 점을 감안하더라도 이 시기의 동물들 중 일부는 정말 기이했다. 오파비니아(*Opabinia*)는 5개의 눈이 앞으로 툭 튀어나와 있고, 호스처럼 길고 유연한 주둥이 끝에 무엇인가를 꽉 붙들 수 있는 집게 같은 것이 붙어 있는 동물이었다.

몸길이 약 1미터의 포식자인 아노말로카리스(*Anomalocaris*)는 깊은 바닷속을 돌아다니며 찾아낸 먹이를 날카로운 집게발로 집어서 쓰레기 분쇄기처럼 생긴 둥근 입 안에 쑤셔넣었다.[17] 무엇보다 기이한 동물은 할루키게니아(*Hallucigenia*)였다. 벌레처럼 해저를 기어다니던 이 동물은 등에 두 줄로 난 길고 거추장스러운 가시 덕분에 위쪽으로부터의 공격을 막을 수 있었다.

절지동물들이 해저를 기어다니거나 바닷속을 헤엄쳐 다닐 때, 그 아래의 부드러운 진흙 속에는 이상한 벌레들의 세계가 꿈틀거리고 있었다.

버제스 셰일에서 발견된 동물들 중 많은 수는 현생 동물과의 유연관계가 멀다.[18] 하지만 별나고 먼 친척일지라도 각각의 화석이 여러 동물군 중 어느 것과 관계가 있는지를 알아볼 수는 있다. 절지동물뿐 아니라 퇴적물 속에 굴을 파는 다양한 벌레들의 친척인 동물도 꽤 있었다. 지렁이처럼 생겼지만 오늘날 미쉐린 맨처럼 뭉툭한 다리로 열대림 바닥에 쌓인 낙엽들을 헤치고 다니는 "우단벌레"와 비슷하게 생긴 화석도 발견되었는데, 넓은 의미에서는 이러한 동물과 할루키게니아도 절지 동물로 분류할 수 있다.

몸이 부드러운 연체동물도 몸 안쪽에는 뾰족뾰족한 부분이 있다. 위왁시아(*Wiwaxia*)는 체절화된 벌레의 몸과 연체동물의 특징인 거친 혀(치설)가 결합된 형태였다. 오늘날 여러분이 키우는 상추를 망치는 민달팽이의 치설과 같다. 이들은 민달팽이와는 정반대로 몸에 사슬 갑옷을 두르고 있었다.[19] 치설을 가진 또다른 동물인 오돈토그리푸스(*Odontogriphus*)는 그것만 빼고 보면 에어 매트리스와 커피 그라인더를 교배해놓은 것 같은 모양이었다. 이 동물 또한 초기 연체동물의 친척이었다.[20]

또다른 지역에서 살았던 넥토카리스(*Nectocaris*)는 껍질이 없는 오징어처럼 생긴 아주 원시적인 동물로, 지금까지 알려진 가장 오래된 두족류 연체동물이다.[21] 오늘날 이 동물군에는 무척추동물 중에서 가장 지능이 높고 독특한 동물인 문어와 가장 몸집이 큰 남극하트지느러미오징어가 포함된다. 두족류의 화석은 현재 두족류를 대표하는 동물들만큼이나 위풍당당하다. 넥토카리스가 나타난 지 얼마 지나지 않아 나팔처럼 생긴 몇 미터 길이의 껍질을 가진 오징어인 나우틸로이드(nautiloid)가 진화했고, 공룡의 시대에는 나선 형태의 암모나이트 중 일부가 트럭 타이어만큼 커진 몸집으로 우아하게 바닷속을 헤엄쳐 다녔다.

버제스 셰일의 발견 이후 대략 비슷한 시기의 비슷한 화석군들이 또 발견되었다. 중국 남부의 청지앙 동물군을 포함하여 오스트레일리아 남부에서부터 그린란드 북부에 이르기까지 그 범위는 전 세계를 아우른다. 모든 화석이 아주 미세한 부분까지 놀랍도록 잘 보존되어 있다. 예를 들면 중국에 발견된 새우처럼 생긴 화석인 푹시안후이아(*Fuxianhuia*)는 뇌 속의 신경 배선까지 알아볼 수 있을 정도이다.[22]

❁

이렇게 놀랍도록 잘 보존된 화석은 극히 드물다. 이것은 매장 당시의 지질학적 상황과 생화학적 특성이 모두 맞아떨어진 결과이다. 화석으로 발견되는 것은 거의 언제나 광물이 섞인 단단한 부위이다. 즉 신경, 아가미, 소화관보다는 껍질, 뼈, 이빨 같은 부위들이다. 버제스 셰일과 동일한 시기의 것으로 추정되는 화석들은 이미 그보다 더 오래 전에 발견되었지만, 모두 껍질 같은 단단한 부위뿐이었다. 에디아카라기 후기에 바닷속으로 갑작스럽게 유입된 광물들은 동물이 몸에 갑옷을 두를 수 있게 해주었다.

캄브리아기에 겨우 5,600만 년의 시간 동안 일어난 생명의 개화는 생명의 기원 그 자체를 제외하면 그때까지 일어난 어떤 사건과도 비할 데 없이 엄청난 사건이었다. 아니, 그후의 역사까지 통틀어도 마찬가지라고 해야 할 것이다. 5,600만 년은 긴 시간이지만 그 이후의 4억8,500만 년은 이때 잘 만들어진 주제를 정교하게 다듬는 시간이었을 뿐이다. 예를 들어보면, 이 기간은 공룡의 멸종 이후 지금까지의 시간인 6,600만 년보다도 짧은 시간이다.

이 진화의 대격변이 캄브리아기 "폭발"이라고 불리는 데에는 그만한 이유가 있다. 하지만 그것은 갑작스러운 폭발음이라기보다는 느리게 울리는 굉음이었다. 로디니아의 분열, 그리고 기이하게 아름다운 에디아카라 동물군의 진화와 쇠퇴와 더불어 시작된 이 변화는 지금으로부터 4억8,000만 년 전까지 계속되었다.[23]

캄브리아기 말까지, 현존하는 주요한 동물군의 첫 화석이 모두 등장했다.[24] 절지동물과 다양한 벌레뿐 아니라 극피동물(성게처럼 뾰족뾰족한 피부를 가진 동물)과 척추동물(인간을 포함하여 등뼈가 있는 모든 동물)도 나타났다. 버제스 셰일에서 발견된 물고기와 비슷한 화석인 메타스프리기나(*Metaspriggina*)는 최초의 척추동물 중 하나였다. 이들은 몸의 외부에 방해석 갑옷을 두르는 대신에 몸 안에 유연한 등뼈가 있었고 거기에 강한 근육이 붙어 있었다. 이러한 특징은 헤엄치기에 더 유리했다. 이들은 아노말로카리스 같은 거대한 절지동물의 악몽 같은 추적을 피해 빠르게 도망칠 수 있었다.

메타스프리기나는 화석 기록에 등장한 최초의 물고기였다. 그들의 이야기는 다음 장에서 계속된다.

연대표 3. 복잡한 생물들

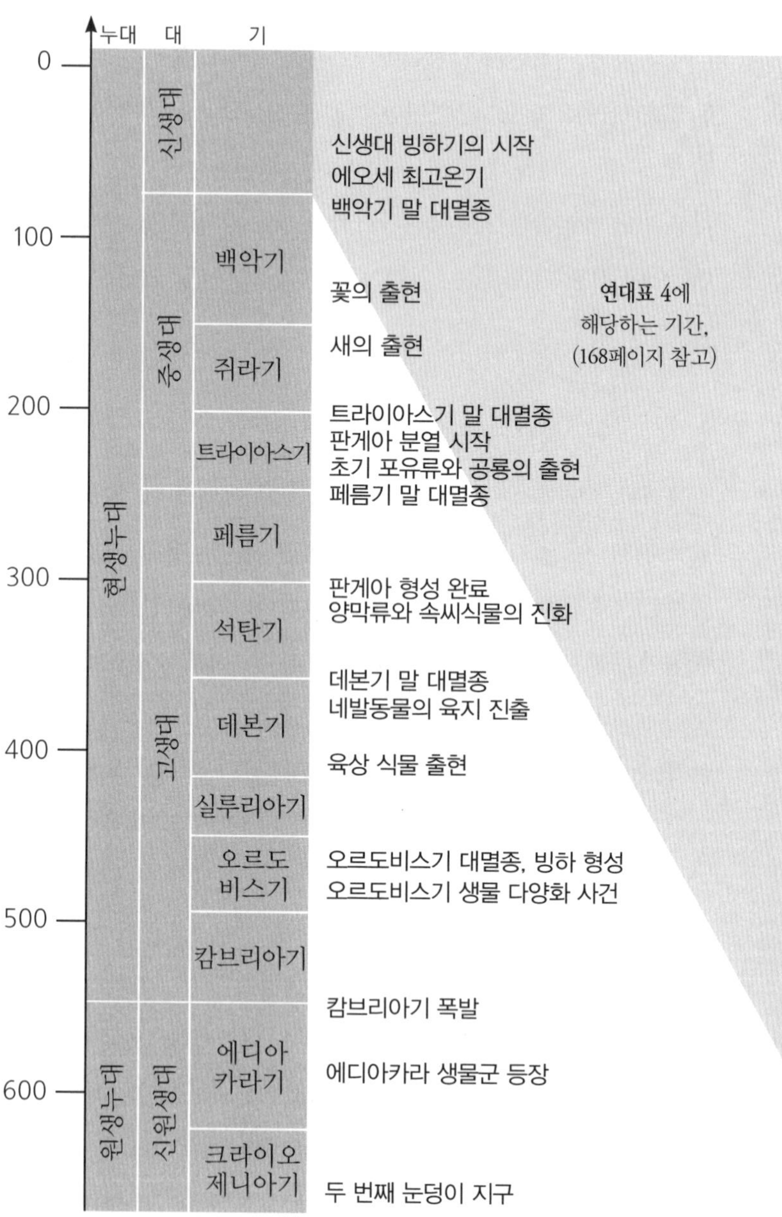

누대
대
기
0
100
200
300
400
500
600
현생누대
원생누대
신생대
중생대
고생대
신원생대
백악기
쥐라기
트라이아스기
페름기
석탄기
데본기
실루리아기
오르도
비스기
캄브리아기
에디아
카라기
크라이오
제니아기
신생대 빙하기의 시작
에오세 최고온기
백악기 말 대멸종
꽃의 출현
새의 출현
트라이아스기 말 대멸종
판게아 분열 시작
초기 포유류와 공룡의 출현
페름기 말 대멸종
판게아 형성 완료
양막류와 속씨식물의 진화
데본기 말 대멸종
네발동물의 육지 진출
육상 식물 출현
오르도비스기 대멸종, 빙하 형성
오르도비스기 생물 다양화 사건
캄브리아기 폭발
에디아카라 생물군 등장
두 번째 눈덩이 지구
연대표 4에
해당하는 기간,
(168페이지 참고)
(단위 : 100만 년)

3

척추동물의 출현

캄브리아기 초기의 얕고 따뜻한 바닷속이 절지동물의 달가닥거리는 집게발 소리로 가득했을 때, 그 아래의 광물 입자들로 이루어진 모래 구덩이 안에서는 다른 사건들이 벌어지고 있었다. 핀으로 뚫은 구멍만큼이나 작은 크기의 사코르히투스(*Saccorhytus*)는 입자들이 섞인 물속에서 찌꺼기를 걸러 먹는 소박한 삶을 살고 있었다. 여과 섭식은 새로운 방식이 아니었다.[1] 해면은 3억 년 전부터 해온 일이었고, 조개 같은 많은 생물들도 새롭게 발전시키고 있는 것이었다. 침전물 속에서 먹이를 걸러 먹는 생활방식은 힘이 적게 들고 효율적이었다. 특히 사코르히투스처럼 몸집이 작아 대사량이 많지 않은 동물들에게는 그랬다.

감자처럼 생겼지만 감자보다는 훨씬 작은 크기의 사코르히투스는 마치 해면처럼, 나란히 늘어서서 흔들리는 섬모를 이용해 끌어들인 물줄기를 몸 한쪽에 붙은 원형의 큰 입으로 언제든 빨아들일 수 있었다. 몸의 양쪽에는 마치 선박의 현창처럼 일렬로 구멍이 뚫려 있었는데, 이 구멍을 통해서 여과가 끝난 물을 내보냈다. 몸 안에는 끈적거리는 점액이 얽혀 있어 물줄기로부터 얻은 부스러기들을 붙잡을 수 있었다. 체내의 대부분은 이러한 입과 구멍들로 이루어진 인두(咽頭)라고 불리는 부위로 이루어져 있었다. 점액은 밧줄처럼 말려서 소화관 안으로 삼켜졌다. 이 동물의 내장은 모두 몸 뒤쪽의 상대적으로 좁은 공간 안에 뭉쳐 있었다. 항문은 체내에 있었고, 배설물은 몸 측면의 구멍을 통해서 배출되었다. 정자나 난자 세포도 이 구멍으로 함께 배출되어 바깥세상에서 자신들의 운을 시험했다.

❁

그러나 광물 입자들 사이에서 살아가던 사코르히투스는 환경의 변덕 앞에 무력했다. 커다란 포식자들의 눈에는 띄지 않았지만 수없이 많은 개체들이 해면이나 조개 같은 무차별적인 여과 섭식자들에게 삼켜졌다. 이들의 후손 중 일부는 몸집이 더 커지거나, 기동력을 높이거나, 갑옷을 두르거나, 사나워지거나, 또는 이 네 가지 특성을 모두 결합함으로써 그러한 운명에서 벗어났다.

몸집이 커지면 통째로 삼켜질 가능성은 낮아졌다. 그러나 조금씩 쪼아 먹힐 위험이 있었다. 이것을 피하기 위해서 일부 동물은 갑옷을 진화시켰다. 광물이 풍부한 바닷물에서 얻은 탄산칼슘으로 몸의 외피를 강화한 동물들은 이미 많이 있었다. 탄산칼슘은 가장 흔한 광물 중 하나로 방해석, 백악, 석회석, 대리석의 성분이다. 캄브리아기의 바다에는 이러한 탄산칼슘이 풍부했고, 이것은 진주층, 조개류와 갑각류의 껍질, 해면의 미세한 골편, 환상적인 산호초의 골조가 되었다.

갑옷을 두른 사코르히투스의 후손들 중 일부는 독특한 사슬 갑옷을 진화시켰다. 이 갑옷을 이루는 연결 고리들은 방해석 결정으로 만들어졌다. 이렇게 하여 이들은 피부에 가시가 난 극피동물(棘皮動物)이 되었다. 오늘날 불가사리와 성게의 조상이다. 오늘날의 극피동물은 모두 숫자 5를 기초로 한 독특한 형태를 가지고 있다. 다른 어떤 동물과도 뚜렷하게 구분되는 특징이다. 하지만 캄브리아기에는 이들의 형태가 좀더 다양했다. 좌우 대칭형도 있었고, 삼방사형(숫자 3을 기초로 한 대칭형)도 있었지만 그외에는 완전히 불규칙한 형태였다. 모두 입과 구멍으로 이루어진 인두를 가진 사코르히투스로부터 진화한 동물들이었다. 하지만 시간이 흐르면서 섭식 형태는 달라졌다. 오늘날의 극피동물은 여과 섭식 방식으로 먹이를 먹지 않는다.

❂

극피동물은 포식자에 맞서, 갑옷을 두르는 방어 전략을 택했다. 하지만 또다른 방법은 최대한 빨리 헤엄쳐서 도망가는 것이었다. 사코르히투스의 또다른 후손들이 이 방법을 채택했다. 이들 중 일부는 인두의 뒤쪽에 이리저리 움직일 수 있는 꼬리를 진화시켰다. 위협적인 존재로부터 빠르게 헤엄쳐 도망치기에 유리한 특징이었다.

처음에는 길고 뻣뻣하지만 유연한 막대 형태였다. 소화관의 분지로부터 진화한 이 척삭(脊索)이라는 기관은 파티에서 공연하는 사람들이 이리저리 꼬아서 온갖 모양으로 만들어내는 소시지 모양의 풍선과 비슷하다. 척삭은 아주 유연하지만 힘이 가해지지 않았을 때는 원래의 길고 좁은 형태로 되돌아갈 수 있었다. 이러한 특성 덕분에 양쪽에서 교대로 수축하고 이완하는 근육들을 지탱하기에 적합했다. 척삭은 동물의 몸이 S자 형태로 휘어지면서 물속에서 나아갈 수 있게 만들어주었다. 그리고 몸의 위쪽 표면을 따라 일정한 간격을 두고 늘어선 신경의 분지들이 근육을 조정했다. 이것이 척수(脊髓)였다.

고충동물이라고 불리는 캄브리아기의 동물들이 바로 이런 형태였다.[2] 길이가 몇 센티미터에 불과한 이 동물들은 사코르히투스와 비슷한 인두에, 체절이 나뉜 꼬리가 붙어 있는 형태였다. 물속을 헤엄쳐 다니는 고충동물도 있었지만,[3] 대개는 모래 속에 파묻힌 채 입만 바깥으로 내놓고 조용히 침전물을 빨아들였다. 그러다가 위협을 느끼면 꼬리를 흔들며 재빨리 헤엄쳐서 다른 장소로 이동한 후에 다시 꼬리를 이용해 모래 속에 새로운 은신처를 팠다. 고충동물의 친척인 윤나노준(yunnanozoon)의 몸에서는 꼬리와 인두가 함께 자라났다. 꼬리가 뒤쪽뿐 아니라 앞쪽으로도 뻗어나가다가 인두 위를 넘어 마침내 그 위를 완전히 감싸면서 좀더 물고기 같은 형태를 갖추게 되었다.[4] 버제스 셰일에서 발견된 독특한 생물인 피카이아(*Pikaia*)나[5] 중국의 청지앙 생물군에 속하는 카타이미루스(*Cathaymyrus*)도 이런 종류였다.[6]

카타이미루스는 얼핏 보면 앤초비 절임처럼 보이는 동물이었다. 인두를 감싸고 있는 앞부분의 척삭과 근육 덩어리들이 눈에 띄기는 하지만 그밖에는 없는 것이 너무 많았다. 앞쪽에 있는 한 개의 색소반(色素斑)이 눈 역할을 했을 뿐 머리도 없고, 비늘도 없고, 귀도 없고, 코도 없고, 뇌도 없고, 거의 모든 것이 없었다. 오즈의 마법사를 자진해서 찾아갔을 법도 하지만 이들은 도로시와 친구들과 함께 노란 벽돌 길을 따라 나아가자는 제안을 간단히 거절해버렸다. 그럼에도 불구하고 카타이미루스와 그 친척들은 약 5억 년 이상 번성했다. 이들은 다른 동물들의 눈에 띄지 않는 좁은 틈 속에 꼬리부터 묻힌 채 그 상태로 거의 평생 동안 바닷물 속의 찌꺼기를 걸러 섭취하는 전통적인 방식으로 살아갔으며, 오로지 위협을 느낄 때만 밖으로 헤엄쳐 더 안전한 은신처를 찾았다. 이들 중 몇몇 종이 오늘날까지 살아남았는데, 바로 창고기 또는 활유어라고 불리는 종류이다.

카타이미루스는 인두와 꼬리를 결합하여 유선형으로 이어진 형태로 진화했다. 그러나 그 친척들 중 일부는 완전히 다른 생활방식을 획득했다. 피낭동물(被囊動物)이라고 불리는 이 동물들은 인두와 꼬리를 통합시키는 대신에 그 두 가지를 분리하여 각각 서로 다른 삶의 단계에 이용한다.[7] 피낭동물 유생의 몸은 대부분 꼬리로 이루어져 있고 단순한 뇌와 안점(眼點), 중력을 감지하는 기관을 갖추고 있다. 아주 원시적인 감각기관이지만 빛과 어둠을 구별하고, 어느 쪽이 "아래"인지를 감지하는 등 필요한 기능을 수행할 수 있다. 피낭동물의 유생은 기초적인 형태의 인두를 가지고 있을 뿐 섭식을 할 수 없다. 이것은 유생의 목적, 즉 성체로서 정착할 수 있는 깊고 어둑한 장소를 찾아내는 일에 전적으로 부합하는 형태이다. 일단 적합한 장소를 찾으면 유생은 그 안으로 머리부터 집어넣는다. 그리고 꼬리가 다시 사라지고 몸은 풍선처럼 부풀어올라 섭식에만 전념할 수 있는 하나의 거대한 인두가 된다. 한자리에만 머물러 있으면 쉬운 먹잇감이 되기 때문에 피낭동물들은 셀룰로스로 만들어진 주머니 형태의 외피를 발달시켰다. 피낭 외에는 오로지 식물에서만 발견되는 셀룰로스는 소화가 잘 안 되는 물질이다. 피낭동물의 피낭에는 니켈, 바나듐 등 바닷물에서 얻은 물질이 포함되어 있기도 하고, 광물이 포함되어 단단한 것도 있다. 예를 들면 피우라(*Pyura*)는 손으로 깨보기 전까지는 영락없는 돌처럼 보인다. 피낭동물은 캄브리아기부터 이런 방식으로 살아왔다.[8]

피낭동물은 언제나 사코르히투스가 개척한 방식, 즉 입과 구멍으로 이루어진 인두를 사용하는 여과 방식으로 섭식을 해왔다.[9] 이들과 가까운 친척인 척추동물은 전혀 다른 길을 택했

다. 척추동물들은 한때 탈출을 위한 대안이었던 척삭과 꼬리를 변형시켜, 앞으로 나아가는 움직임에 최적화시켰다. 카타이미루스와 친척들은 척삭으로 지탱되는 꼬리를 아주 짧은 시간 동안만 사용했다. 피낭동물의 꼬리는 유생 시기에만 발달했고 주로 정착하기에 좋은 장소를 물색하는 용도로만 사용되었다. 일단 정착한 후에는 그 자리에 머물러 살았기 때문에 방향에 관한 정보는 최소한으로만 필요했다. 꼬리는 금방 끝날 여행을 신속하게 떠나기 위한 용도일 뿐이었다.

그러나 척추동물에게는 생애 주기 중 한곳에서만 머물며 보내는 시기가 딱히 없었다.[10] 계속 돌아다녀야 하는 삶을 위해서는 더 종합적인 감각기관이 필요했다. 척추동물들은 한 쌍의 커다란 눈, 정밀한 후각, 그리고 물의 흐름을 감지하는 정교한 체계를 진화시켰다.[11] 이들은 피낭동물, 활유어, 고충동물, 극피동물 등 사코르히투스류의 어떤 동물들보다도 환경과 그 안에서의 자신들의 위치에 민감해졌다. 정교한 감각 체계에는 복잡하고 중앙집권화된 뇌가 필요했다. 척추동물의 뇌는 기동성이 높은 다른 동물들, 예를 들면 갑각류, 곤충, 또는 이동 분야의 원로 격인 문어의 뇌와 비슷한 수준으로 복잡하거나 혹은 더 복잡해졌다.

이렇게 해서 캄브리아기의 어두운 해저에서 마치 물속을 스치는 햇빛처럼 메타스프리기나,[12] 밀로쿤밍기아(*Myllokunmingia*), 하이코우이크티스(*Haikouichthys*) 같은 물고기들이 생겨났다.[13] 이들의 흔적은 척추동물이 진화하여 캄브리아기 중반에는 이미 널리 퍼져 있었다는 증거이다. 초기의 물고기들에게는 입만 있고 턱이 없었다. 그리고 인두가 있었지만 더 이상 여과 섭식에는 사용되지 않았다. 친척관계인 피낭동물보다 더 활동적이었던 척추동물에게는 더 나은 산소 공급 방식이 필요했다. 사코르히투스 때부터 가지고 있던 인두의 구멍은 아가미 구멍으로 바뀌었다. 입으로 들어온 물이 근육의 움직임에 의해서 아가미를 통과하면 혈관이 발달한 깃털 형태의 아가미가 물속의 산소를 흡수하고 이산화탄소를 배출했다. 인두도 개량되었다. 부드럽게 흔들리는 섬모는 호흡을 위한 공기 순환과 활발한 포식 행위를 위한 근육으로 대체되었다.[14]

척추동물이 다른 동물보다 더 많은 에너지가 필요한 이유는 일반적으로 이들의 몸집이 크기 때문이다. 고래와 공룡은 지금까지 존재했던 동물들 중 가장 큰 동물이지만 꼭 그들만 그런 것은 아니다. 고래상어나 돌묵상어 같은 어류, 비단뱀이나 왕뱀, 코모도도마뱀 같은 파충류, 코끼리나 코뿔소 같은 포유류를 생각해보라. 몸집 면에서 이들과 상대가 될 무척추동물은 거의 없다. 인간 또한 동물 치고는 몸집이 드물게 큰 편이다.[15] 물론 몸무게가 몇 그램 정도밖에 되지 않는 아주 작은 척추동물들도 존재한다. 그러나 모든 척추동물은 육안으로 볼 수 있는 크기이다. 반면 무척추동물은 돋보기나 현미경 없이는 알아보기 힘든 종이 많다.[16]

곤충은 개체수가 가장 많은 무척추동물이다. 이들은 키틴(chitin)이라는 유연한 단백질로 이루어진 외골격으로 몸을 지탱한다. 곤충은 이 외골격 전체를 완전히 벗어버리고 몸을 키운다. 그리고 새로 만들어진 부드러운 외골격이 단단해지면 다시 움직일 수 있게 된다. 이것이 바로 곤충들의 몸집이 작은 이유 중 하나이다. 특정한 크기 이상이 되면 외골격이 없을 때에 무게를 지탱하지 못해서 짓눌릴 것이다. 곤충의 가까운 친척인 갑각류도 탈피를 하지만 이들은 자신의 몸무게를 지탱해주는 물속에서 주로 생활하기 때문에 곤충보다 더 커질 수 있다. 게나 바닷가재 같은 갑각류는 그 어떤 곤충보다도 크게 자랄 수 있다. 하지만 가장 큰 가재라고 해도 많은 척추동물들과 비교하면 아주 작은 동물에 불과하다.

❁

현존하는 가장 원시적인 형태의 척추동물은 칠성장어와 먹장어이다. 이들에게는 몸을 감싸고 있는 갑옷이 없으며, 아마도 처음 진화한 이후로 계속 없었을 것이다. 메타스프리기나를 비롯한 초기 어류들처럼 이들에게도 턱과 쌍지느러미가 없다. 하지만 두꺼운 장갑판을 발달시킨 척추동물도 있었다. 갑주어가 등장한 것은 캄브리아기 후기의 일이다. 이들에게는 여전히 턱이 없었고 몸 안쪽을 척삭으로 지탱하고 있었지만, 대부분이 두꺼운 갑옷을 두르고 있었다.[17] 주로 머리와 인두 주변에 단단한 판을 두르고 있었으며, 몸의 뒤쪽은 좀더 느슨하고 비늘로 덮여 있어서 꼬리를 움직일 수 있었다. 갑옷은 방해석이나 탄산칼슘이 아니라 인산칼슘의 일종인 수산화 인회석으로 이루어져 있었다. 인산칼슘 갑옷은 동물계에서 척추동물만이 가지는 특징이다.[18]

초기 어류의 갑옷은 대개 세 개의 층으로 이루어진 수산화 인회석 케이크의 변형이었다. 가장 아래쪽에는 스펀지 같은 층이 있고, 중간층은 좀더 밀도가 높았다. 그리고 맨 위의 얇은 층은 가장 단단하고 밀도가 높은 수산화 인회석 층이었다. 우리는 이 세 가지 형태를 "뼈", "상아질", "에나멜질"이라고 부른다. 에나멜은 생물이 만들어내는 물질 중에서 가장 단단한 물질이다. 오늘날에는 인간의 치아에서 뼈와 상아질, 에나멜질의 층을 볼 수 있다. 즉 척추동물의 몸에서 처음으로 단단한 조직이 진화했을 무렵에는 몸 전체가 치아로 덮여 있었던 셈이었다. 오늘날에도 상어의 비늘은 하나하나가 작은 이빨의 형태를 띠고 있다. 상어 가죽이 사포 용도로 사용될 정도로 거친 이유이다.

척추동물이 갑옷을 진화시킨 이유는 캄브리아기의 다른 생물들이 단단한 조직으로 몸을 감싸게 된 이유와 같다. 바로 방어 수단이었다.[19] 갑주어가 진화한 시기는 포식자인 나우틸로이드, 그리고 광익류(廣翼類)라고 불리는 거대한 바다전갈이 출현한 시기와 일치한다.[20] 아마도 가장 무시무시한 광익류는 데본기에 살았던 야이켈롭테루스(*Jaekelopterus*)일 것이다. 커다랗고 둥근 눈과 거대한 집게발을 가진 이 악몽 같은 동물은

최대 길이가 약 2.5미터에 달했으며, 어류를 먹고 살았을 것으로 추정된다.[21]

⚙

초기 어류 중에서 가장 먼저 갑옷을 두른 종류는 익갑류(翼甲類)였다. 익갑류는 때때로 머리를 감싼 외피를 양쪽으로 뻗어 수평타로 사용했다. 그러나 유연한 쌍지느러미는 가지고 있지 않았다. 바깥쪽에 두꺼운 갑옷을 두르고 있었다는 사실 외에 익갑류의 몸 내부에 관해서는 알려진 것이 거의 없다. 이들의 머리는 쉽게 썩는 연골로 이루어져 있었고, 몸 안쪽은 스펀지 같지만 탄성이 있는 연골질의 척삭으로 지탱되었기 때문이다. 그러나 머리 안쪽의 부드러운 연골이 광물화되어 뇌의 형태와 주변 혈관, 신경의 세부까지 보존된 갑주어 화석도 있다. 이러한 화석들은 이 턱이 없는 갑주어들이 칠성장어와 같은 계통을 따라 발생했음을 보여준다. 즉 갑옷을 두른 칠성장어인 셈이다.

무악 갑주어는 캄브리아기 말부터 데본기 말까지 바닷속에 가득했으며 독특한 형태의 변종들이 다양하게 나타났다. 일부는 장갑판에 감싸인 채 해저 근처를 돌아다니거나 찌꺼기를 찾아 진흙 속을 뒤지면서 대부분의 시간을 보냈다. 강인류(腔鱗類)[22]와 같은 종류는 상어의 가죽처럼 좀더 유연한 비늘 갑옷을 두르고 있어서 물속에서 더 빠르게 움직일 수 있었다.

❁

메타스프리기나 같은 초기 어류의 몸 앞쪽에는 한 쌍의 눈이 마치 오토바이의 전조등처럼 서로 바짝 붙어 있었다. 코나 콧구멍이 들어갈 공간은 없었고, 냄새를 맡는 것은 인두 내의 세포들이 하는 일이었다. 척추동물의 오랜 전통인 여과 섭식의 흔적이었다. 하지만 익갑류에서는 눈이 머리 양쪽으로 이동하여 콧구멍이 들어갈 자리가 생겼다. 콧구멍은 머리 위쪽에 한 개가 뚫려 있었다. 뇌도 좌반구와 우반구로 나뉘면서 얼굴이 넓어졌다.[23]

익갑류의 한 개짜리 콧구멍(칠성장어의 것과 같은)은 한 개의 코 연골 주머니와 이어져 있었고, 이 감각기관은 다시 뇌의 아래쪽과 연결되었다. 하지만 새로운 방향으로 진화한 또다른 무악 어류가 있었다. 무악 어류인 슈유(*Shuyu*)의 뇌 화석을 보면 한 개의 콧구멍이 머리 위쪽에 따로 열려 있는 것이 아니라 두 개의 코 연골 주머니가 구강과 연결되어 있는 형태였음을 알 수 있다.[24] 이러한 배치 덕분에 얼굴의 너비가 한층 더 넓어졌는데 이것은 칠성장어나 익갑류에게서는 볼 수 없는, 유악 어류만의 특징이다. 또다른 무악 어류는 한 쌍의 가슴지느러미(머리 바로 뒤쪽에 붙은 지느러미)를 달고 있었는데, 이 또한 칠성장어나 익갑류에게서는 볼 수 없는 유악 척추동물의 특징이다. 이것은 턱의 진화의 전 단계였다.

진화를 통해서 턱을 가지게 된 갑주어는 완전히 새로운 종류의 동물이 되었다.[25] 오늘날 유악류는 척추동물의 99퍼센트 이상을 차지한다. 현재까지 남아 있는 무악 척추동물은 칠성장어와 먹장어뿐이다.

❁

첫 번째 아가미 활(gill arch)—입과 첫 번째 아가미 구멍 사이의 연골로 이루어진 부분—이 중간에서 연결된 상태로 반으로 접히면서 위턱과 아래턱이 되었다. 그 결과 첫 번째 아가미 구멍이 짓눌리면서 위턱의 뒤쪽 위편에 자리 잡은 작은 숨구멍이 되었다.

최초의 유악 척추동물은 판피류(板皮類)였다. 이들은 머리에 단단하고 두꺼운 판을 두르고 있어서 얼핏 보면 다른 갑주어와 비슷해 보인다. 하지만 자세히 살펴보면 턱 외에도 유악 척추동물에게서만 볼 수 있는 개선점들이 보인다. 예를 들면 가슴지느러미 외에도 한 쌍의 배지느러미가 항문의 양쪽에 붙어 있었다.[26] 이러한 판피류는 실루리아기 후기에 나타나서 데본기 후기까지 번성했다.

더 원시적인 판피류인 동갑류(胴甲類)는 익갑류만큼 두꺼운 갑옷을 두르고 있었다. 반대로 더 발달한 판피류인 절경류(節頸類)는, 늘 그런 것은 아니지만 대개 더 가벼운 갑옷에 감싸여 있었다. 절경류에 속하는 둔클레오스테우스(*Dunkleosteus*)는 최대 길이가 6미터에 달했으며, 아주 날카롭고 넓은 턱을 가지고 있어서 데본기 바다의 최고 포식자가 될 수 있었다.

둔클레오스테우스의 이빨이 아니라 턱을 언급한 이유는, 판피류에게는 우리가 아는 이빨이 없었기 때문이다.[27] 이 동물이 지닌 위협적인 턱의 표면은 턱뼈의 끝부분이 날카롭게 변형된 것이었다.

⚙

가장 발달된 형태의 판피류인 엔텔로그나투스(*Entelognathus*)는 실루리아기 후기인 4억1,900만 년 전의 동물로 지금까지 알려진 가장 오래된 판피류에 속하기도 한다.[28] 이들은 판피류답게 머리와 몸통에 단단한 갑옷을 두르고 있었지만 몸길이는 20센티미터 정도로 괴물 같은 친척인 둔클레오스테우스보다 훨씬 작았다.

둔클레오스테우스를 비롯한 다른 판피류와 이들의 또다른 차이점은 턱 둘레의 뼈가 경골어류의 뼈와 비슷하다는 점이었다. 이들에게는 명확한 위턱(상악골)과 아래턱(하악골)이 있었다. 다시 말해서 엔텔로그나투스는 우리가 미소라고 부르는 것을 지을 수 있는 최초의 척추동물이었다.

⚙

판피류는 데본기 후기에 절멸했다. 그러나 판피류 조상으로부터 세 종류의 또다른 유악 척추동물군이 발생했다. 바로 연골어류(상어, 가오리와 그 친척들), 경골어류(철갑상어, 페어부터 정어리, 해마까지 포함하는 대부분의 현생 어류, 그리고 인간을 포함한 모든 육상 척추동물), 그리고 완전히 멸종된 극어류 또는 가시상어이다.

극어류는 페름기에 절멸했다. 단단하지만 유연하게 몸을 지탱해주는 버팀대인 척삭은 대부분의 연골어류와 경골어류의 몸에서 체절 구조인 등뼈(척추)로 대체되었다. 연골어류의 등뼈는 물론 연골질이다. 다만 어느 정도 광물화된 사례는 있다. 경골어류에서는 연골이 대개 단단한 뼈로 대체되었다. 판피류나 극어류에게 척삭이 아닌 등뼈가 있었는지는 확인되지 않았지만, 만약 있었더라도 연골질이었을 것이다.[29]

극어류의 몸은 갑옷이 아닌 비늘로 덮여 있었고, 각 지느러미의 앞쪽 끝에는 가시가 돌출되어 있었다. 하지만 몸 안의 구조는 모두 연골로 되어 있어서 상어와 비슷했다.[30] 극어류는 오늘날까지 번성하고 있는 연골어류로부터 초기에 갈라져 나온 분파였다.

실루리아기의 바다에서 엔텔로그나투스와 함께 살아가던 생물들 중에 귀유(*Guiyu*)라는 물고기가 있었다. 귀유는 오늘날 대부분의 척추동물을 포함하는 경골어류 중에서도 가장 오래된 구성원으로 알려져 있다.[31] 귀유보다 더 이른 시기에 살았던 경골어류도 있었지만, 그들의 화석은 파편화되어서 논란의 여지가 있다. 그러나 귀유가 특별한 이유는 화석이 잘 보존되어 있어서가 아니라 경골어류이자 육기어류(肉鰭魚類)라는 동물군에 속하는 가장 오래된 물고기 중 하나이기 때문이다. 육기어류는 경골어류의 독특한 분파로 이들이 진화하여 인간을 포함한 육상 척추동물이 되었다.

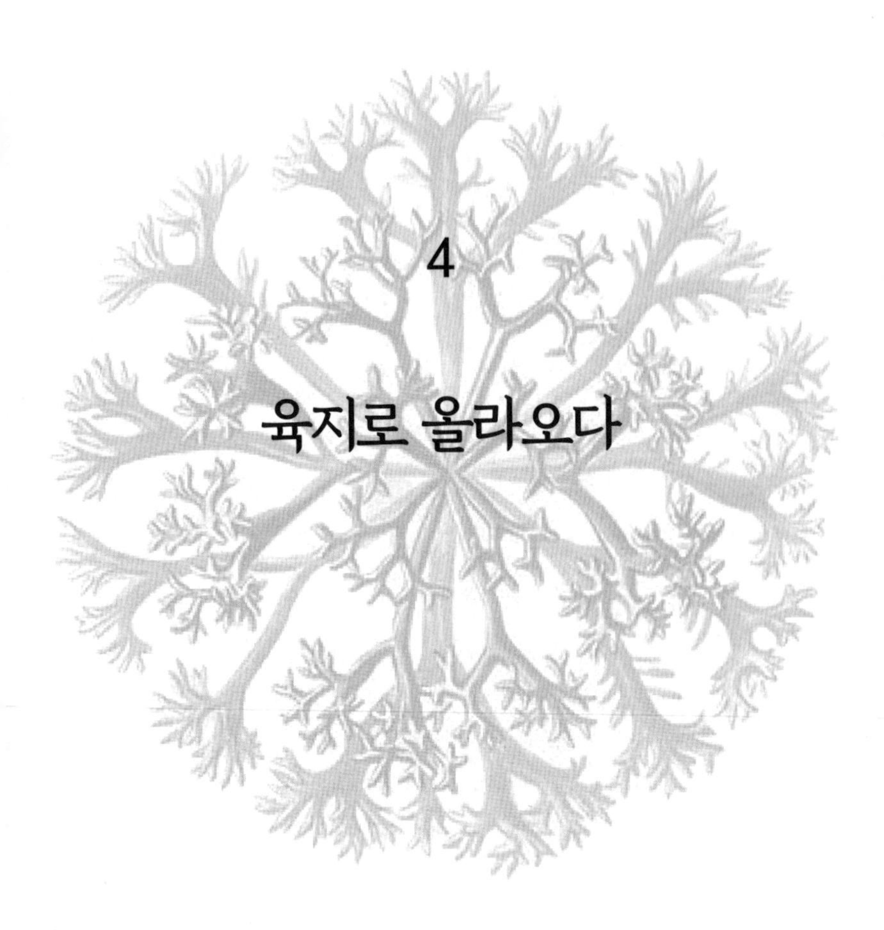

4

육지로 올라오다

생물들이 폭발적으로 출현한 캄브리아기 초기부터 물고기들이 넘쳐나던 데본기까지 바닷속은 생물들로 가득했다. 그러나 아직 용감하게 물에서 벗어나 뭍으로 올라간 생물은 거의 없었다. 거기에는 그럴 만한 이유가 있었다.

첫째, 오랫동안 지구에는 육지가 거의 없었다. 일단 대륙들이 합쳐지는 속도가 느렸다. 지각판이 충돌하면서 화산섬들이 융기했고, 지구 깊숙한 곳의 마그마가 지각을 뚫고 솟구치며 더 많은 섬들을 만들었다. 이 섬들이 서로 만나고, 그 아래에서 쉼 없이 움직이는 지구에 의해 합쳐지면서 최초의 대륙들이 생겨났다.

둘째, 육지에서 살아가기란 쉽지 않다. 물은 생명을 키워주는 요람이다. 물의 부력이 없다면 생물은 자신을 아래로 끌어당기는 몸무게를 그대로 느끼게 된다. 타오르는 태양 아래에서 신체 조직은 금방 말라버린다. 수분막이 유지되지 않으면 아가미가 제 기능을 하지 못해 호흡이 불가능해진다. 용감하게 육지로 올라온 모험가가 있었다고 해도 짜부라지고, 말라비틀어지고, 질식했을 것이다. 개척자들에게 육지는 아무것도 없는 텅 빈 공간만큼이나 가혹한 환경이었을 것이다.

게다가 지표면에는 오로지 황량한 화산암뿐이었다. 그늘을 드리울 나무도 없었다. 나무가 아직 진화하지 않았을 때였다. 바람이 일으키는 먼지 외에는 흙도 없었다. 흙은 식물의 뿌리, 균류, 굴을 파는 벌레 등 생물의 작용으로 만들어지고 비옥해지며, 식물은 그러한 흙 속에서 자라날 수 있기 때문이다. 그 무렵 물 밖의 지구는 여전히 지평선 위에 거대하게 떠 있던 달의 표면만큼이나 건조하고 생명이 없는 곳이었다.

그러나 우리가 지금까지 보아왔듯이, 생명은 어려운 조건을 극복해낸다. 붐비는 바닷속의 경쟁으로부터 벗어날 수 있는 전혀 새로운 환경은 그 환경을 길들이는 방법을 찾아낸 생물들에게 다양성과 성장의 기회를 제공했다. 조류(藻類)가 육지의 연못과 개울을 서식지로 삼은 것이 첫 번째 단계였다. 이것은 적어도 12억 년 전에 일어난 일이었다.[1] 그러나 그때도 세균과 조류, 균류는 황량한 해안가의 안전한 구석에 숨어 있었을 것이다.[2] 엽상체를 닮은 에디아카라기 동물들 중 일부가 밀물과 썰물 사이에 육지에 갇혀 시간을 보냈을 가능성도 있다. 캄브리아기에는 어느 미지의 생물이 로렌시아 대륙의 낮은 모래 해변 위를 미끄러지듯이 지나가면서[3] 오토바이 타이어 자국과 기묘할 정도로 흡사한 흔적을 남겼다.[4] 하지만 이것은 잠깐 부린 기교일 뿐이었다. 마치 파도 아래의 은신처로 돌아가기 전에 오토바이 앞바퀴를 드는 묘기를 몇 번 보여준 것과 같았다. 생물들은 육지로 올라오는 모험을 감행했지만 아직 그곳에 정착하지는 못한 상태였다.

⁂

본격적으로 육지 침공이 시작된 것은 오르도비스기 중기, 약 4억7,000만 년 전의 일이었다.[5] 바닷속에서 진화의 혁신이 폭발적으로 일어나면서 캄브리아기의 수많은 기이한 생물들이 더 새로운 종들로 교체되던 시기였다.[6] 우산이끼나 이끼처럼 바닥에 붙어서 자라는 작은 식물들이 육지로 진출하기 위한 교두보를 무수히 만들었다. 튼튼하고 건조에 강한 이 식물들의 포자는 이들이 가끔 찾아오는 방문자에 그치지 않고 육지에 정착할 수 있게 해주었다. 곧 최초의 나무들이 하늘을 향해 치솟았다. 첫 번째는 사상식물(nematophytes)이었다. 몸통의 지름이 1미터가 넘는 프로토탁시테스(*Prototaxites*)는 몇 미터 높이까지 자라났다. 이 식물은 나무 혹은 나무고사리라기보다는 조류와 공생하는 균류인 거대한 지의류에 가까웠다.

그 모든 것의 아래에서 지구는 계속 움직이고 있었다. 이산화탄소와 쉽게 반응하는 암석들이 화산 폭발로 분출되면서 대기 중의 이산화탄소를 흡수했다. 온실 효과를 일으키는 이산화탄소가 줄어들자 지구는 식어갔다. 동시에 남쪽의 거대한 대륙인 곤드와나가 남극 위로 이동했다. 육지 위에 다시 한 번 빙하가 형성되었다. 빙하가 바닷물을 빨아들이면서 해수면이 낮아졌고, 그 결과 대부분의 동물들이 살아가던 대륙붕 공간이 줄어들었다. 이러한 빙하기는 4억6,000만 년 전부터 4억 4,000만 년 전까지 약 2,000만 년간 이어졌다. 에디아카라기의 빙하기나 대산화 사건을 일으킨 빙하기만큼의 재난은 아니었지만 많은 해양 동물들이 이때 멸종했다.

❁

언제나처럼 생명은 변화하는 환경에 대응했다. 빙하기가 지나간 후에는 튼튼한 고사리류의 식물들이 출현했다. 이들은 우산이끼보다 더 건조에 강한 포자를 가지고 있었다. 경쟁에서 진 우산이끼는 축축하고 어두운 장소들로 밀려났다. 이들은 오늘날에도 여전히 그런 환경에서 살고 있다. 한때 벌거숭이였던 육지는 밝은 녹색으로 뒤덮였다.

실루리아기 후기인 약 4억1,000만 년 전에는 사상식물과 이끼, 고사리로 이루어진 숲지대들이 조성되어 있었다. 식물의 뿌리는 그 아래에 있는 암석을 갈아 흙을 만들기 시작했다. 그 흙 속에서 토양 균류가 진화했고, 그중에서도 균근(mycorrhiza)은 식물과 공생관계를 맺었다. 이 균류는 흙 속에서 증식하면서 식물이 자라는 데에 필요한 무기물을 흡수하여 공급하고, 그 대가로 식물은 광합성으로 만든 양분을 제공한다. 뿌리에 균근이 붙어 있는 식물은 그렇지 않은 식물보다 더 잘 자란다는 사실이 입증되었다. 오늘날에는 거의 모든 식물이 뿌리 주변 흙 속에 숨어 있는 균근의 도움을 받으며 자란다.[7]

바람을 비롯한 기상 현상에 노출된 식물들은 껍질이나 포자와 같은 물질들을 떨어뜨렸고, 숲속의 축축한 곳에서는 작은 동물들이 기어다니기 시작했다.

❁

최초의 육상동물은 지네, 통거미 등의 거미류, 톡토기와 같은 작은 절지동물들이었다. 곤충과 가까운 친척인 이들은 곧 진화하여 개체수나 종의 수 모두에서 지구 역사상 가장 번성하는 동물군이 된다.

데본기를 거치면서 숲은 더 커지고 광범위해졌다. 그 당시의 숲은 오늘날의 숲과는 달랐을 것이다.[8] 예를 들면 초기의 숲을 이루는 나무였던 클라독실롭시드(cladoxylopsid)는 속이 비어 있고, 가지가 없는 줄기가 10미터 높이까지 치솟아 있었으며, 그 끝은 붓처럼 퍼져서 나무라기보다는 거대한 갈대에 가까운 모습이었다.[9] 더 나중에는 속새와 쇠뜨기가 합류했는데 오늘날에도 습한 환경에서 이들을 볼 수 있다. 지금은 아주 작은 식물들이지만 이들의 조상은 거대했다. 석송류인 인목(*Lepidodendron*)은 50미터, 쇠뜨기는 20미터까지 자라났다. 이들 나무의 대부분은 속이 비어 있고 심재(心材) 없이 두꺼운 바깥 껍질로 지탱되는 형태였다. 아르카이옵테리스(*Archaeopteris*) 같은 나무는 오늘날의 나무와 좀더 비슷했고 심재도 있었다. 그러나 이들은 씨앗이 아닌 포자로 번식했다.

이렇게 풍부한 식물들은 놓치기 아까운 식량원으로 보이겠지만 수백만 년 동안 식물은 동물의 먹잇감이 되지 못했다. 목질 조직은 질기고 소화가 잘 되지 않는다. 또한 식물은 동물들이 싫어하는 페놀이나 수지 같은 물질을 분비한다. 식물을 이루는 물질은 세균과 균류가 소화 가능한 분해물로 만들어야 동물이 먹을 수 있었다. 이런 이유로 오랫동안 식물들은 아주 작은 육식동물들이 낙엽 아래의 잔사식생물(detritivore)을 사냥할 때에 그 배경으로만 서 있었다. 초식이라는 생활방식이 아직 진화하지 않은 때였다. 그러다 곤충들이 먼저 구과(毬果) 같은 식물의 생식기관을 먹기 시작했다. 그런 후에 바다로부터 완전히 새로운 동물들이 올라왔다. 바로 네발동물이었다.

❁

모든 생명이 그렇듯이, 동물들도 바다에서 처음 진화했다. 그들의 후손 대부분은 아직도 바다에 산다. 척추동물도 예외는 아니다. 오늘날에도 척추동물의 대다수는 어류가 차지하고 있다. 이러한 관점에서 보면 육지로 진출한 네발동물은 물 위의 생활에 적응한 다소 특이한 어류라고 볼 수 있다.

이들의 기원은 생물의 다양성이 크게 증가하면서 최초의 유악 어류가 출현한 오르도비스기로 거슬러올라간다.[10] 실루리아기에는 우리가 제3장에서 보았던 귀유를 비롯한 많은 유악 어류가 나타났다. 이 초기 어류들의 몸에는 오늘날 두 동물군에서 볼 수 있는 특징이 결합되어 있었다. 그중 첫 번째는 농어, 구라미부터 송어, 넙치에 이르기까지 오늘날 거의 모든 어류가 포함되는 조기어류(條鰭魚類)이다. 조기어류의 쌍지느러미는 체벽 안의 뼈와 직접 연결되어 있다. 이들이 언제나 수적으로 우세했던 것은 아니다. 아주 오래 전에는 이들과 친척관계인 육기어류가 더 지배적이었다. 이름에서 알 수 있듯이 육기어류의 쌍지느러미는 몸에서부터 뻗어나온 튼튼한 근육으로 지탱되며 이것을 또다른 뼈들이 지지하고 있는 형태이다.

❁

육기어류는 한때 다양한 종류가 포함된 집단이었다. 헐겁게 연결된 머리뼈들과 엄니 같은 독특한 이빨을 가진 오니코돈트(onychodont)와 거대한 포식자인 리조돈트(rhizodont)가 여기에 속했다. 크기가 가장 큰 리조돈트인 리조두스 히베르티(*Rhizodus hibberti*)는 최대 길이가 7미터에 달했다. 그외에도 다양한 형태의 육기어류가 있었는데, 그중 많은 수가 에나멜이 입혀진 두꺼운 비늘을 두르고 있었다.

아마도 변화에 가장 보수적인 육기류는 실러캔스(coelacanth)였을 것이다(지금도 마찬가지이다). 데본기에 처음 나타난 이 물고기[11]는 공룡 시대에 모습을 감추기 전까지 거의 똑같은 형태를 유지했다. 그러다가 사라진 줄 알았던 이 물고기의 표본이 1938년, 남아프리카 연안에서 발견되었다. 이들 중 한 무리는 지금도 인도양의 코모로 제도 근처에서 살고 있다.[12] 더 최근에는 인도네시아에서 또다른 무리가 발견되기도 했다.[13] 이들은 오래 전 데본기에 살았던 조상들과 달라진 점이 거의 없어 보인다. 노련한 어부들에게는 그 존재가 알려져 있었지만 심해의 수직 절벽 근처에 서식하는 탓에 과학자들의 눈에는 띄지 않았던 것일지도 모른다.

반면 폐어류(肺魚類) 중 일부는 거의 알아보기 힘들 정도로 다르게 진화했다. 오스트레일리아에서 서식하는 폐어인 네오케라토두스(*Neoceratodus*)는 비닐에 덮인 민물고기로, 원시적인 육기류 친척인 남아메리카의 레피도시렌(*Lepidosiren*)이나 아프리카의 프로톱테루스(*Protopterus*)와 비슷하게 생겼지만, 그 형태가 많이 바뀌어서 과거에는 네발동물이라는 오해를 받기도 했다.[14]

그 이유는 이름에서 찾을 수 있다.

모든 물고기는 원래 입천장에서 뻗어나온 주머니 형태의 폐를 가지고 있었다. 그러나 대부분의 경우, 이 폐는 따로 분리되어 부력을 조절하는 부레로 바뀌었다. 바닷속에서만 사는 실러캔스의 폐는 지방으로 가득 차 있다. 하지만 폐어는 서식지인 강이나 연못이 말라버리면 어쩔 수 없이 물 밖으로 나오게 된다. 그 결과 폐어들은 폐를 활용하여 공기 호흡을 할 수 있게 되었다. 사실 레피도시렌은 공기 호흡을 해야 살아남을 수 있다. 이것이 꼭 폐어가 네발동물과 특별히 가까운 관계라는 뜻은 아니다. 이들의 육지 적응은 독립적으로 이루어졌으며, 레피도시렌과 프로톱테루스의 사지는 육지에서 몸무게를 지탱할 수 있을 정도로 튼튼하게 진화하는 대신에 퇴화하여 가느다란 채찍처럼 변했다. 데본기에 살았던 초기 폐어들은 그 당시의 다른 육기류들과 훨씬 더 비슷했다.

육지로 진출한 동물들과 친척관계인 물고기들도 마찬가지였다. 에우스테놉테론(*Eusthenopteron*)과 오스테올레피스(*Osteo-*

lepis)는 확실하게 물고기의 모습을 하고 있었지만 이들과 가까운 친척들은 이미 물 밖에서의 삶이 잠깐 누리는 사치가 아닌 규칙적인 습성이 될 정도로 진화해가고 있었다.

이러한 물고기들 대부분은 수초가 우거진 좁은 수역에서 살면서 더 작은 친척들을 잡아먹고 살았다. 덩치가 큰 종이 많았으며, 뼈로 지탱되는 유연한 지느러미를 사용해서 먹잇감을 기습하기에 가장 좋은 자리를 찾아다녔다. 많은 리조돈트들이 이렇게 살았고, 또다른 집단인 엘피스토스테갈리아(elpistostegalia)는 여기에서 좀더 나아갔다.

❁

엘피스토스테갈리아는 얕은 물에 사는 포식자로서의 면모를 모두 갖추고 있었다. 이들의 몸은 대부분의 어류와 달리 양옆으로 눌린 형태가 아니라 악어처럼 위아래로 눌린 형태였는데, 이는 얕은 물에 숨어 있기에 좋은 조건이었다. 그러한 외형에 맞게 눈이 머리 옆이 아니라 위쪽에 붙은 종류도 있었다. 등지느러미, 뒷지느러미 등의 수직 지느러미는 수가 줄어들거나 아예 없어졌다. 쌍지느러미는 사실상 작은 팔다리와 다름없는 부위로 발달했다. 데본기 후기의 틱타알릭(*Tiktaalik*)[15]과 엘피스토스테게(*Elpistostege*)[16]가 대표적인 예였다. 이들은 몸길이가 1미터 정도로, 그 모양과 크기가 작은 악어와 비슷했다. 머리는 넓고 납작했으며, 머리 위쪽 가운데에 눈이 있고, 유선형의 몸통에는 다리처럼 생긴 통통한 앞지느러미가 붙어 있었다. 지느러미 안의 뼈는 육상 척추동물의 팔다리 뼈와 세부적으로 일치했다. 이들에게는 폐가 있었으며, 속아가미는 별로 사용하지 않았을 것으로 추정된다. 보통은 아가미 위쪽까지 뻗어 있는 머리 덮개뼈 부분이 비교적 짧았으며, 이 뼈들이 뚜렷한 "목"을 이루고 있었다. 이것은 머리를 재빨리 돌려가며 빠르게 움직이는 먹잇감을 잡아야 하는 매복 포식자에게 유리한 조건이었다. 엘피스토스테갈리아는 다리 주변에 손가락과 발가락 대신 붙어 있는 지느러미의 줄만 빼면 어느 모로 보나 네발동물이었다.

❁

틱타알릭, 엘피스토스테게와 그들의 사촌은 데본기 후기인 약 3억7,000만 년 전에 살았다. 그러나 이들의 역사는 더 이전까지 거슬러올라간다. 그들 중 하나가 지느러미 줄 대신에 발가락을 가지게 된 것은 그보다 적어도 2,500만 년 전의 일이었다. 약 3억9,500만 년 전, 그중 한 마리가 현재 폴란드 중부의 한 해변에 발자국을 남겼다.[17] 네발동물이었을 가능성 외에는 어떤 종류의 네발동물이 그 흔적을 남겼는지 아무도 모른다.

이런 흔적이 이렇게 이른 시기에 생겼다는 사실 외에도 놀라운 점은 민물이 아니라 바다 근처의 갯벌에 남았다는 점이다. 최초의 네발동물들은 마치 비너스처럼 바다에서 곧장 나왔다.[18] 바닷물, 혹은 염분이 많은 강어귀의 물에 적응해서 살아가던 동물들이었다.[19]

❁

그리고 그 아래에서는 여전히 지구가 움직이고 있었다. 초대륙 로디니아의 분열 이후 대륙들은 서로 분리되어 흩어져 있었다. 그러다 약 5억 년간 이어진 대륙 이동의 흐름이 천천히 바뀌기 시작했다. 남쪽의 거대한 대륙 곤드와나가 남극 위로 이동하면서 일어난 오르도비스기의 멸종은 앞으로 일어날 일의 전조였다.

데본기 말을 향해 갈 무렵, 곤드와나와 북반구의 커다란 육괴인 유라메리카, 로라시아가 서로를 향해 이동하기 시작했다. 이 충돌로 광범위한 산맥 지대와 거대한 하나의 대륙인 판게아가 만들어졌다. 대륙의 결합은 다시 한번 그 위에서 살아가던 동물들에게 영향을 미쳤다. 침대 시트를 흔들면 그 위에 아무렇게나 놓여 있던 장난감과 음식 부스러기, 책 같은 것들의 자리가 바뀌는 것과 비슷했다. 새롭게 생긴 산맥들의 풍화로 대기 중의 이산화탄소가 줄어들고 온실 효과가 감소하면서 남극의 곤드와나에 다시 빙하가 형성되었다. 다른 지역에서는 화산 활동으로 인한 피해가 컸다. 다시 한번 멸종의 조짐이 보였다.

대부분의 멸종은 바다에서 일어났다. 산호들이 큰 타격을 입었다. 생물초를 이루는 해면동물로, 데본기에 흔했던 층공충(stromatoporoid)이 멸종했다.[20] 초 위에 다시 스트로마톨라이트가 나타났다. 이러한 소란은 그때까지 남아 있던 무악 갑주어의 종말 또한 불러왔다. 판피류와 대부분의 육기류도 마찬가지였다. 하지만 그외의 동물군은 살아남았다. 데본기를 마무리하는 시기의 특징은 다양한 네발동물의 출현이었다.

❁

처음에 네발동물들은 주로 물속에 머물렀다. 발가락이 달린 네 다리가 있기는 했지만 이들은 리조돈트나 엘피스토스테갈리아와 비슷한 수중 매복 포식자의 자리를 차지하고 있었다. 발가락이 달린 네 다리가 어떤 용도로 생겨났는지는 몰라도 육상 생활을 위해서 진화한 것은 아니었다.

가장 원시적인 네발동물로는 스코틀랜드에서 발견된 엘기네르페톤(*Elginerpeton*),[21] 라트비아에서 발견된 벤타스테가(*Ventastega*)가 있었다.[22] 러시아에서 발견된 툴레르페톤(*Tulerpeton*)[23]과 파르마스테가(*Parmastega*),[24] 현재 그린란드 동부 지역인 열대의 늪에서 살았던 이크티오스테가(*Ichthyostega*)도 있었다. 외형과 생활방식이 틱타알릭이나 현재의 카이만 악어와 유사했던 파르마스테가는 수면 위로 눈만 내놓은 채 물속을 헤엄쳐 다녔다. 이크티오스테가는 몸길이가 약 1.5미터나 되는 덩치가 크고 육중한 동물이었다. 이들의 기묘한 등뼈를 보면 육지를 돌아다녔다고 해도 굵고 뭉툭한 다리로 걷기보다는 물개처럼 퍼덕거리며 다녔을 것으로 보인다.[25] 역시 그린란드에서 발견된 아칸토스테가(*Acanthostega*)는 몸길이가 이크티오스테가의 절반 정도 되고 좀더 호리호리했다. 네 다리가 있기는 했지만 양옆으로 뻗어나온 형태여서 어디에서든 걷기에는 적합하지 않았다. 물고기처럼 속아가미가 있었던 것을 보면 물속에서만 생활했을 것이다.[26] 반면 같은 시기에 살았으며 미국 펜실베이니아에서 발견된 히네르페톤(*Hynerpeton*)은 근육이 잘 발달되었고 육상 생활이 제법 가능한 형태였다.[27] 데본기 후기에는 네발동물이 매우 다양하게 등장했지만, 다리가 달린 기이한 형태의 수생 육기어류가 주를 이루었다.

❁

초기의 네발동물은 다리, 또는 적어도 발에 대해 별 생각이 없었던 것처럼 보이기도 한다. 툴레르페톤의 발가락 개수는 6개였고, 이크티오스테가는 7개, 아칸토스테가는 최소 8개 이상이었다.[28] 많은 네발동물들이 그후 진화를 통해서 발가락 또는 다리 전체를 잃었다. 하지만 오늘날의 네발동물은 보통 발가락이 5개 이하이다. 발가락은 5개라는 개념이 머릿속에 깊이 박힌 나머지 그것이 신이 구상한 기본 형태이고, 어쩌다 발가락이 6개인 동물은 자연의 질서에 반하는 것처럼 보일지도 모른다.

❁

네발동물의 다양성은 데본기 후기까지 이어졌지만, 그후 석탄기를 거치면서 점점 더 작고 호리호리한 형태의 "현대적인" 동물군으로 대체되었다.[29] 이들은 물고기보다는 도롱뇽과 비슷했고 발가락 개수도 정착되어 있었다.

약 3억3,500만 년 전, 판게아가 최종적인 형태로 결합되어갈 무렵, 현재 스코틀랜드의 웨스트로디언 지역에 있었던 어둡고 습한 숲속은 기어다니는 벌레들과 초기 네발동물의 울음소리로 가득했다. 화산, 그리고 어쩌면 온천이 만들어낸 환경이었다. 이 풍요로운 지대에서 발견된 한 네발동물에게는 "검은 늪의 괴물"이라는 뜻의 에우크리타 멜라노림네테스(*Eucritta melanolimnetes*)라는 이름이 붙기도 했다.[30]

❁

땅 위에서 무게를 지탱할 수 있을 만큼 튼튼한 다리가 진화했을 때에도 초기 네발동물들의 생애 중 한 단계만은 물과 떼어놓을 수 없었다. 바로 생식이었다. 오늘날의 양서류처럼 이들도 새끼를 낳으려면 물로 돌아가야 했다. 이들의 새끼는 올챙이처럼 지느러미가 있고, 호흡을 위한 아가미가 달린 물고기 같은 형태였을 것이다.

그러나 생식방법을 혁명적으로 변화시켜 마침내 육지를 최종 정복할 동물군이 곧 출현하게 된다. 석탄 숲속, 시끄럽게 우는 초기 육상 척추동물과 종종거리며 돌아다니는 커다란 개만 한 크기의 전갈들, 네발동물들을 따라 해안까지 올라온 거대한 광익류(바다전갈) 사이에서 웨스틀로티아나(*Westlothiana*)라는 동물이 살고 있었다. 이 도마뱀처럼 생긴 작은 동물과 진화적으로 가까운 계통의 네발동물들이 단단한 방수성 껍질에 싸인 알을 진화시켰다.[31] 알 내부에 물을 보존할 수 있었기 때문에 이들은 물과 떨어진 장소에서도 알을 낳을 수 있었다. 이로써 척추동물의 삶과 바다 사이의 연결 고리가 드디어 끊어졌다.

이들은 언젠가 파충류, 조류, 포유류로 진화하게 될 동물이었다.

5

양막류의 등장

판게아가 형성되면서 아르카이옵테리스와 클라독실롭시드로 이루어진 숲은 황폐화되었다. 데본기 바다의 생물초를 형성했던 산호와 해면들도 모두 사라졌다. 모든 갑주어, 판피류와 함께 대부분의 육기어류가 절멸했고 소수의 삼엽충만 살아남았다. 찌꺼기, 점액, 미세한 가닥으로 이루어진 시아노박테리아가 다시 번성했다. 적어도 한동안은 과거에 그랬던 것처럼 스트로마톨라이트가 다시 초를 뒤덮었다.[1]

처음으로 용감하게 육지로 올라왔던 초기 네발동물들은 이 멸종으로 인해서 말 그대로 가던 길을 멈춰야 했다. 멸종에서 살아남은 네발동물들은 물 가까이에 머물거나 가급적이면 물속에서 생활하게 되었다.

그러나 원시의 하늘 아래 전열을 가다듬고 다시 육지 정복을 시도한 무리가 있었다. 이들은 전반적으로 다리 달린 물고기와 다름없었던 초기 네발동물들과는 아주 다른 종류였다.

석탄기 초기 해안에는 몸길이 1미터 정도에 겉모습만 보면 도롱뇽과 비슷한 페데르페스(*Pederpes*)라는 동물이 기어다녔다.[2] 아칸토스테가, 이크티오스테가 등 발가락이 많았던 초기 네발동물들과 달리 페데르페스는 현생 네발동물처럼 발가락이 5개였다. 다만 이들의 화석을 보면 과거의 기념물처럼 여섯 번째 발가락의 흔적이 남아 있었던 것으로 보인다.

그러나 페데르페스는 그 시대에 상대적으로 몸집이 큰 동물이었다. 당시에는 훨씬 더 작은 네발동물들이 많았다.[3] 이들은 노래기 같은 작은 절지동물들을 찾아 물가를 돌아다니거나 전갈들과 소규모의 혈투를 벌이거나 오래된 먹잇감을 쫓아 해안으로 올라온 커다란 광익류들과 좀더 큰 규모의 싸움을 벌였다.[4] 석탄기 초기의 네발동물들은 데본기에 살았던 친척들보다 육상 생활에 훨씬 더 적합한 형태였지만, 물과 멀리 떨어지지는 않았다. 이들이 사는 곳은 물이 자주 들어오는 범람원이었다. 육지를 향한 여정에서 몇 걸음 더 앞으로 나아가기는 했지만 여전히 임시적이고 잠정적인 단계였다.

그러나 석탄기 초기 네발동물들 중 일부는 물속에 남았다. 몇몇 종은 생긴 지 얼마 되지 않은 다리를 다시 잃었다. 몸길이가 1미터 정도 되고 곰치처럼 생긴 크라시기리누스(*Crassigyrinus*)는 다리가 아주 짧았다. 커다란 턱 안에 이빨이 잔뜩 나 있는 이 위협적인 포식자는 석탄기 초기의 강과 연못 속을 활보하고 다녔다. 몇몇은 여기에서 더 나아갔다. 결각류(aistopod)[5]라고 불리는 뱀처럼 생긴 양서류는 네 다리를 완전히 잃었다. 네발동물들이 물을 아예 떠나지 않았던 과거로 돌아간 것이다. 수백만 년 동안 네발동물들의 육상 생활은 불완전한 형태로 남아 있었다.

❁

데본기 후기의 멸종 이후 네발동물들 위에 그늘을 드리운 육상 식물들은 네발동물들과 마찬가지로 그 조상들에 비해서 작고 허약했다. 숲이 회복되는 데에는 시간이 걸렸다. 그러나 일단 회복되고 나자 지구상에 유례가 없었던 장대한 우림이 되었다. 이 숲들은 키가 20미터에 달했던 칼라미테스(*Calamites*) 같은 속새류, 50미터 높이까지 자라났던 인목 같은 석송류가 지배했다. 이런 거대한 식물들은 파란 하늘이 아니라 타는 냄새로 가득한 갈색 하늘을 향해 솟아 있었다.

오늘날의 나무들은 대부분 천천히 성장해서 몇십 년, 몇백 년씩 살아간다. 나무의 몸은 목재의 중심부가 지탱한다. 껍질 가까이에 있는 관들이 나뭇잎으로 물을 끌어올려 광합성의 원료를 공급하고, 광합성으로 만들어진 당분은 아래쪽으로 이동시켜 뿌리를 비롯한 나머지 부분에 영양을 공급한다. 나무는 긴 생애 동안 여러 번 번식을 한다. 우림의 하늘을 뒤덮은 나뭇잎들은 그 아래의 땅 대부분에 그늘을 드리우고, 땅과 떨어진 높은 곳에는 땅에는 거의 내려오지 않는 동식물들로 이루어진 전혀 다른 생태계가 형성된다.

석탄기의 석송 숲은 오늘날의 숲과 전혀 달랐다. 석송류는 데본기의 조상들처럼 속이 빈 형태였고, 심재가 아닌 두꺼운 껍질로 지탱되었으며, 잎처럼 생긴 녹색 비늘에 덮여 있었다. 사실 식물 전체, 즉 줄기와 늘어진 가지의 끝이 똑같이 비늘로 덮여 있었다. 양분을 이동시키는 관이 없는 대신, 비늘 하나하나가 광합성을 해서 근처 조직들에 양분을 공급했다.

우리 눈에 더욱 신기해 보이는 사실은 이 나무들이 생애의 대부분을 땅 속에서 눈에 띄지 않는 줄기 형태로 보냈다는 점이다. 이들은 번식할 준비가 되었을 때에만 나무로 자라났다. 마치 슬로모션으로 일어나는 불꽃놀이처럼 나무줄기가 하늘을 향해 치솟다가[6] 폭발하듯이 펼쳐진 나뭇가지들 끝에서 나온 포자가 바람을 타고 퍼져나갔다.

포자를 퍼뜨리고 나면 나무는 죽었다.

죽은 나무는 오랜 세월 동안 비바람과 진균, 세균에 겉껍질을 갉아 먹히다가 결국 축축한 땅 위로 쓰러졌다. 석송 숲의 모습은 제1차 세계대전 당시 서부 전선의 황량한 풍경과 비슷해졌다. 속이 빈 나무줄기 안은 물과 찌꺼기로 가득했다. 잎과 가지가 다 떨어져 나간 나무들이 마치 장대처럼, 썩은 진창 위로 솟아올라 있었다. 그늘은 거의 없었고 낮은 곳에서 살아가는 하층 식물들도 없었다. 그저 석송 줄기의 잔해 주변에 점점 쌓여가는 찌꺼기들뿐이었다.

❁

자원 낭비가 심한 석송의 생애는 지구 전체에 엄청난 영향을 미쳤다. 첫째 석송류 나무들은 빠르게 반복적으로 성장하면서 어마어마한 양의 탄소를 소비했는데, 이 탄소는 모두 대기 중의 이산화탄소로부터 흡수한 것이었다. 탄소의 대량 소비와 더불어 새롭게 형성된 산들의 풍화로 인해서 온실 효과가 감소하면서 남극 주변의 빙하가 다시 커지기 시작했다.

둘째, 이 시대는 오늘날 죽은 나무의 분해를 책임지는 대부분의 생물들, 즉 흰개미, 딱정벌레, 개미 등이 아직 진화하지 않았을 때였다. 아직 식물 성분을 소화시킬 수 있는 동물은 얼마 되지 않았다. 그중 하나였던 고망시류(palaeodictyoptera)는 날개를 진화시켜 비행을 시작한 최초의 동물군이었다. 이들 중 일부는 몸집이 까마귀만큼 컸고, 오늘날의 날아다니는 곤충들처럼 두 쌍의 날개가 아닌 세 쌍의 날개를 가지고 있었다.[7] 일반적인 두 쌍의 날개 앞에 흔적만 남은 날개 한 쌍이 붙어 있는 형태였다. 많은 수의 날개를 가지고 비행하던 과거의 잔재였다. 또한 벌레들처럼 구기(口器)가 앞으로 돌출되어 있어서 먹이를 빨아먹을 수 있었다. 이들은 하늘을 날아다니다가 높은 석송 위에 내려앉아 포자를 생산하는 연한 기관을 먹었다.[8]

셋째, 수많은 나무의 광합성으로 어마어마한 양의 유리산소가 생산되었다. 대기 중의 산소 농도가 너무 높아서 습도가 매우 높은 늪지대의 숲속에서도 번개가 치면 나무가 횃불처럼 타올라 숯덩이가 되었고, 그래서 언제나 갈색으로 물든 하늘에 연기가 피어올랐다.

부패 속도가 감지하기 어려울 정도로 느리다 보니 많은 석송 줄기가 그대로 땅속에 묻혔고, 이것이 약 3억 년 후에 석탄의 형태로 발견되었다. 이 시대가 석탄기라고 불리게 된 이유이다. 이러한 석탄 숲은 페름기까지 이어졌다. 지금까지 발견된 석탄 매장량의 약 90퍼센트가 딱 7,000만 년 동안 이어졌던 이 석송 숲의 시대에 묻힌 것이다.[9]

❁

이러한 환경에서 양서류들이 번성하며 다양한 형태로 진화했다. 작은 양서류들이 꿈틀거리며 땅속에 굴을 파고 들어가서 작은 전갈과 거미, 장님거미를 쫓아다닐 때, 큰 양서류는 물속을 헤엄쳐 다니며 작은 먹잇감을 노리거나 어쩌다 수면에 내려앉는 거대한 하루살이, 고망시류, 갈매기만 한 잠자리 등 날개 달린 곤충들을 낚아채 잡아먹었다.

이 양서류 중 일부는 그 이름대로 물과 육지 사이를 오가면서도 육상 생활을 좀더 선호했다. 이들 중 일부가 다시 양막류(羊膜類)로 진화했다. 처음에 양막류는 동시대의 양서류와 생김새가 매우 비슷해서 크기가 작고 도롱뇽 같은 모습이었다.[10] 양서류처럼 이들도 석송의 빈 그루터기 안에 숨어서 분주히 돌아다니다가 쏜살같이 튀어나와 바퀴벌레, 좀벌레 등을 잡아먹기도 하고, 풍부한 산소 덕분에 괴물처럼 커진 악몽과도 같은 포식자들을 피해 다니기도 했다. 이들은 개만 한 크기의 전갈들이 쏘는 침을 피해 다니고, 마법의 양탄자만큼 길고 넓적한 노래기들로부터 몸을 숨겨야 했다. 그리고 아마도 빠르게 진화하는 물고기들의 뒤를 쫓아 상륙한 2미터짜리 바다전갈의 탱크 자국 같은 발자국을 보며 겁을 집어먹기도 했을 것이다.

❁

양서류에게 이 "세속적인 쾌락의 동산"에서 알을 낳는 것은 극도로 위험한 일이었다. 오늘날의 개구리나 두꺼비처럼 주변이 개방된 물에서 알을 낳는 것은 지나가는 물고기나 다른 양서류의 쉬운 먹잇감이 되기를 자처하는 것이었다. 양서류들은 새끼를 보호하기 위해서 다양한 방식으로 진화해야 했다. 어떤 종류는 알을 낳는 장소에서 보초를 섰다. 또다른 종류는 연못이나 웅덩이, 예를 들면 나무 그루터기에 고인 물속에서 알을 낳았다. 물 위로 늘어져 있는 식물 위에 젤리 같은 덩어리 형태의 알을 낳아서 올챙이가 부화되면 아래쪽의 물로 바로 떨어지게 하기도 했다. 또다른 종류는 유생 기간을 늘려서 알에서 부화할 때 올챙이가 아닌 작은 성체의 형태로 나오도록 했다. 위험한 일이 생겨도 바로 도망칠 수 있도록 한 것이다. 아예 어미의 몸 안에서 알을 품는 종류도 있었다. 이들은 아마도 어미의 조직으로부터 양분을 공급해서 새끼를 키운 후에 몸집이 커진 새끼를 낳았을 것이다.[11]

양막류는 여기에서 더 나아갔다. 이들은 알을 낳는 장소가 아니라 알 자체를 변화시켰다. 아무 힘 없는 검은 점에 지나지 않는 배아를 단지 젤리 같은 물질이 아니라 위험한 세상으로부터 최대한 오랫동안 지켜줄 여러 개의 막으로 감싼 것이다.

이 막들 중 하나인 양막은 배아에게 외부로부터 분리된 물웅덩이와 생명 유지장치를 제공하는 방수막이었다.[12] 난황낭은 영양분을 지속적으로 공급했고, 또다른 막인 요막은 배아의 배설물을 모아서 저장했다. 이 모든 막을 장막이 감싸고 있었으며, 다시 그 위를 껍질이 덮었다.

초기 양막류의 알 껍질은 부드러운 가죽 같은 질감으로, 단단한 결정질인 새알 껍질보다는 뱀이나 악어의 알 껍질과 비슷했다.[13] 게다가 양막류의 알은 양서류의 알처럼 온 힘을 다해 정성스럽게 보살필 필요가 없었다. 그냥 알을 낳아서 낙엽 밑에 묻어두거나 썩은 나무둥치 안에 넣어 따뜻하게만 해두면 그 다음에는 방치해도 상관없었다.

처음에 양막류의 알은 양서류가 아직 부화하지도 않은 새끼들을 포식자들에게 잃을 확률을 줄이기 위한 하나의 방법일 뿐이었다. 하지만 이로써 양막류는 물에서부터 완전히 벗어날 수 있는 방법 또한 진화시킨 셈이었다. 양막류의 알은 물로부터 벗어나 위험한 신세계를 정복하게 해주는 일종의 우주복과도 같았다.

그로부터 몇백만 년 안에 진정한 양막류가 진화했다. 작은 도롱뇽이 아니라 작은 도마뱀처럼 생긴 동물들이었다. 힐로노무스(*Hylonomus*), 페트롤라코사우루스(*Petrolacosaurus*) 같은 동물들은 생김새도 습성도 비슷했으며, 굶주린 자신들을 미처 피하지 못한 곤충이나 다른 작은 동물들을 잡아먹고 살았다. 이들은 뱀, 도마뱀, 악어, 공룡, 새들을 배출하게 될 혈통과 가까웠다. 그러나 아르카이오티리스(*Archaeothyris*)의 운명은 달랐다. 이 동물이 속한 반룡류(盤龍類)는 인간을 포함한 포유류의 조상이었다.

❁

양막류 알의 진화는 척추동물이 육지에서 번성할 수 있게 해준 비결이었다. 식물계도 물이 없는 환경에 나름의 방식으로 적응했다. 양치식물과 비슷하게 생긴 일부 식물들이 씨앗을 진화시킨 것이다. 나중에 구과식물로 진화하게 될 양치종자류였다.

육지에 최초로 정착한 식물들인 우산이끼와 이끼는 양서류와 마찬가지로 물이 있어야만 번식을 할 수 있었다. 수그루가 만들어내는 정자는 물을 좋아하는 이 식물의 잎과 줄기를 항상 감싸고 있는 수막 속을 헤엄쳐가서 난자와 만나 수정을 한다. 이렇게 만들어진 수정란은 난자나 정자가 아니라 포자라는 작은 입자를 만들어내는 식물로 자라난다. 이 포자가 공기중으로 퍼져나가 자리를 잡으면 싹을 틔워서 다시 정자와 난자를 생산하는 식물로 자란다.

이렇게 생식 세포를 생산하는 세대(배우체)와 포자를 생산하는 세대(포자체)가 교대로 반복되는데, 포자는 건조에 강한 편이지만 정자와 난자는 그렇지 못하다. 그래서 이끼와 우산이끼는 물과 떨어져서는 살 수 없다.

이끼와 우산이끼의 배우체와 포자체는 모양이 흡사하다. 그러나 양치식물은 대개 포자체의 모습으로 기억된다. 우리가 숲과 들판에서 보는 양치식물들은 모두 포자체이기 때문이다. 이 포자체의 잎 뒷면에 줄지어 붙어 있는 주머니들 안에서 포자가 생산된다. 반면 배우체는 작고 연약하고 눈에 잘 띄지 않으며 전혀 양치식물처럼 보이지 않는다. 이들은 수막을 통해서 이동하는 난자와 정자를 생산하기 때문에 축축한 환경에서만 살 수 있다. 석탄 숲을 이루는 거대한 석송이나 쇠뜨기들과 마찬가지이다.

그런데 일부 양치식물의 배우체는 자신들이 생산하는 생식세포의 크기만큼 작아졌다. 워낙 작아서 배우체 전체가 포자 내부에서 자라나 이것이 암배우체가 되기도 하고 수배우체가 되기도 했다. 일부 종에서는 암포자가 주변으로 퍼져나가지 않고 그냥 붙어 있으면 수포자가 바람을 타고 날아왔다. 이렇게 해서 수정된 알은 단단하고 저항력이 강한 껍질에 감싸인 씨앗이 되었으며, 이 씨앗은 적합한 조건이 갖춰졌을 때에만 싹을 틔웠다. 씨앗의 진화는 양막류 알의 진화처럼 식물이 물의 독재에서 벗어날 수 있게 해주었다.

❁

무성한 석탄 숲은 오래가지 못했다. 천천히 북쪽으로 이동하는 판게아에게 빚을 갚을 시간이 되었다. 그동안 남극점 위에 자리 잡고 있어서 석탄기 후기와 페름기 전기의 대부분 동안 얼음으로 덮여 있었던 대륙의 최남단 지역이 다시 한번 얼음에서 벗어났다. 그러나 북쪽 대륙과 남쪽 대륙이 합쳐지면서 적도의 따뜻한 물이 지구를 순환하기가 어려워졌다. 지나쳐야 하는 육지가 너무 많아진 것이다.

그러나 생명이 번성하는 바다도 있었다. 산호초로 둘러싸인 넓은 열대의 만인 테티스 해는 판게아의 동쪽에 자리하고 있어서 이 초대륙을 커다란 알파벳 C자처럼 보이게 만드는 바다였다.

육지의 지세 때문에 적도의 물이 쉽게 지구를 순환하지 못하게 되자, 테티스 해 지역의 기후는 계절별로 차이가 뚜렷해졌다. 긴 건기의 중간중간에 오늘날 인도 지역에서 볼 수 있는 것과 같은 강한 폭우가 광범위하게 쏟아졌다.[14] 이런 계절성 기후는 1년 내내 열대 지방의 습기를 필요로 하는 석송 우림에는 너무 가혹한 환경이었다. 우림은 크기가 줄어들어 고립된 몇몇 지역들에만 남게 되었다. 당시 테티스 해의 동쪽 끝에 위치한 섬이었던 남중국 지역에만 석송 숲이 그대로 남아 있었다. 이곳은 시간이 잊어버린 땅이었다.

숲을 이루는 식물들은 포자를 생산하는 나무고사리, 양치종자류, 크기가 작은 석송류로 대체되어 1년 중 대부분이 굉장히 덥고 건조한 계절성 기후에 적응해갔다. 해안 지대와 멀리 떨어진 곳에서는 사막이 세를 키워갔다.

❁

석탄 숲의 종말이 양서류와 파충류의 운명에 미친 영향은 지대했다.[15] 양서류들은 고통을 받았지만 파충류들은 어떻게든 버티면서 건조해진 기후가 제공한 새로운 기회에 적응해갔다.

많은 양서류가 악어처럼 계속 물 가까이에서 살았지만 사막에서의 삶에 도전한 몇몇 종은 그 모습이 훨씬 더 파충류와 비슷했다. 코뿔소 같은 생김새에 몸길이가 최대 3미터에 달했던 디아덱테스(*Diadectes*)는 개척자였다. 이들은 완전히 새로운 식생활, 즉 초식을 받아들인 최초의 네발동물 중 하나였다. 그때까지 모든 네발동물은 곤충, 물고기, 혹은 서로를 잡아먹고 살았다. 고기는 잡기 어려웠지만 일단 잡으면 쉽고 빠르게 소화할 수 있었다. 그러나 식물은 만만한 상대가 아니었다. 식물의 질긴 섬유 조직은 세포 하나하나가 소화시키기 힘든 셀룰로스 벽으로 감싸여 있었기 때문이다.

최초의 네발동물들에게는 먹이를 갈아 먹기에 좋은 이빨이 없었다. 기계적으로 분해할 수 없는 식물을 소화하려면 끊고, 잘라서, 삼킨 다음 커다란 소화관 안에서 다양한 세균들의 힘을 빌려 퇴비처럼 천천히 발효시키며 영양분을 아주 조금씩 흡수해야 한다. 초식동물들이 덩치가 크고, 움직임이 느리며, 거의 언제나 먹이를 먹고 있는 것은 이런 이유 때문이다. 최초의 초식 파충류로는 디아덱테스 외에도 작은 도마뱀처럼 생긴 힐로노무스의 후손으로 마치 스테로이드 주사를 맞은 버펄로처럼 육중하고 우락부락한 몸을 가진 파레이아사우루스(pareiasaurs), 그리고 에다포사우루스(*Edaphosaurus*)와 같은 다양한 반룡류가 있었다. 에다포사우루스는 훨씬 우아한 생김새의 동물로, 등 위로 돛처럼 펼쳐진 막을 길게 뻗어나온 척추들이 지탱하고 있었다.

이 초식동물들은 에리옵스(*Eryops*) 같은 육상 양서류의 먹잇감이 되었다. 에리옵스는 자신을 악어라고 상상하는 황소개구리처럼 생긴 동물이었다. 자동차였다면 아마도 병력 수송 장갑차였을 것이고, 거기에 이빨까지 있었다. 등에 돛이 달린 또다른 반룡류인 디메트로돈(*Dimetrodon*)은 에리옵스와 최상위 포식자의 자리를 놓고 경쟁을 벌였다.

⚙

포유류나 조류와 달리 파충류와 양서류는 체온을 체내에서 조절하지 못한다. 이들은 추울 때 무기력하고 무방비해지기 때문에 다시 활발하게 움직이기 위해서는 햇빛을 받아 몸을 데워야 한다. 다른 동물들보다 더 빨리 몸이 더워지고 차가워지는 동물들에게는 이것이 기회가 되었다. 반룡류는 신진대사를 스스로 조절하기 시작한 최초의 네발동물 중 하나였다. 에다포사우루스나 디메트로돈이 햇빛이 비치는 쪽을 향해 몸을 옆으로 돌리고 서 있으면 등에 달린 돛이 다른 파충류들보다 빨리 데워져서 먼저 먹이를 찾으러 나설 수 있었다. 반대로 돛을 눕히면 몸을 더 빨리 식힐 수도 있었다. 반룡류가 진화시킨 기술은 또 있다. 파충류들 대부분의 입 안에는 같은 크기의 뾰족한 이빨들이 줄지어 나 있었는데, 반룡류는 서로 다른 크기의 이빨을 진화시켜서 좀더 효율적으로 먹이를 소화시킬 수 있었다.

체온 조절, 다양한 크기의 이빨 발달 등과 같은 변화들은 앞으로 일어날 일들의 전조였다.

⚙

반룡류의 후손으로는 페름기 초기에 오늘날의 미국 텍사스 지역에 해당하는 사막에서 살았던 테트라케라톱스(*Tetraceratops*)가 있었다.[16] 이들은 반룡류와 매우 비슷했지만 두개골과 치아에서 완전히 새로운 변화의 조짐을 볼 수 있었다. 반룡류의 대사 조절 혁신을 한층 더 발전시킨 새로운 파충류였다. 이러한 종류를 수궁류(獸弓類)라고 부르며,[17] 보통 “포유류형 파충류”라고 불리는 이들로부터 훗날 포유류가 진화했다. 그러나 페름기 중기에는 이 모든 것이 아직 수천만 년 후의 미래일 뿐이었다.

수궁류가 반룡류나 다른 파충류들과 다른 점은 다리를 옆쪽이 아니라 몸 아래로 꼿꼿이 펴서 지탱했다는 점이다. 이들은 각자의 먹이에 맞는 독특한 이빨들을 다양하게 가지고 있었다. 또한 온혈동물로써 햇빛과 상관없이 대사를 조절할 수 있었다. 판게아의 건조한 계절성 기후의 지배자였던 수궁류는 반룡류와 그 친척들 이상으로 번성했으며, 육지 생활을 선호하던 양서류들이 다시 물로 돌아가게 만들었다.

페름기 중기와 후기에는 모든 생태적 지위마다 그 자리에 딱 맞는 수궁류가 있었다. 초기의 초식 수궁류 중에는 모스콥스(*Moschops*) 같은 몸무게 2톤짜리 괴물도 있었다. 이들의 후손인 디키노돈트(dicynodont)는 아마도 지구상에서 가장 못생기고 가장 번성했던 네발동물일 것이다. 맥주통처럼 생긴 이 동물은 작은 개만 한 종부터 코뿔소만 한 종까지 그 크기가 다양했다. 머리통의 폭은 넓지만 얼굴은 납작해서 매우 볼품없는 생김새였다. 모든 이빨은 단단한 부리로 대체되었고, 엄니처럼 생긴 커다란 윗송곳니 한 쌍만 남아 있었다. 초식동물이기는 했지만 사실상 눈앞에 보이는 것은 뭐든지 퍼서 입 안에 쑤셔넣을 수 있었다. 몸집이 작은 종류는 굴을 파기도 했다. 이 두 가지 습성 모두가 이들을 다가올 종말로부터 구하는 데에 도움이 되었다.

디키노돈트를 쫓아다니던 사나운 포식자들 중에는 수궁류 사촌인 고르고놉시아(gorgonopsia)가 있었다. 디키노돈트처럼 이들도 오소리만 한 종부터 곰만 한 종까지 크기가 다양했다. 얼굴이 납작하지 않다는 점만 제외하면 디키노돈트와 매우 유사했다. 구부정하고 다리가 긴 이 네발동물의 윗송곳니는 검치호랑이의 이빨만큼 거대했다. 또다른 육식 수궁류인 견치류(犬齒類)는 고르고놉시아보다 몸집이 작았으며, 나중에 등장한 종들은 더 작았다.

페름기 말이 되자 견치류는 주변부로 밀려났다. 이들은 몸집이 작고, 때때로 야행성이었다. 뇌의 크기가 컸고, 이빨은 앞니, 송곳니, 어금니로 완전히 분화되었으며, 털도 있고 수염도 있었다. 이들은 주변부에서 작은 도마뱀처럼 생긴 페트롤라코사우루스와 힐로노무스의 후손들과 함께 살았다.

❁

판게아는 한때 남극과 북극을 이을 정도로 커졌다. 대륙들이 하나로 합쳐지자 육지와 바다의 생물들 모두는 급격한 변화를 겪게 되었다. 육지에서는 특정한 대륙에서만 살던 동물들이 서로 섞여 살게 되었다. 원래 살던 종과 새로 들어온 종들 간의 경쟁이 치열했고 그 과정에서 많은 동물들이 멸종되었다.

바다에서는 원래 육지와 가까운 대륙붕 지역에 생물들이 가장 풍부했는데, 대륙들이 합쳐져서 대륙붕이 줄어들면서 해양 생물들 사이에서도 생활 공간을 놓고 경쟁이 치열해졌다.

❁

기후도 더 가혹해졌다. 판게아의 내륙 지역은 매년 계절성 폭우가 간간이 쏟아질 뿐 대개 건조했다. 대륙 전체가 북쪽으로 이동하면서 날이 굉장히 더울 때가 많았다. 시원한 남쪽 지역에는 글로소프테리스(*Glossopteris*)라는 나무고사리 덤불이 끝없이 펼쳐져 있었지만, 식물들의 삶도 예전처럼 풍요롭지는 못했다. 식물이 줄어든다는 것은 산소가 줄어든다는 뜻이었다. 페름기 말에는 해수면 높이의 고도에서 호흡을 하는 것도 오늘날 히말라야 산맥에서 숨을 쉬는 것과 비슷했을 것이다. 지구의 생물들은 숨이 가빠졌다.

❁

재앙은 여기에서 끝이 아니었다. 아마겟돈이 다가오고 있었다. 페름기가 끝나갈 무렵, 수백만 년에 걸쳐 지구 깊숙한 곳에서부터 솟아오른 마그마 기둥이 지표면으로 올라와 지각을

녹였다.[18]

페름기 후기에는 굳이 지옥을 보러 땅 속으로 내려갈 필요가 없었을 것이다. 지옥이 지상으로 올라와 있었기 때문이다. 오늘날의 중국 지역에서 한때 울창했던 우림이 마그마로 끓어올랐다. 용암과 유독한 가스가 흘러나와 온실 효과를 가중시키고 바다를 산성화시켰으며, 오존층을 파괴하여 자외선으로부터 지구를 지켜주던 보호막을 없애버렸다.

이러한 재난으로부터 생물들이 아직 회복되지도 않은 상태에서 약 500만 년 후에 또다른 재난이 닥쳤다. 중국의 마그마 분출은 알고 보니 예고편에 불과했다. 지구 내부에서 솟아오른 더 큰 마그마 기둥이 현재 시베리아 서부 지역의 지표면을 뚫고 나왔다.

땅 위에 생긴 수많은 균열들 사이로 용암이 흘러나와 현재 미국 대륙의 동쪽 해안에서부터 로키 산맥까지의 면적에 맞먹는 광대한 지역이 수천 미터 두께의 현무암으로 뒤덮였다. 함께 분출된 재와 연기, 가스는 지구상의 거의 모든 생물들을 죽였다. 하지만 생물들이 바로 죽은 것은 아니었다. 고문 같은 고통이 약 50만 년이나 이어졌다.

첫 번째 고통은 이산화탄소였다. 많은 양의 이산화탄소가 온실 효과를 일으키면서 지표면의 평균 온도가 몇 도씩 올라갔다. 이미 산소 부족과 뜨거운 열기에 시달리던 판게아의 일부는 생물이 전혀 살 수 없는 곳이 되었다.

테티스 해를 둘러싸고 있던 산호초에도 재앙이 덮쳤다. 산호초를 이루고 있는 젤리 같은 폴립(polyp) 안에 사는 조류들은 햇빛을 좋아하고 온도에 매우 민감했다. 바다의 수온이 상승하자 이들은 보금자리를 떠났고, 남겨진 폴립들은 죽었다.[19] 산호는 빛을 잃고 죽어서 부서졌다. 수천만 년 동안 산호초 생태계의 중심이었던 판상산호와 사방산호들은 해수면의 변화로 이미 그 수가 줄어들고 있었는데, 시베리아의 재앙으로 더는 버틸 수 없게 되었다.[20] 산호가 사라지자 산호를 서식지로 삼아 살아가던 생물들도 절멸했다.

그뿐만이 아니었다. 화산은 하늘을 산성 물질로 물들였다. 대기 중으로 이산화황이 퍼져나갔고, 이 이산화황은 높은 곳에서 미세한 입자들을 형성시켰다. 그 주변에서 수증기가 응축되어 구름이 만들어졌고, 이 구름이 햇빛을 우주 공간으로 반사시켜 일시적으로나마 지표면을 식혔다. 뜨거운 열기 속에서도 잠깐씩 혹독한 추위가 찾아왔다. 하지만 비가 내릴 때면 이 이산화황이 산(酸)으로 바뀌어 지상의 식물들을 모조리 죽이고, 토양 침출을 일으키고, 숲의 나무들을 태워 검은 그루터기만 남게 만들었다. 미량의 염산과 불화수소산도 고통을 가중시켰다. 비가 되어 내리기 전의 염산은 지구를 해로운 자외선으로부터 지켜주는 오존층을 파괴했다.

평소 같았다면 바다의 플랑크톤과 육지의 식물들이 이산화탄소의 대부분을 흡수했을 것이다. 하지만 식물들에게는 그럴 여유가 없었다. 식물들이 흡수하지 못한 이산화탄소는 비에 씻겨 내려가면서 풍화 속도를 더 빠르게 했다.

토양을 안정시켜줄 식물이 없었기 때문에 흙은 비바람에 모두 쓸려 내려가고 벌거벗은 바위들만 남았다. 침전물이 쌓인 바다는 걸쭉한 수프처럼 변했다. 육지에서 벌어진 대학살로 죽은 동식물의 사체들이 수프 속의 빵 조각처럼 떠다녔다. 부패 세균이 사체를 분해하면서 그나마 남아 있던 산소를 써버렸다. 물속에 부글거리는 산은 물에 닿는 어떤 해양 생물의 껍질이든 부식시키고 녹였다. 어둡고 탁해진 바다에서 살아남은 해양 생물이라고 해도 이들 대부분의 몸을 지탱해주는 광물화된 골조가 가늘고 약해져서 나중에는 더 이상 껍질 자체를 만들 수 없게 되었다.

여기서 끝이 아니었다. 맨틀의 융기로 그때까지 북극해 아래의 얼음 속에 저장되어 있던 메테인 가스가 불안정해졌다. 천둥 같은 소리와 함께 가스가 부글거리며 올라와 해수면 위로 수백 미터 높이까지 물거품이 치솟았다. 메테인은 이산화탄소보다 더 강력한 온실 가스이다. 이로써 온실 효과가 급증했고 지구는 더욱 뜨거워졌다.

그뿐만 아니라 그후에도 몇천 년에 한 번씩 화산 폭발이 일어나 수은 증기를 대기 중으로 분출하면서[21] 이미 그 전에 질식하거나 유독 가스를 마시거나 불타거나 끓거나 구워지거나 녹아서 죽지 않고 간신히 살아남았던 생물들을 모조리 중독시켰다.

결국 해양 생물은 20종 중 19종꼴로, 육상 생물은 10종 중 7종 이상꼴로 멸종했다. 이중에는 어떤 후손이나 친척도 남기지 못한 동물들도 있었다.

예를 들면 삼엽충도 이때 완전히 멸종했다. 쥐며느리처럼 생긴 이 동물은 캄브리아기 초기부터 해저를 돌아다니거나 물속을 헤엄쳐 다니던 동물이었다. 그러나 오랫동안 그 수가 계속 줄어든 탓에 페름기에는 소수의 개체만 남아 있어서 이들의 마지막 퇴장은 아주 조용하게 이루어졌다.

극피동물의 한 종류인 바다꽃봉오리(Blastoid)도 비슷한 일을 겪었다. 캄브리아기와 페름기 사이에는 약 20종의 극피동물이 살고 있었는데, 바다꽃봉오리는 그중 마지막까지 살아남은 종들 중 하나였다. 극피동물은 오늘날에도 해변에서 아주 흔하게 볼 수 있다. 현생 극피동물은 불가사리, 거미불가사리, 해삼, 성게, 갯고사리, 다섯 종류뿐이다.[22]

그러나 네 종류만 남았을 수도 있었다. 한 속(屬)에 속하는 단 2종의 성게가 위기를 넘기지 못했더라면 성게의 존재도 과거 속으로 묻히고 말았을 것이다. 이때 살아남은 생존자들이 진화하고 분화하여 현생 성게들이 되었다. 오늘날의 성게도 공 모양의 보라성게부터 거의 납작한 연잎성게까지 그 종류가 다양하지만, 고생대의 성게들은 좀더 다양했다. 그러나 모든 현생 성게는 과거의 재난에서 살아남은 소수의 한정된 유전집단으로부터 발생한 것이다. 그들이 재앙을 견뎌내지 못했더라면 오늘날의 해변에서는 성게를 아예 볼 수 없었을 것이고,

우리에게는 바다꽃봉오리만큼 낯선 고대의 생물로 남았을 것이다.[23]

조개류들도 거의 다 산성 물질에 타 죽거나 공기가 통하지 않는 바닷속에서 질식해서 죽고 단 몇 종만이 살아남았다. 그 중 하나인 클라라이아(*Claraia*)는 가리비와 비슷한 쌍각류였다. 페름기와 그 이전의 바다는 완족류라는 동물들이 지배했다. 쌍각류 연체동물과 비슷한 모습을 한 이들은, 기도할 때 모은 두 손처럼 다물린 두 개의 껍질 안에 부드러운 몸이 감싸여 있는 형태였으며 물속의 찌꺼기를 걸러 먹으며 살았다. 그러다 페름기 말의 멸종으로 균형이 깨지고, 거의 모든 완족류가 멸종했다. 오늘날 완족류는 바다 생태계에서 눈에 띄지 않는 자리를 차지하고 있다. 이들의 자리는 클라라이아와 그 후손들에게 돌아갔다. 오늘날의 바닷가는 새조개와 홍합, 가리비 같은 쌍각류들로 가득하고, 완족류는 대개 화석으로만 발견된다. 페름기 말의 멸종으로 바뀐 생명의 양상이 오늘날까지도 이어지고 있는 것이다.

육지에서 세대를 거듭하며 살아오던 양서류와 파충류들도 사라졌다. 단단하고 우락부락한 몸으로 느릿느릿 걸어다니던 파레이아사우루스도 절멸했다. 등에 돛이 달린 반룡류도 페름기를 버텨내지 못했다. 그 친척인 수궁류의 대부분도 마찬가지였다. 페름기의 평원에서 쇠뜨기와 양치식물을 뜯어 먹던 디키노돈트 무리와 검치호랑이 같은 이빨을 가지고 그들을 쫓아다니던 고르고놉시아도 거의 다 죽었다.

데본기에 물 밖으로 처음 나왔던 양서류들은 다시 물로 돌아갔다. 육지에서의 삶을 개척하면서 파충류와 좀더 비슷한 습성을 가지게 되었던 양서류들은 멸종했다. 석탄기 초기에 이들 중에서 진화한 양막류의 조상들은 육상 생활을 실현 가능한 것으로 만드는 데에 성공했지만, 오늘날에는 이들과 비슷한 종은 남아 있지 않다.

✵

중국에서 살짝 열렸던 지옥의 문이 시베리아에서는 활짝 열리면서 거의 모든 생물이 심연 속으로 빨려 들어갔다. 땅은 고요하고 헐벗은 사막으로 변했다. 남아 있는 식물은 거의 없었다. 죽어가는 식물들의 잔해가 대부분이었다. 바다도 죽음을 맞이했다. 산호초는 사라졌고 해저는 고약한 냄새가 나는 점액으로 뒤덮였다. 생명이 캄브리아기 이전의 세계로 다시 내던져진 것 같았다.

그러나 생명은 다시 돌아오게 마련이다. 그리고 실제로 지구로 다시 돌아온 생명은 그 어느 때보다 다채롭고 화려한 축제를 벌였다.

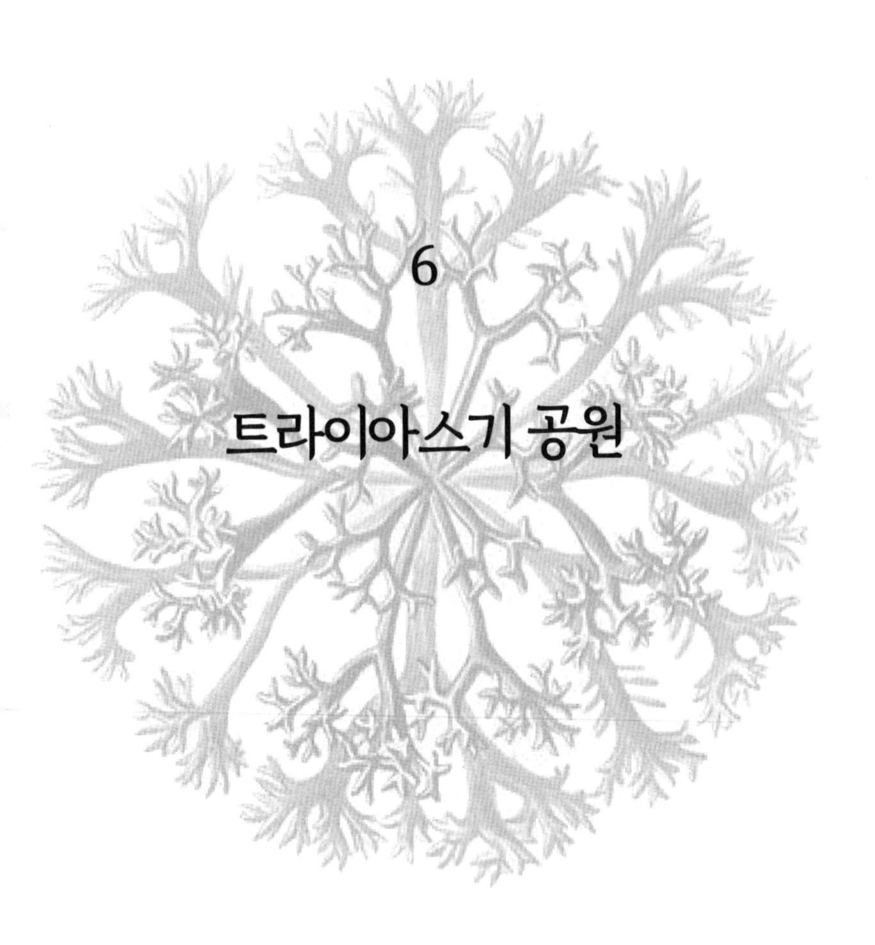

6

트라이아스기 공원

페름기의 막을 내린 재앙으로부터 회복되는 데에는 수천만 년이 걸렸다. 한때 육지와 바다 모두에 생물들이 넘쳐났던 세계는 황량해져 있었다. 리스트로사우루스(*Lystrosaurus*) 같은 기회주의자들에게 딱 맞는 세상이었다.

돼지처럼 생긴 몸, 전동 깡통따개처럼 생긴 머리, 그리고 먹이에 대한 골든리트리버 같은 집착을 가진 리스트로사우루스는 폭격을 받은 지역에서 자라나는 잡초 같은 동물이었다. 이들은 한때 다양한 동물들이 속한 대규모 집단으로, 페름기의 육지를 지배한 수궁류의 한 종류인 디키노돈트류였다. 위험이 닥쳤을 때 굴을 파서 도망치는 이들의 습성이 당시 동물 대부분의 목숨을 앗아간 대재앙으로부터 이들이 살아남는 데에 도움이 되었을지도 모른다.

이들이 번성한 요인은 어디든 가고 뭐든 먹는 태도, 그리고 옆으로 긴 형태의 두개골이었다. 이빨이 모두 사라지고 날카롭고 단단한 부리만 남은 아래턱은 먹이를 씹는 데에 사용되는 커다란 근육으로 움직였다. 윗턱도 납작한 얼굴 양쪽으로 엄니가 되어 튀어나온 송곳니 한 쌍을 제외하고는 하나의 칼날처럼 변했다. 이렇게 강력한 머리는 굴착기처럼 뭐든 긁고,

베고, 파내어 끊임없이 무엇인가를 먹고 있는 입 안으로 집어 넣는 일을 했다.

대멸종 직후, 그리고 그후의 수백만 년 동안 육상 동물은 거의 리스트로사우루스 한 종뿐이었다. 이들은 판게아 곳곳에서 무리를 지어 살았고, 그 당시 가장 흔했던 뜨겁고 건조한 사막에서도, 드문드문 있는 삼림지대나 습지에서도 똑같이 잘 살았다. 물론 다른 동물들도 있었지만 열에 아홉은 리스트로사우루스였다. 그들은 아마도 지구상에서 가장 번성했던 육상 척추동물일 것이다.

❁

그렇다면 리스트로사우루스 외에 무엇이 살아남았을까? 디아덱테스, 에리옵스 같은 동물들은 좀더 육지에 기반을 둔 생활을 시도했지만, 이러한 시도는 시간만 낭비했을 뿐 지속되지 못했다. 트라이아스기의 양서류는 물속에서 살았으며, 그 습성과 외모가 악어와 비슷했다. 하지만 그중 일부는 크기가 매우 컸고, 이중 몇몇은 백악기 중기까지 살아남았다. 그러나 사라진 시대의 유물 같은 존재였던 이들 또한 마침내 절멸했고, 결국에는 더 작은 종들에게 혜택이 돌아갔다. 최초의 개구리인 트리아도바트라쿠스(*Triadobatrachus*)도 트라이아스기에 진화했다.

리스트로사우루스는 전 세계적으로 분포되어 있었지만 판게아의 북쪽 끝과 남쪽 지역에는 그 수가 적은 편이었다. 특히 트라이아스기 초기에는 그랬다. 트라이아스기 초기의 극지방은 타는 듯이 뜨거운 적도 지방보다 시원하기는 했지만, 그래도 매우 건조했고 중간중간에 있는 물길은 여전히 거대한 양서류들이 지배하고 있었다.

❁

트라이아스기의 파충류 후계자들은 대멸종 시기에 리스트로사우루스의 발밑에서 (그리고 굴 속에서) 살아남은 몇 안 되는 소형 동물들의 후손이었다. 트라이아스기에 들어서자 이들은 눈부시게 다양한 형태로 매우 빠르게 분화하면서, 회복이 불가능할 정도로 생명을 파괴시킨 사건에 대한 반격에 나섰다.[1] 새롭게 생겨난 이 파충류들의 상당수는 수중 생활을 택했다.

거북은 개구리들처럼 트라이아스기에 처음으로 진화하여 물속에서 분화했다. 트라이아스기의 프로가노켈리스(*Proganochelys*)는 오늘날의 육지 거북과 모습이 비슷했으며 몸 위쪽과 아래쪽이 완전한 껍질로 덮여 있었다. 또다른 트라이아스기 거북인 오돈토켈리스(*Odontochelys*)는 배 부분만 완전하게 형성된 껍질(배딱지)로 덮여 있었고, 폭이 넓은 늑골로 이루어진 몸 위쪽은 일부만 껍질(등딱지)로 덮여 있었다.[2] 테라핀만 한 크기의 파포켈리스(*Pappochelys*)는 배딱지와 등딱지 모두 완전한 형태가 아니었다.[3] 몸길이 1미터의 에오르힌코켈리스(*Eorhynchochelys*)는 배딱지도 등딱지도 없었으며, 매우 거북 같지 않은 긴 꼬리와 매우 거북 같은 부리가 결합된 형태였다.[4]

트라이아스기는 거북뿐 아니라 거의 거북에 가까운 동물, 심지어 거북과 비슷하기만 한 동물들에게도 황금기였다. 이들은 매우 다양한 삶의 형태와 방식을 받아들였다.

플라코돈트(placodont)는 겉모습만 보면 거북과 비슷했다.[5] 이 느릿느릿 움직이는 해양 파충류군은 몸통이 굵고, 종종 등딱지를 두르고 있었으며, 이들의 비석처럼 넓적한 이빨은 연체동물의 껍질을 부수는 데 특화되어 있었다. 플라코돈트가 조개류를 찾기 위해서 진흙 속을 뒤지는 동안 노토사우루스(nothosaurs), 그와 유사한 탈라토사우루스(thalattosaurs), 파키플레우로사우루스(pachypleurosaurs) 같은 다른 파충류들은 물고기를 찾아 반짝이는 바닷속을 쏜살같이 누비고 다녔다. 이들은 목과 꼬리가 길었으며, 긴 다리는 지느러미발 역할을 했다. 노토사우루스는 훨씬 더 나중에 진화했으며, 몸집이 더 크고 물속에서 더 많이 생활했던 플레시오사우루스(plesiosaurs)와 비슷한 계통이었다. 그러나 노토사우루스, 파키플레우로사우루스, 탈라토사우루스 모두 플라코돈트와 마찬가지로 트라이아스기에 멸종했다.

물고기를 찾아 얕은 물속을 배회하던 타니스트로페우스(*Tanystropheus*)는 몸길이 6미터 정도로 목의 길이가 몸통과 꼬리를 합친 것보다 더 길었다. 더 특이한 점은 이 긴 목이 굉장히 긴 10여 개의 뼈로만 이루어져 있어서 목이 매우 뻣뻣했다는 것이다. 트라이아스기의 온갖 기괴한 파충류들 중에서도 타니스트로페우스는 아주 특이한 편에 속했다.

그러나 그중에서도 가장 특이한 종은 드레파노사우루스(drepanosaurs)였다.

이 비현실적인 동물에게는 무엇인가를 움켜쥘 수 있는 꼬리가 있었는데, 이 꼬리를 이용해서 물 위에서 매달린 채 대부분의 시간을 보냈다. 꼬리 끝에는 갈고리처럼 움켜쥐는 역할을 하는 단단한 발톱이 붙어 있었다. 이들은 이렇게 매달린 채 앞다리에도 붙어 있는 갈고리 모양의 발톱으로 물 위를 후려쳐서 낚아챈 물고기를 새처럼 기다란 부리로 삼켰다.[6]

트라이아스기의 바다에는 지느러미발처럼 생긴 뭉툭한 발과 부리처럼 긴 주둥이를 가진 해양 파충류군인 후페흐수키아(hupehsuchia)도 살고 있었다.[7] 이 기이한 동물들의 친척이 바로 해양 파충류의 정점에 서 있었던 어룡(魚龍, ichthyosaurs)이었다. 트라이아스기에 나타난 이 돌고래처럼 생긴 공룡들은 오직 바다에서만 살면서 고래들처럼 새끼를 낳았고, 일부는 고래만한 크기까지 자라기도 했다. 가장 큰 어룡은 몸길이가 최대 21미터에 달했던 트라이아스기의 쇼니사우루스(*Shonisaurus*)로 이들은 지금까지 알려진 가장 큰 해양 파충류이기도 하다.[8] 어룡은 백악기 후기까지 살았지만 특히 전성기였던 트라이아스기에는 이들에게 대적할 동물이 없었다.

❁

육지에서는 괴물처럼 우락부락한 몸을 가진 파레이아사우루스가 종말을 맞이했다. 그러나 그들의 먼 친척이자 몸집은 더 작은 프로콜로포니드(procolophonid)는 살아남았다. 이 작고 땅딸막하고 몸에 뾰족뾰족한 가시가 있는 이 동물은 식물이나 곤충을 갈아 먹기에 적합한 이빨들이 잔뜩 난 넙적한 두개골을 가지고 있었다. 트라이아스기의 양치식물과 소철류 덤불 속에는 눈에는 잘 띄지 않지만, 부지런한 이 동물들이 언제나 한 마리 이상 자리 잡고 있었다. 이파리를 헤치기만 하면 이 동물들 한두 마리가 잽싸게 도망쳐 사라지는 것을 볼 수 있었을 것이다. 프로콜로포니드는 트라이아스기에 어디를 가든 볼 수 있는 동물이었다. 그러나 트라이아스기 말에는 모두 사라졌다.

역시 뾰족한 가시를 지닌 도마뱀 같은 모습의 옛도마뱀류(sphenodontia)는 프로콜로포니드와 쉽게 혼동되었을 것이다. 이들도 프로콜로포니드처럼 어디에서든 볼 수 있었다. 그러나 프로콜로포니드와 달리 옛도마뱀류는 오늘날까지 살아남았다. 유일하게 남아 있는 옛도마뱀인 투아타라(tuatara)는 현재 뉴질랜드의 몇몇 작은 섬에서만 볼 수 있다. 이들은 약 2억 5,000만 년을 이어온 혈통의 후손이다.

옛도마뱀류와 마찬가지로 현생 뱀과 도마뱀들의 조상인 초기 뱀류(squamata)도 트라이아스기에 메가키렐라(*Megachirella*)와 같은 형태로 시작되었다.[9] 몸집이 작았던 초기 파충류들도 겉모습은 도마뱀과 비슷했지만 메가키렐라는 진짜 뱀류였다.

석탄기의 소형 양서류들처럼 도마뱀도 다리를 잃는 방향으로 진화하는 경향이 있었다. 도마뱀이 진화하는 동안 여러 번 이런 일이 반복되었다. 이 흐름의 정점은 뱀의 등장이었지만, 이것은 판게아가 갈라지면서 뱀과 도마뱀의 진화적 번성기로 이어졌던 쥐라기 때의 사건으로 아직은 미래의 일이었다.[10] 뱀들이 한번에 다리를 잃은 것은 아니었다. 초기 뱀들 중 일부는 뒷다리가 있었다. 백악기에 테티스 해 남쪽 해안을 미끄러지듯이 돌아다녔던 파키르하키스(*Pachyrhachis*)에게는 아주 짧은 뒷다리가 남아 있었다.[11] 또다른 유형인 나자시(*Najash*)에게는 훨씬 더 튼튼한 뒷다리가 있었고, 이것은 엉치뼈와 연결되어서 완벽하게 사용할 수 있었다. 이들은 육지에서 생활했다.[12] 뱀들은 이렇게 진화하자마자 굴을 파는 종류나 헤엄을 치는 종류 등 다양한 형태로 분화했다.

❁

리스트로사우루스를 비롯하여 페름기 후기를 견뎌낸 디키노돈트류 한두 종이 진화하고 분화하면서 젖소만 한 크기의 칸네메예리아(*Kannemeyeria*)와 같이 외형은 비슷하지만 덩치가 더 큰 동물들이 다양하게 출현했다. 이들은 린코사우루스(rhynchosaurs)와 함께 평원을 누비고 다녔다. 린코사우루스는 디키노돈트와 비슷하게 통통한 몸과 부리 같은 주둥이를 가지고 있었지만 트라이아스기의 지배자인 지배파충류(archosaurs, 혹은 Ruling Repitle)와 더 가까운 관계였다.

초기의 지배파충류 중에는 덩치가 큰 종류도 있었다. 거대하고 무시무시한 모습의 에리트로수쿠스(*Erythrosuchus*)는 몸길이 5미터의 괴물로, 어디서든 볼 수 있는 이동식 저장실이나 다름없었던 리스트로사우루스를 잡아먹을 수 있도록 진화했다.

❁

오늘날 지배파충류는 서로 전혀 다른 두 종류의 동물로 대표된다. 바로 새와 악어이다. 트라이아스기에는 조류가 아직 존재하지 않았지만, 악어와 비슷하게 생긴 동물들은 놀라울 정도로 다양하게 많았다.

아마도 악어와 가장 유사한 종류는 피토사우루스(phytosaurs)였을 것이다. 이들은 얼핏 보면 악어로 착각할 만했지만 콧구멍이 머리 앞쪽이 아니라 위쪽에 붙어 있어서 수면 위로 머리를 최소한으로만 내놓은 채 물속을 쉽게 헤엄쳐 다닐 수 있었다. 피토사우루스는 육식동물이었다. 혹은 물고기를 먹고 살았을 수도 있다. 이들의 친척인 아에토사우루스(aetosaurs)는 초식동물이었으며 뾰족뾰족하고 단단한 등껍질로 몸을 보호했는데, 이는 약 1억 년 후에 진화할 안킬로사우루스(ankylosaurs)의 등장을 예고하는 것이었다.

아에토사우루스는 무시무시한 라우이수키아(rauisuchia)들을 특히 두려워했을 것이다. 최대 몸길이가 6미터에 달하는 네발 포식자인 라우이수키아의 두개골은 티라노사우루스 같은 거대한 육식 공룡들의 두개골과 유사한 깊고 단단한 형태였다. 악어들은 대개 다리를 옆으로 벌린 채 걷지만, 이들은 다리를 세워서 몸 아래쪽을 좀더 단단하게 지탱하면서 걷는 "높이 걷기(high walk)" 또한 할 수 있었다. 이것은 육상 생활에서 에너지를 훨씬 더 절약할 수 있는 방식이다. 라우이수키아와 그들의 친척인 지배파충류 중 다수가 그렇게 걸었다. 다만 몇몇 종은 적어도 얼마간은 이족보행을 했다.

❁

바다와 육지뿐 아니라 공중에서도 변화가 일어났다. 페름기와 트라이아스기에는 곤충 잡기에 혈안이 되어 있던 몇몇 척추동물들이 비행을 시도했다. 석탄기의 방식을 다시 가져온 이들은 트라이아스기에 여러 독특한 형태로 활발하게 분화했다. 페름기와 트라이아스기의 숲속에서는 다양한 종류의 활공 파충류들이 잠자리를 쫓아다녔다. 쿠에네오사우루스(*Kuehneosaurus*) 같은 동물은 외형도 행동도 현존하는 활공 도마뱀인 날도마뱀과 유사했다. 좀더 트라이아스기다운 매우 기이하고 전무후무했던 형태로는 샤로빕테릭스(*Sharovipteryx*)가 있었다. 이들은 굉장히 긴 뒷다리 사이에 붙어 있는 막을 이용해서 나무 사이를 활공했다.

척추동물들이 단순히 나무 사이를 활공하는 데에 그치지 않고 제대로 날기 시작한 것은 트라이아스기 이후의 일이었다. 익룡(한때 "프테로닥틸[Pterodactyl]"이라고도 불렸다)이라는 이 비행사들은 지배파충류이자 공룡과 가까운 친척이었다.[13] 익룡의 날개는 굉장히 긴 넷째손가락과 몸통 사이에 뻗어 있는, 피부와 근육으로 이루어진 탄력 있는 막이었다. "프테로닥틸"

은 "날개 손가락"이라는 뜻이다. 최초의 익룡은 작고 날개를 파닥이는 모습이 박쥐와 비슷했다. 또한 박쥐처럼 털이 보송보송한 편이었다.

익룡은 진화하면서 몸집이 커졌다. 백악기 말기의 마지막 익룡들은 크기가 소형 비행기 만했으며 날개를 거의 퍼덕이지 않았다. 몸은 가볍지만 날개가 거대했기 때문에 가벼운 바람 속에서 날개를 펼치기만 하면 나머지는 물리학적 원리가 알아서 해주었다. 익룡의 번성은 섬세한 구조 덕분이었다. 이들의 골격은 거의 종잇장처럼 얇고 속이 빈 뼈로 이루어진 단단한 상자 모양의 기체(機體)로 개조되어 있었다. 몸집이 가장 큰 익룡은 정체된 공기 속에서도 상승하는 온난 기류를 타고 날아오를 수 있었다. 이 살아 있는 글라이더들은 굉장히 빠른 방향 전환이 가능해서 자신들의 날개 너비보다 좁은 온난 기류도 타고 올라갈 수 있었다. 그리고 충분히 높이 올라가면 그 기류에서 빠져나와 또다른 기류를 타기 위해 아래쪽으로 활강해 내려갔다.[14] 이들은 이런 방식으로 거의 아무 힘도 들이지 않고 장거리를 이동할 수 있었다. 프테라노돈(*Pteranodon*) 같은 거대한 익룡들은 판게아가 분열되면서 열린 바다 위를 날아다니며 이제 막 갈라지기 시작한 대륙들 사이를 오갔다.

프테라노돈이나 거대한 케찰코아틀루스(*Quetzalcoatlus*), 그리고 아마도 훨씬 더 컸을 것이 분명한 아람보우르기아나(*Arambourgiana*)처럼 진짜 큰 익룡만이 이런 방식으로 날아오를 수 있었을 것이다. 그 정도로 커다란 날개는 아무리 큰 힘으로 퍼덕여도 구겨질 수밖에 없었을 것이다. 그리고 익룡의 가슴뼈에는 강력한 비행 근육(여러분의 탁자 위에 있는 새들이 가지고 있는 가슴 근육이다)을 지탱해주는 용골 돌기가 없었다. 몸집이 작은 익룡만이 작은 날개를 박쥐처럼 퍼덕일 수 있었다.[15] 사실 몸집이 큰 마지막 익룡들은 거의 날지 않고 거대한 이동식 천막처럼 땅 위에서 느릿느릿 걸어다녔다. 이들은 머리를 들면 기린과 정면으로 눈을 마주칠 수 있을 정도로 머리가 거대했다.

판게아의 분열은 뱀과 도마뱀들에게는 기회였고, 높은 곳의 기류를 타고 다니는 익룡들에게는 실패의 원인이었다. 쥐라기와 백악기에는 대륙의 이동으로 기후가 더 다양해지고 폭풍이 잦아졌다. 트라이아스기에는 기온이 좀더 일정한 편이었다. 판게아의 날씨는 험악할 때도 많았지만, 우기가 아닐 때는 바람이 가볍게 불었다. 극지방에 얼음이 없고, 바다가 모든 위도에 온기를 고르게 순환시킬 수 있었기 때문에 극지방과 적도지방 사이의 온도 차이가 매우 적었다. 하지만 바람이 더 많이 부는 기후로 변화하자, 거대하고 섬세한 연과 같은 익룡들은 마치 부러진 우산처럼 거꾸로 곤두박질쳐서 땅으로 추락하고는 했다.

❁

다양한 파충류들 중에서도 디키노돈트가 아닌 아주 소수의 수궁류는 살아남았다. 트라이아스기 초기에는 키노그나투스

(*Cynognathus*)나 트리낙소돈(*Thrinaxodon*)처럼 개만 한 크기의 견치류가 소형과 중형 육식동물의 역할을 수행했다. 시간이 흐를수록 이 혈통의 동물들은 점점 더 작고 털이 많아졌다. 그리고 눈에 띄지 않는 야행성 생활을 하면서 포유류로 진화했다. 하지만 이들의 시대는 아직 오지 않았다.

❁

이족보행을 더 많이 하던 지배파충류에는 초기 공룡도 포함되어 있었다. 이들은 트라이아스기 후기에 라우이수키아, 린코케팔리아(rhynchocephalia), 그밖에 악어와 닮은 동물들로부터 진화했다.

공룡과 익룡의 뿌리로서 "악어 계통"과 구별되는 "조류 계통"의 지배파충류는 아파노사우루스(aphanosaurs)라는 트라이아스기 동물군에 속한다. 그중 하나인 텔레오크라테르(*Teleocrater*)는 키가 작고 몸통이 길쭉한 네발동물로 악어와 비슷해 보이기도 했지만 그보다는 목이 더 길고 머리가 더 작았다.[16]

겉모습만 보면 다른 지배파충류 대부분이 죽음을 맞을 때, 이들의 혈통만 놀랍고도 중대한 운명을 맞이하게 된 이유를 짐작하기 어려울 것이다. 그러나 그 단서는 이들의 뼈 안에 있었다. 아파노사우루스는 다른 지배파충류들보다 성장 속도가 조금 더 빨랐으며 조금 더 활동적이고 자신들이 사는 세상을 더 잘 알고 있었다.

좀더 공룡에 가까운 쪽은 실레사우루스(silesaurs)였다. 이들은 아파노사우루스보다 호리호리하고 우아했으며 목과 꼬리가 길었다. 그러나 여전히 네 발 모두를 땅에 디디고 있었다.[17] 트라이아스기 말기에 아파노사우루스와 실레사우루스는 모두 사라졌다. 하지만 이들의 가장 가까운 친척인 공룡은 이족보행을 가끔 쓰는 방법이 아닌 하나의 생활방식으로 받아들였다. 이들의 해부학적 구조 전체가 이족보행을 기초로 이루어져 있었다. 이제 이들이 지구를 지배하게 되었다.

공룡의 역사는 폭풍이 부는 테티스 해의 해안과 대륙 양쪽 사막의 이질적인 열기로부터 멀리 떨어진 곤드와나의 따뜻하고 습한 내륙 지역에서 조용하게 시작되었다. 이때부터 공룡들은 훗날 우리에게 익숙해질 육식 수각류와 초식 용각류로 분화하기 시작했지만, 디키노돈트, 린코사우루스, 라우이수키아, 아에토사우루스, 피토사우루스, 거대 양서류로 이루어진 트라이아스기 축제에서는 상대적으로 규모가 작은 집단이었다.

그러나 디키노돈트와 린코사우루스 등 일부 거대 초식동물들이 쇠퇴하기 시작하면서 초식 공룡들이 그들의 자리를 차지했다. 공룡들은 또한 더 북쪽으로도 이동하여 마침내는 그전까지는 그들에게 닫혀 있었던 적도 쪽의 사막으로 향했다. 그러나 악어 계통 지배파충류가 중심이 되는 더 큰 드라마에서는 여전히 조연에 불과했다. 코엘로피시스(*Coelophysis*)와 에오랍토르(*Eoraptor*) 같은 수각류는 작고 민첩한 기회주의자들로,[18] 쥐라기와 백악기의 괴물들과는 거리가 멀었다. 육지는 여전히 라우이수키아가, 강과 호수는 거대 양서류가, 바다는 수많은 다른 파충류들이 지배하고 있었다. 플라테오사우루스(*Plateosaurus*) 같은 용각류와 그 친척들은 몸집이 큰 편이었지만 앞으로 진화할 브라키오사우루스(*Brachiosaurus*)나 디플로도쿠스(*Diplodocus*)처럼 과시적으로 거대한 육지의 고래들은 아니었다. 트라이아스기 말에도 운명이 특별히 다른 파충류군보다 공룡의 편을 들어줄 것이라는 신호는 보이지 않았다. 공룡들은 트라이아스기 파충류들의 교향악단에서 스타 독주자 뒤편의 중간 자리를 차지한 채 그 자리에서 3,000만 년을 보냈다.

❂

그리고 언제나처럼 그들의 발밑에서는 지구가 움직이고 있었다. 로디니아의 파편들이 수억 년간 모여 만들어진 초대륙 판게아가 다시 갈라지는 중이었다.

사건은 다른 드라마의 무대였던 지각의 약한 지점에서 시작되었다. 판게아가 생기기 오래 전인 4억8,000만 년 전, 오르도비스기에 현재 애팔래치아 산맥이 북아메리카의 동쪽 해안과 평행하게 뻗어 있는 위치에서 두 대륙판이 충돌하면서 초기의 바다가 사라지고 남은 접합선이었다.

트라이아스기 후기에 같은 선을 따라 지각이 벌어지기 시작하면서 앞으로 대서양이 될 새로운 바다가 생겨났다. 남쪽의 캐롤라이나에서부터 북쪽의 펀디 만에 이르는 거대한 열곡이 형성되었고, 양쪽의 퇴적물들이 그 벌어진 틈으로 쏟아져 들어가면서 끊임없이 변화하는 강과 호수의 조합들이 만들어졌다. 그 안은 생물들로 가득했지만 사방에 화산이 도사리고 있었다.

그리고 지각이 너무 늘어나서 두께가 얇아지는 바람에 결국 그 아래에 숨어 있던 괴물이 풀려났다. 약 2억100만 년 전, 고름이 터지듯이 마그마가 지표면 위로 터져나와 북아메리카 동부와 그 당시 인접해 있던 북아프리카 지역이 현무암으로 덮이면서 이산화탄소와 재, 연기, 그리고 이제는 익숙해진 각종 유독 가스들이 방출되었다. 이미 높아져 있던 지구의 기온은 더욱 치솟아 생물들이 살기가 더욱 힘들어졌다. 그보다 5,000만 년 전, 모든 생명을 절멸시키는 데에 실패한 지구가 다시 반격을 시도한 것처럼 보였다.

이 재난은 60만 년 동안 이어졌다.

마지막에는 열곡 안으로 바닷물이 밀려들었다. 대서양의 시작이었다. 그러나 새롭게 만들어진 바닷속을 가르고 다녀야 할 동물들 대부분이 남아 있지 않았다. 탈라토사우루스, 파키플레우로사우루스, 노토사우루스, 후페흐수키아, 플라코돈트는 사라지고 없었다. 어룡은 노토사우루스와 플레시오사우루스의 후손들과 함께 살아남았다. 육지에서는 디키노돈트와 프로콜로포니드, 라우이수키아와 린코사우루스, 실레사우루스, 그리고 기괴한 모습의 샤로빕테릭스, 타니스트로페우스, 드레파노사우루스가 모두 절멸했다. 트라이아스기의 대규모 서커스단은 남루한 생존자들만 남기고 마을을 떠났다.

악어를 닮은 다양한 동물들은 그 수가 줄어들어 현생 악어를 탄생시킨 계통만 남았다. 거대 양서류도 가까스로 살아남았다. 함께 살아남은 종류로는 익룡, 극소수의 포유류, 포유류와 유사한 견치류, 새롭게 등장했던 옛도마뱀, 거북, 개구리, 도마뱀, 그리고 공룡이 있었다.

그렇게 많은 악어류의 동물들은 사라졌는데, 그들과 비슷한 공룡들은 어떻게 살아남았는지는 여전히 수수께끼이다. 단지 운이 좋아서였을 수도 있다. 페름기 이후 생명의 복권에 당첨된 동물은 리스트로사우루스였다. 하지만 이제 번성하고 분화하여 새롭게 열린 세상을 채워나가게 될 주인공은 공룡들이었다.

7

날아다니는 공룡

공룡은 언제나 날 수 있는 조건을 갖추고 있었다. 그 시작은 이들이 언제나 악어를 닮은 여러 친척들보다 이족보행에 충실했다는 점에 있었다.[1]

네 발로 보행하는 동물들의 무게 중심은 가슴 부분에 있다. 이들이 몸을 일으켜 뒷다리로 서는 데에는 많은 에너지가 들어간다. 따라서 일정 시간 이상 직립 자세로 편하게 있기가 힘들다. 반면 공룡의 무게 중심은 엉덩이 쪽에 있다. 엉덩이 앞의 몸길이는 상대적으로 짧고 대신 뒤쪽의 길고 뻣뻣한 꼬리가 균형을 잡아주는 형태이다. 엉덩이가 지렛대의 받침점 역할을 하기 때문에 공룡들은 별 힘을 들이지 않고도 뒷다리로 설 수 있었다. 양막류의 다리가 대부분 뭉툭하고 튼튼한 데 비해서 공룡들의 뒷다리는 길고 가늘었다. 끝으로 갈수록 가늘어지는 다리는 움직이기가 쉽다. 다리를 움직이기 쉬워지면 빨리 달리는 것도 쉬워진다. 더 이상 달리는 데 쓰이지 않게 된 앞다리는 길이가 짧아졌고 먹잇감을 움켜쥐거나 어딘가를 기어오르는 등의 활동에 필요한 손만 남았다.

긴 다리 위에서 균형을 잡는 긴 지렛대 형태의 몸을 가진 공룡은 자신의 자세를 계속 감시할 수 있는 조정 체계도 갖추고 있었다. 이들의 뇌와 신경계는 지구상에 존재했던 그 어떤 동물보다도 정밀했다. 즉, 공룡들은 지구 역사상 유례가 없었던 균형 감각과 우아함으로 서고 걷고 달리고 회전할 수 있었다. 이것은 승리를 부르는 공식이었다.

공룡들은 눈앞에 있는 모든 것을 쓸어버렸다. 트라이아스기 후기에는 분화한 공룡들이 페름기의 수궁류처럼 육지의 모든 생태적 지위를 차지했다. 다양한 크기의 육식 공룡들은 초식 공룡들을 먹이로 삼았다. 초식 공룡의 방어수단은 몸집을 어마어마하게 키우거나 탱크처럼 두꺼운 갑옷을 두르는 것이었다. 용각류는 다시 사족보행으로 돌아갔으며 지구 역사상 가장 큰 육상 동물들이 되었다. 그중 일부는 몸길이가 50미터가 넘었고, 아르겐티노사우루스(*Argentinosaurus*) 같은 공룡은 몸무게가 70톤이 넘었다.[2]

그러나 그들도 포식자들로부터 완전히 자유롭지는 못했다. 이들은 카르카로돈토사우루스(*Carcharodontosaurus*), 기가노토사우루스(*Giganotosaurus*) 같은 거대한 육식 공룡들의 먹이가 되었다.[3] 그리고 공룡 시대의 마지막을 장식했던 티라노사우루스 렉스(*Tyrannosaurus rex*)도 있었다.

티라노사우루스는 공룡의 독특한 신체 구조가 가지는 잠재력이 최고로 발휘된 동물이었다. 이 5톤짜리 괴물의 뒷다리는 근육과 힘줄로 이루어진 한 쌍의 기둥으로, 그 조상들의 속도와 우아함 대신에 거의 필적할 상대가 없는 엄청난 괴력을 지니고 있었다.[4] 이들의 몸은 강력한 엉덩이로 지탱하고 긴 꼬리가 균형을 잡아주는 형태로 몸길이는 상대적으로 짧았다. 또한 앞다리는 거의 흔적만 남아 있어서 강한 목 근육과 깊은 턱에 무게가 집중되어 있었다. 턱은 다수의 이빨들로 가득했고, 이 이빨 하나하나는 그 모양과 크기가 바나나와 비슷했다. 다만 강철보다도 단단한 바나나들이었다. 먹잇감의 뼈도 부술 만큼 단단한 이 이빨들[5]로 안킬로사우루스나 뿔이 여러 개 달린 트리케라톱스(*Triceratops*)처럼 속도는 느리지만 몸집이 버스만 하고 단단하게 무장한 초식동물들의 갑옷을 뚫을 수 있었다. 티라노사우루스와 그 친척들은 먹잇감을 덩어리째 뜯어내서 살과 뼈, 그 위를 덮은 갑옷까지 한꺼번에 삼켰다.[6]

그러나 공룡들은 몸집을 줄이는 데도 뛰어났다. 어떤 공룡은 너무 작아서 여러분의 손바닥 위에서 춤을 출 수도 있을 정도였다. 예를 들면 미크로랍토르(*Microraptor*)는 까마귀만 한 크기로 몸무게가 1킬로그램을 넘지 않았다. 박쥐처럼 생긴 독특한 공룡인 이(*Yi*)는 짧은 이름만큼이나 몸집도 작았으며 몸무게는 미크로랍토르의 절반에도 미치지 못했다.

❁

수궁류의 몸집도 커다란 코끼리만 한 종류부터 작은 테리어만 한 종류까지 다양했지만 공룡들은 그 한계마저 뛰어넘었다. 공룡들은 어떻게 그렇게 엄청나게 커지고 엄청나게 작아질 수 있었을까?

그 시작은 그들의 호흡 방식에 있었다.

양막류의 역사에는 깊은 단절이 존재했다. 트라이아스기의 쇠퇴 이후 공룡의 그늘 아래에서 꿋꿋이 버티고 있던 마지막 수궁류인 포유류에게 호흡은 숨을 들이쉬고 다시 내쉬는 과정이었다. 객관적으로 볼 때 이것은 산소를 흡입하고 이산화탄소를 배출하는 방법으로는 비효율적이었다. 입과 코로 신선한 공기를 빨아들여서 폐로 내려보낸 뒤 폐를 둘러싼 혈관들로 흡수하는 과정에는 많은 에너지가 소모되었다. 그리고 같은 혈관들이 이산화탄소 또한 같은 공간으로 배출해서 신선한 공기가 들어오는 바로 그 구멍으로 내보내야 했다. 이것은 묵은 공기를 한번에 내보내거나 숨을 한번 들이쉬어서 온몸 구석구석을 신선한 공기로 채우기가 매우 어렵다는 뜻이었다.

공룡, 도마뱀 등의 다른 양막류들도 같은 구멍으로 숨을 들이쉬고 내쉬었지만 들숨과 날숨 사이에 일어나는 과정은 조금 달랐다. 이들은 공기를 한 방향으로 이동시키는 체계를 진화시켜서 호흡을 훨씬 더 효율적으로 바꾸었다. 이들의 몸에서는 공기가 폐로 들어온 후에 바로 다시 나가지 않고, 단방향의 판을 따라 이동하면서 몸 전체에 퍼져 있는 공기 주머니들을 통과했다. 오늘날 일부 도마뱀들에게서도 볼 수 있는 체계이지만,[7] 이것을 가장 높은 수준으로 정교화한 동물은 공룡들이었다. 폐와 연결된 이 기낭(氣囊)들은 장기를 둘러싸고 심지어 뼈 속에까지 들어 있었다.[8] 공룡들의 몸속은 공기로 가득했던 셈이다.

공룡에게는 이렇게 정밀한 공기 처리 체계가 필수적이었다.

강력한 신경계를 갖추고 활동적으로 살아가는 공룡들은 많은 양의 에너지를 얻고 또 써야 했기 때문에 몸에서 많은 열이 발생했다. 활발하게 움직이려면 산소가 꼭 필요한 조직들로 공기를 가장 효율적으로 이동시킬 수 있는 방법이 필요했다. 이러한 에너지의 순환은 어마어마한 양의 열을 발생시켰고, 기낭은 이 열을 식힐 수 있는 좋은 방법이었다. 일부 공룡들이 그토록 어마어마한 덩치를 가지게 된 비결은 이러한 공기 냉각 방식에 있었다.

❁

만약 몸은 자라는데 형태는 그대로라면 표면적보다 부피가 훨씬 더 빨리 증가할 것이다. 몸집이 커지면 외부에 비해 내부가 더 늘어난다는 뜻이다.[9] 즉, 이것은 몸에 필요한 양분, 물, 산소를 얻는 데뿐 아니라 먹이를 소화할 때에 발생하는 열이나 노폐물을 배출하는 데에도, 그리고 단순히 살아가는 데에도 문제가 된다. 물질을 들여오고 내보내는 데에 쓰이는 면적이 다른 기능을 하는 조직의 부피에 비해서 줄어들기 때문이다.

대부분의 생물은 현미경으로 보아야 할 정도로 크기가 작기 때문에 이런 것이 아무 문제가 되지 않지만 몸집이 마침표 하나보다 크기만 해도 문제가 생긴다. 이 문제를 해결하기 위한 첫 번째 방법은 혈관이나 폐처럼 전문화된 이동 체계를 진화시키는 것이었다. 그리고 두 번째 방법은 몸의 형태를 변화시켜서 방열 장치 역할을 할 수 있는 길이가 길거나 구불구불한 기관을 만드는 것이었다. 반룡의 돛, 코끼리의 귀가 그 예이다. 폐의 복잡한 내부 구조도 기체 교환뿐 아니라 과도한 열을 내리는 중요한 기능을 수행한다.[10]

공룡이 지배하는 세계에서 마침내 해방되어 오소리 이상의 크기로 자라날 수 있게 된 포유류는, 이 문제를 털갈이와 땀으로 해결했다. 피부 표면으로 분비된 액체 상태의 땀이 증발할 때 여기에 필요한 에너지를 피부 바로 밑의 미세한 혈관들이 배출하면서 냉각 효과가 발생하게 된다. 폐에서 내보낸 숨도 열을 내리는 역할을 한다. 그래서 털이 많은 포유류 중 일부가 길고 축축한 혀를 내밀고 헉헉거리는 것이다. 몸집이 가장 큰 육상 포유류는 파라케라테리움(*Paraceratherium*)이었다. 코뿔소의 친척으로, 뿔은 없었지만 키가 크고 몸이 막대처럼 길쭉했던 이들은 공룡이 사라진 지 오랜 후인 약 3,000만 년 전에 살았다. 이들은 어깨까지의 길이가 약 4미터, 몸무게는 20톤에 달했다.

그러나 가장 큰 공룡들은 이들보다 훨씬, 훨씬 더 컸다. 몸무게 70톤, 몸길이 30미터로 지구 역사상 가장 큰 육상동물이었던 아르겐티노사우루스 같은 거대한 용각류들은 부피 대비 표면적이 매우 적었다. 목과 꼬리가 길어진다든가 하는 형태의 변화만으로는 그 거대한 내부에서 발생하는 열을 내리기에 충분하지 않았다.

용각류는 몸집이 매우 컸지만 일반적으로 큰 동물은 작은 동물보다 대사 속도가 더 느리고 그래서 체온도 조금 더 낮다.

햇빛 아래에서 그 정도 크기의 공룡이 몸을 데우는 데는 아주 긴 시간이 걸렸을 것이다. 하지만 몸을 식히는 데도 똑같이 오랜 시간이 걸리기 때문에 덩치가 매우 큰 공룡은 한번 몸이 더워지면 단지 몸집이 크다는 이유만으로 상당히 일정하게 체온을 유지할 수 있었을 것이다.[11]

그러나 그들이 멸종하지 않고 그렇게 덩치를 키울 수 있게 만들어준 것은 공룡의 유산이었다. 커다란 폐와 연결된 기낭이 몸 전체에 분포되어 있었기 때문에 이들은 보기만큼 무겁지 않았다. 뼈 속의 기낭 때문에 골격의 무게는 가벼웠다. 속이 비어 있는 일련의 지지대들이 체중을 지탱하고, 체중을 지지하지 못하는 부분은 최대한 줄인 이들의 골격은 생물 공학의 승리였다.

그러나 핵심은 기낭의 내부 구조가 단지 폐의 열을 이동시키는 것뿐만 아니라 장기에서 나오는 열을 바로 흡수했다는 사실이다. 장기에서 발생한 열이 먼저 혈액을 타고 몸 전체를 한 바퀴 돈 다음 폐로 가면서 그 과정에서 온도가 내려가는 방식은 문제를 더 악화시킬 뿐이었다. 기낭의 혜택을 크게 누린 장기는 많은 열을 발생시키는 간이었다. 몸집이 큰 공룡의 간은 거의 자동차만 했다. 공룡의 공기 냉각 방식은 액체로 열을 식히는 포유류의 방식보다 훨씬 더 효율적이었다.[12] 이로써 공룡은 포유류보다 훨씬 더 큰 몸집을 가지고도 몸이 펄펄 끓어오르지 않을 수 있었다.

아르겐티노사우루스는 거대한 괴물이라기보다는 날렵하고,

사족보행을 하며, 날지 않는……새에 가까웠다. 공룡의 후계자인 새들은 공룡과 똑같이 가벼운 골격과 똑같이 빠른 대사 속도, 그리고 똑같은 공기 냉각 체계를 가지고 있다. 모두 가벼운 기체(機體)를 필요로 하는 비행에 대단히 유리한 조건들이다.

❁

비행은 깃털과도 관련이 있다. 공룡의 역사 초기부터 깃털 옷은 그들의 특징이었다. 처음에는 트라이아스기에 최초로 비행을 시작한 척추동물군이자 공룡의 가까운 친척인 익룡들이 그랬던 것처럼 깃털이라기보다는 그냥 털에 덮여 있었다.[13] 꼭 날지 않더라도 깃털 옷은 몸에서 많은 열이 발생하는 작은 동물들에게 꼭 필요한 단열 효과를 제공했다. 작고 활동적인 공룡들의 문제는 몸집이 아주 큰 공룡들과는 정반대로 귀중한 열을 주변 환경에 빼앗기지 않는 것이었다.[14] 그렇게 간단한 형태의 깃털로부터 곧 깃가지와 우판(羽瓣), 다양한 색이 발달했다.[15] 영리하고 활동적인 공룡들은 사회적 교류도 활발히 했는데, 여기에서는 겉모습을 통한 표현이 중요한 역할을 했다.

공룡의 또다른 번성 비결은 알을 낳는 습성이었다. 일반적으로 척추동물들은 언제나 알을 낳아왔다. 이것은 최초의 양막류가 육지를 점령할 수 있게 해준 습성이기도 했다. 그러나 많은 척추동물은 초기 유악 척추동물들처럼 다시 새끼를 낳는 방식으로 돌아갔다. 중요한 것은 부모가 너무 큰 희생을 치르지 않고 새끼를 보호할 방법을 찾는 일이었다. 포유류도 처음에는 알을 낳았다. 그러다 거의 모든 포유류가 새끼를 낳게 되었는데 여기에는 엄청난 대가가 따랐다. 체내에서 새끼를 키워 낳는 일에는 막대한 에너지가 소모되었고, 이로 인해서 포유류가 육지에서 몸집을 키우는 데는 한계가 있었다.[16] 또한 한 번에 낳을 수 있는 새끼의 수도 제한될 수밖에 없었다.[17]

그러나 새끼를 낳는 공룡은 단 한 종도 없었다. 모든 공룡은 모든 지배파충류가 그러하듯이 알을 낳았다. 지능적이고 활동적인 공룡들은 둥지 안에서 알을 품다가 부화된 새끼를 돌보는 방식으로 새끼의 생존율을 최대화했다. 많은 공룡들, 특히 무리를 지어 생활하는 초식 공룡들은 지평선에서 지평선까지 뻗어 있는 드넓은 공동 번식지에 둥지를 틀었다. 용각류, 그리고 백악기에 용각류의 자리를 대체하게 되는, 몸집이 더 작고 이족보행을 더 많이 하는 하드로사우루스(hadrosaurs)가 그런 종류였다. 공룡 암컷은 알을 만드는 데에 필요한 칼슘을 자신들의 뼈 내부에서 만들어 공급했는데, 이것은 오늘날의 조류도 가지고 있는 습성이다.[18]

이러한 희생은 알을 낳는 방식의 장점을 생각하면 감수할 만한 것이었다. 양막류의 알은 진화가 만들어낸 걸작이다. 알은 단지 배아를 품고만 있는 것이 아니라 완전한 생명 유지장치 역할을 했다. 알 속에는 부화에 필요한 양분뿐 아니라 이 자립적인 생물권이 오염되지 않도록 막아주는 배설물 처리 시스템까지 갖추고 있었다. 알을 낳음으로써 공룡들은 체내에서 새끼를 기를 때의 번거로움과 위험으로부터 해방될 수 있었다.

부화한 새끼를 돌보는 일에 힘을 쏟는 공룡들도 있었지만 그 의무에 매여 있지는 않았다. 일부는 따뜻한 구덩이나 배설물 더미 속에 알을 묻어놓고 내버려두었다. 덕분에 번식과 소수의 새끼들을 양육하는 데에 쓸 에너지를 다른 곳에, 예를 들면 체내에서 키워서 낳는다면 감당할 수 없었을 만큼의 많은 알을 낳는 데에 쏟을 수 있었을 것이다. 그리고 물론 몸집을 키울 수도 있었다. 공룡들은 성장 속도가 빨랐다. 용각류는 육식 공룡들이 건드리기 어렵도록 최대한 빨리 자라야 했다. 육식 공룡들도 이에 대응하여 빨리 커져야 했다. 티라노사우루스 렉스는 20년도 안 되는 시간 동안 몸무게가 5톤에 달하는 성체로 자라났다. 하루에 최대 2킬로그램까지 늘어났는데, 이것은 몸집이 작은 친척들보다 훨씬 빠른 성장 속도였다.[19]

⁂

수백만 년간 공룡과 직계 친척들은 깃털, 빠른 대사 작용, 효율적인 공기 냉각 방식을 통한 체온 조절, 가벼운 기체, 그리고 오로지 산란만으로 번식하는 습성 등 하늘을 나는 데에 필요한 여러 조건들을 축적해왔다.[20] 일부 공룡들은 이러한 조건들을 비행과는 거리가 먼 일, 이를 테면 육상동물 역사상 가장 큰 몸집을 키우는 일 등에 사용했다. 그럼에도 불구하고 공룡들은 결국 날아오를 수 있었다. 이들은 어떻게 최종 단계를 통과하여 하늘을 날 수 있게 되었을까?

그 시작은 쥐라기였다. 이미 작은 육식 공룡의 한 계통이 더 작게 진화했을 때였다. 몸집이 작아질수록 깃털은 더 많아졌다. 대사 속도가 빠른 소형 동물들은 몸을 따뜻하게 유지해야 했기 때문이다. 이들은 더 큰 공룡들을 피하기 위해 나무 위에서 살기도 했다. 그리고 그중 일부는 깃털이 달린 날개를 이용해서 공중에 더 오래 떠 있는 법을 발견했고, 그렇게 해서 새가 되었다.

날개와 같은 에어포일(airfoil) 형태에 어떤 신비한 힘이 있는 것은 아니다. 공기를 가르며 나아갈 때, 주변 공기 중 일부는 매우 빠르게 움직이고 나머지는 소용돌이 속에 멈춰 있게 만드는 형태일 뿐이다. 이러한 속력 변화의 합이 날개를 상승시키는 힘이 되며, 이 힘은 날개가 움직이는 속력에 비례해서 증가한다. 이 힘을 "양력(揚力)"이라고 한다.

하늘을 나는 데에는 두 가지 방법이 있다.

첫 번째는 지면이나 수면에서 떠오르는 것이다. 비행을 하려는 동물은 바람을 타고 최대한 빨리 달리면서 날개를 최대한 힘차게 퍼덕인다. 이론적으로는 날개를 수평으로 유지한 상태에서도 이륙이 가능하지만 날아다니는 동물들 중에서 그 정도로 잘 달리는 동물은 없다. 그러나 날개를 퍼덕이면 날개 주변 공기의 속도 분포가 바뀌면서 양력이 증가하기 때문에 불가능

했던 일이 가능해진다.[21]

또다른 방법은 높은 곳에서 뛰어내리면서 중력으로 인한 가속에 몸을 맡기는 것이다. 지면에서 상승하는 온난 기류 속으로 뛰어들 수 있다면, 추가로 부력을 받을 수 있으므로 날기가 더 수월해진다.

❂

최고의 비행사들은 몸집이 아주 작아서 심지어 현미경을 통해서만 볼 수 있는 동물들이다. 이들은 바람이 데려다주는 어디로든 간다. 대부분의 생물은 크기가 작으며 태곳적부터 이렇게 이동해왔다. 오르도비스기의 바람을 타고 날아다니던 초기 육상식물의 포자든, 티라노사우루스가 재채기를 할 때 콧구멍에서 분출된 바이러스든, 그들의 피부에서 떨어진 세균이든, 공중에 떠 있는 비단실 위에서 움직이는 거미든, 작은 곤충이든, 모두 예나 지금이나 대체로 눈에 띄지 않으면서 지면 위에서부터 우주 공간의 경계까지 온갖 곳을 떠다니는 공중 부유 생물들이다. 아주 작은 생물, 포자, 꽃가루는 날개 같은 특별한 적응방식 없이도 가벼운 바람을 타고 수 킬로미터씩 이동할 수 있다.

문제는 바로 그 점이다. 공중 부유 생물은 바람을 타고 이리저리 움직이며 방향을 통제할 수 없다. 아주 작은 비행사들이 자신이 원하는 방향으로 나아가려면 날개가 필요하다. 하지만 티끌만 한 생물에게 공기 입자는 벌이나 파리만 한 동물들에게보다 훨씬 더 크게 느껴진다. 먼지 알갱이가 공기 중을 날아가는 것은 물이나 시럽처럼 점성이 있는 액체 속을 헤엄치는 일에 가깝다. 아주 작은 곤충의 날개는 에어포일보다는 짧은 털과 비슷한 형태로서, 배의 노처럼 공기를 헤치고 나아가는 역할을 한다.

몸집이 충분히 커서 공기 입자의 움직임보다는 중력의 영향을 더 크게 받는 동물들에게 비행의 첫 단계는 그저 낙하의 통제일 뿐이다. 낙하산과 마찬가지이다. 낙하산을 타고 수평 방향으로 오랫동안 활공하는 사람들도 있지만, 이 또한 통제하에 이루어지는 낙하인 것은 마찬가지이다.[22]

많은 동물들이 이러한 이동 방식을 발달시켰다. "날뱀"은 몸을 쭉 펴서 하나의 날개 형태로 만들어서 날고, "날개구리"는 낙하산처럼 생긴 커다란 발을 이용해서 난다. 그리고 현존하거나 화석 기록으로 남아 있는 여러 종류의 날도마뱀들은 굉장히 긴 늑골 양쪽으로 펼쳐지는 피부 또는 피부 안의 뼈로 비행을 해왔다. 이런 동물들은 적어도 페름기부터 이 방식을 사용해왔다. 낙하산 비행사가 된 소형 포유류도 많다. 동남아시아의 유대하늘다람쥐나 다양한 "날다람쥐들"은 앞발과 뒷발 사이에 붙어 있는 주름진 피부를 펼쳐서 낙하 또는 활공을 한다. 포유류는 진화하자마자 활공하는 법을 익혔다. 가장 오래된 포유류군인 하라미이드(haramiyid)는 쥐라기에 하늘을 날았다.[23] 지금까지 알려진 가장 오래된 새인 시조새보다도 먼저였을 수도 있다.

이렇게 활공하는 동물들이 모두 나무 위에서 살았거나 지금도 살고 있다는 것이 우연일 리는 없다. 동물들의 낙하 습성은 여러 번 독립적으로 진화했다.[24] 어쨌든 나무를 기어오르기를 즐기는 동물들 중에서 아래로 떨어지는 개체는 자연선택에 의해서 가차 없이 희생된다. 자연선택은 진화를 통해서 그 충격을 최소화함으로써 죽음을 면하는 동물들의 편을 들어줄 것이다.[25]

하늘을 날 가능성이 있는 것은 작은 공룡들뿐이었다. 물리학의 법칙에 따르면, 덩치가 커질수록 비행에 필요한 힘도 커지기 때문이다. 작은 비행사들만이 날개를 퍼덕일 수 있다. 큰 동물들은 활공만 할 수 있다.

❁

공룡들은 달리고, 퍼덕이고, 활공하고, 낙하하는 등 다양한 방법을 조합하여 하늘을 날았다. 어쨌든 이들이 비행을 하게 된 것은 우연이었다. 깃털 달린 날개를 갖추게 된 후에도 이들은 오랫동안 하늘을 날 생각을 하지 않았다. 많은 공룡들은 오랜 세월 동안 작은 깃털 다발이나 꼬리깃을 뽐내기만 했다.

그러다가 소형 육식 공룡의 한 계통이 완전한 깃털을 발달시켰다. 이들은 여러 가지 측면에서 새와 비슷했다. 새들이 날개를 접듯이 팔을 접었고,[26] 새들처럼 알을 품었다.[27] 일부는 몸집이 너무 커서 공중에 뜨는 것이 물리적으로 불가능했다.[28] 하지만 많은 수가 깃털을 가지고 있었고 이 깃털을 단열, 구애

행위, 포식자의 눈을 피하기 위한 위장 등의 용도로 사용했다. 어쩌면 다른 용도도 있었을지 모른다.

최초의 비행은 지면이나 그보다 조금 높은 곳에서 짧게 뛰어오르는 정도에 그쳤을 것이다. 공룡들의 첫 날개는 밤에 높이가 낮은 나뭇가지 위로 올라가는 정도의 역할을 하기에는 충분했지만 그 이상은 할 수 없었다. 몸집이 더 작은 새끼들은 거기에서 더 나아가 가파른 비탈이나 나무둥치를 뛰어오를 때에 짤막한 날개의 도움을 받았을지도 모른다.[29] 일단 나뭇가지 위로 올라가고 나면 어떻게 했을까? 가장 기초적인 형태의 날개를 가진 공룡들, 특히 몸집이 작은 공룡들은 아래로 뛰어내리면서 날개를 이용해서 하강 속도를 늦추고 가끔은 날개를 퍼덕여 위로 올라갈 힘을 얻었다. "최초의 새"로 알려진 시조새는 깃털에 덮인 날개를 가지고 있었지만, 오늘날의 새들처럼 비행에 필요한 근육을 흉골 위에 고정시켜주는 용골 돌기는 없었다. 대단한 비행사는 아니었을지 몰라도 나뭇가지 사이의 짧은 거리를 날아서 이동하거나 땅 위에서 낮은 나뭇가지로 날아오를 수는 있었을 것이다.

쥐라기 말에 살았던 시조새는 비행을 실험하던 매우 다양한 공룡 무리 중 하나일 뿐이었다. 초기에 하늘을 날았던 공룡들 중 일부는 날개뿐 아니라 다리에도 날개깃이 달려 있었다. 그 중에서도 중국에서 살았던 아주 작은 공룡인 미크로랍토르가 가장 유명한데, 이들은 드로마에오사우루스(dromaeosaurs)라는 공룡군의 일원이었다.[30] 드로마에오사우루스와 더불어 작고 영리한 이족보행 공룡인 트로오돈티드(troödontid)도 시조새와 가까운 친척 관계였다. 조류나 드로마에오사우루스처럼 트로오돈티드도 깃털을 시험해보고 있었다. 아마 비행도 시도했을 것이다. 트로오돈티드에 속하는 안키오르니스(*Anchiornis*)는 미크로랍토르처럼 앞다리와 뒷다리가 깃털에 덮여 있었다.[31] 이들은 시조새가 나타나기 전의 쥐라기에 살았다.

드로마에오사우루스, 트로오돈티드, 조류와 가까운 친척인 또다른 소규모의 공룡군은 아주 특이한 비행을 실험했다. 참새부터 찌르레기 크기의 이 공룡들은 나무 위에서 살았던 것이 거의 확실하다. 이들에게도 깃털이 있었다. 그중 한 종인 에피덱시프테릭스(*Epidexipteryx*)는 꼬리에 긴 리본처럼 생긴 깃털 장식이 있었다.[32] 그러나 이들의 날개는 박쥐처럼 털이 없는 피부로 이루어진 물갈퀴 형태였다.[33] 스칸소리옵테릭스(*Scansoriopteryx*)라고 불리는 이 공룡들의 박쥐와 유사한 비행 실험은 수명이 길지 못해서 잠깐 반짝했다가 최초의 새가 알을 부화시키기도 전에 혹은 최초의 박쥐가 젖을 떼기도 전에 끝났다.

❁

비행의 진화 과정에서 볼 수 있는 또다른 특징은 동물들이 툭하면 그 습성을 버렸다는 점이다.[34]

날 수 있게 된 새들은 기회만 생기면 비행을 포기한 것처럼 보인다. 애초에 모든 새가 비행에 능한 것은 아니었다. 적어도 두 개 목(目)의 조류는 오래 전에 하늘을 나는 것을 포기했다. 그중 한 종류는 타조, 에뮤, 화식조, 키위와 같은 평흉류(平胸類)이다. 뉴질랜드의 모아, 코끼리새라고도 불리는 마다가스카르의 아이피오르니스(*Aepyronis*)도 여기에 속한다. 이 두 종은 인간이 그들의 서식지에 첫 발을 내디딘 지 얼마 되지 않아 멸종되었다. 또 한 종류는 펭귄들이다. 이들은 날개를 지느러미발로 바꾸어 물속에서 날아다니는 쪽을 택했다. 두 종류 모두 굉장히 오래된 동물들이다. 육상 포식자들의 발길이 닿지 않는 고립된 섬에 도착하자, 편하게 살 수 있다는 사실을 깨닫고 더는 날지 않게 된 새들도 있었다. 갈라파고스 제도의 날지 않는 가마우지, 뉴질랜드의 카카포(앵무의 일종), 모리셔스의 도도(몸집이 큰 비둘기류)가 이런 새들이다.

평흉류와 관련이 없는 몇몇 종류의 새들도 있었는데, 이들은 모두 인류가 출현하기 몇백만 년 전에 멸종했다. 백악기 후기에는 이빨이 있는 갈매기처럼 생긴 이크티오르니스(*Ichthyornis*)라는 원시의 새가 한때 북아메리카를 남북으로 가르던 바다의 해변을 오갔고,[35] 프테라노돈 같은 익룡들이 하늘을 날았다. 몸길이가 1미터가 넘는 헤스페로르니스(*Hesperornis*)라는 커다란 새도 있었지만, 이들에게는 사실상 날개라고 할 만한 것이 없었으며 펭귄처럼 잠수해서 물고기를 잡아먹으며 살았을 것으로 추정된다. 이크티오르니스와 헤스페로르니스가 현재 네브라스카 지역의 해변을 돌아다닐 무렵, 아르헨티나에서 살았던 백악기의 또다른 새인 파타곱테릭스(*Patagopteryx*)도 하늘을 나는 습성을 버렸던 것으로 보인다. 알바레즈사우루스(*Alvarezsaurus*)라는 공룡들은 몸집이 아주 작고 깃털과 긴 다리를 가지고 있었지만, 날개는 짧게 축소되었고 각 날개에는 커다란 발톱이 달려 있었다. 처음에 과학자들은 이들 또한 날지 못하는 새로 분류했다.[36]

비행은 비효율적인 습성이다. 공룡들은 거의 처음부터 비행에 필요한 조건을 모두 갖추고 있었지만, 하늘을 나는 것은 예나 지금이나 굉장히 힘든 일이어서 많은 동물들이 기회만 생기면 그 습성을 포기한 것도 놀랄 일은 아니다. 드로마에오사우루스와 트로오돈티드는 몸집이 작고 비행을 할 수 있었던 초기의 모습으로 흔히 알려져 있지만, 그 후손들은 몸집이 더 컸고 땅 위에서 더 많이 생활했다. 후기의 드로마에오사우루스와 트로오돈티드는 지상에 떨어진 용들과 같았다.

새들은 심지어 새가 되기 전부터 하늘을 나는 습성을 잃었던 것이다.

❁

그러나 어려운 도전을 받아들이지 못한 종이 그렇게 많았던 것은 아니다. 백악기의 하늘은 얼마 지나지 않아 무수한 새들이 지저귀는 다채로운 소리로 가득 찼다. 그중 많은 수가 에난티오르니테스(enantiornithes)에 속했다. 이들은 오늘날의 조류와 매우 비슷했지만 이빨이 있었고 날개에 발톱이 달려 있었다. 하지만 백악기 말이 되기 훨씬 전부터 현생 조류의 특성도 나타나기 시작했다. 예를 들면 백악기 후기의 바다새인 아스테리오르니스(*Asteriornis*)는 오늘날의 오리, 거위, 닭이 속한 조류군의 친척이었다.[37]

❁

지구는 계속 변화했다. 백악기 말에 판게아는 오늘날 우리가 알고 있는 것과 비슷한 땅덩어리들로 나뉘어 있었다. 그러자 서로 다른 장소에서 서로 다른 종류의 공룡들이 진화했다. 아벨리사우루스(abelisaurs)라는 수각류는 보통 남쪽의 대륙에서만 발견되었고, 트리케라톱스 같은 각룡류는 거의 언제나 한때 서로 연결되어 있다가 분리된 북아메리카 서부와 동아시아 지역에서 발견되었다.[38]

섬에 고립된 공룡들은 "이상한 나라의 앨리스"를 연상시키는 독특한 무리를 형성했다. 예를 들면 쥐라기에 오늘날의 인도네시아처럼 열대의 군도였던 유럽에서는 에우로파사우루스(*Europasaurus*)처럼 몸길이가 6미터를 넘지 않는 작은 용각류들로 이루어진 고유의 동물군이 형성되었다.[39] 백악기에도 지금처럼 이국적인 동물들의 안식처였던 마다가스카르에는 수많은 생태적 지위가 존재했고, 심지어 채식을 하는 악어들도 있었다.[40]

❁

백악기에는 속씨식물도 출현했다.[41] 이 식물들도 네발동물처럼 물가에서 시작했다. 푸르른 침엽수 벽을 배경으로 유난히 눈에 띄는 하얗고 매끄러운 수련 꽃들이 강기슭을 뒤덮었다.

식물들은 오랫동안 배아를 씨앗 속에 넣어 보호해왔는데, 속씨식물은 거기에 보호막을 추가했다. 이들도 다른 식물들처럼 수세포와 암세포를 수정시켜 배아를 만들었는데 거기에 두 개의 암세포를 더해서 또다른 정자가 이 두 개 모두와 수정하여 배젖이라는 조직을 만들도록 했다. 배젖은 어린 배아에 영양분을 공급하는 조직이다. 그리고 이러한 구조 전체를 또 하나의 보호막으로 감싼 것이 열매가 되었다. 열매가 생기기 전에는 꽃이 색과 향기로 꽃가루 매개자들을 유혹했다. 그리고 열매 또한 색과 향기로 동물들을 유혹하여 동물들이 열매를 먹으면 그 배설물을 통해서 씨앗이 퍼져나갔다.

이끼 같은 단순한 육상 식물들은 이미 수백만 년 전부터 동물들을 유혹해서 수정에 도움을 받아왔다.[42] 아마도 처음 육지에서 서식하기 시작하던 때부터 그랬을 것이다. 그러나 눈에 띄지 않았던 그들의 노력과 달리 처음 꽃을 피운 식물들의 유혹은 화려했다. 이 일은 개미, 벌, 말벌, 딱정벌레 같은 꽃가루 매개자들의 폭발적인 진화와 함께 일어났다. 이들은 오늘날 수많은 종으로 분화하여 지구를 지배하고 있다. 개화식물과 꽃가루 매개자 사이의 섬세하고 다각적이고 복잡한 관계는 공룡의 시대가 정점에 달했을 때에야 비로소 시작된 것이었다.

⚙

공룡의 세상은 영원히 끝나지 않을 것처럼 보였다. 실제로 무한히 계속될 수 있었을지도 모른다. 백악기 말, 인도에서 마그마가 분출되기는 했지만 그것만 빼면 쥐라기와 백악기는 지구가 깊은 잠에 빠져 있는 것처럼 보였던 시기이다. 그러나 백악기의 종말을 불러온 재앙은 신속하고 무자비했다. 그 재앙은 하늘에서 날아왔다.

달의 표면을 보면 충돌의 흔적들이 남아 있는 것을 볼 수 있다. 태양계 천체의 단단한 표면 대부분에는 미세한 것부터 거대한 것까지 다양한 충돌구들이 파여 있다. 아무리 작은 소행성이라도 더 작은 천체들과 부딪쳐 생긴 충돌구들로 덮여 있다. 표면을 끊임없이 변화시키는 천체만이 이러한 흔적을 지울 수 있다.[43]

지구도 여러 번 우주에서 날아온 천체와 충돌했지만 지금까지 남아 있는 충돌구는 드물다. 지구의 밀도 높은 대기 중에서 타버리지 않은 몇 안 되는 천체들이 남긴 흔적도 곧 비바람과 물, 그리고 생물들의 작용으로 닳아 없어지기 때문이다. 충돌구는 벌레들이 파놓은 굴로 훼손되고, 식물의 뿌리 때문에 갈라져 허물어진다. 바닷물에 잠기고, 퇴적물에 묻히고, 생물들의 침입을 받다가 결국 흔적도 없이 사라지고 만다.

그러나 단 한 번이면 충분했다. 약 6,600만 년 전의 소행성 충돌로 공룡의 시대는 갑작스럽게 끝나버렸다.

하룻밤에 벌어지는 대사건이 모두 그렇듯이, 이 충돌도 오래 전부터 준비된 것이었다. 공룡들의 운명은 이미 정해져 있었다. 약 1억6,000만 년 전, 쥐라기 후기에 머나먼 소행성대에서 일어난 충돌로 밥티스티나(Baptistina)라는 지름 40킬로미터짜리 소행성과 1,000개 이상의 파편들이 만들어졌다. 이 파편들은 지름이 1킬로미터가 넘었고, 훨씬 더 큰 것들도 있었다. 종말의 조짐과도 같은 이 파편들이 태양계 안쪽으로 퍼져나갔다.[44]

약 1억 년 후, 그중 하나가 지구와 충돌했다. 지름이 50킬로미터쯤 되었을 것으로 추정되는 이 천체는 북동쪽 하늘에서 급강하하여[45] 초속 20킬로미터의 속도로 현재 멕시코 유카탄 반도의 해안에 충돌하여 지각을 녹이며 뚫고 들어갔다. 눈부신 섬광이 비친 후에 시속 1,000킬로미터의 강풍이 상상조차 힘든 굉음과 함께 카리브 해 인근과 북아메리카 지역 대부분의 생물들을 쓸어버렸고, 용광로처럼 뜨거운 바람을 타고 날아온 불덩어리들의 공격으로 전 세계의 나무들이 활활 타올랐다. 해일이 발생하여 멕시코 만의 바닷물이 일제히 빠져나갔다가 높이 50미터의 파도가 되어 돌아와 100킬로미터 거리의 내륙으로까지 밀려들었다.

떨어진 천체는 고대 해저의 잔재인 경석고(硬石膏)가 풍부한 퇴적물을 뚫고 들어갔다. 그 충격으로 황산칼슘의 일종인 경석고가 이산화황 기체로 바뀌었고, 이 기체가 성층권에서 구름을 형성했다. 이 구름과 먼지가 태양을 가리면서 전 세계는 몇 년간 이어질 겨울을 맞이했다. 태양이 다시 환하게 떠오를 무렵에는 이산화황이 유독한 산성비가 되어 내리면서 남아 있던 식물들을 상하게 하고 모든 산호초를 녹여버렸다.

그 무렵 날지 못하는 공룡들은 모두 죽고 없었다. 마지막 익룡들도 하늘에서 사라졌다. 트라이아스기 노토사우루스의 후손인 플레시오사우루스도 바다에서 사라졌다. 무시무시한 바다의 왕도마뱀인 모사사우루스(mosasaurs)도 마찬가지였다.[46] 오징어와 문어의 친척으로 나선형의 껍질에 싸인 채 바닷속을 돌아다니며 일부는 트럭 타이어만큼 커지기도 했던 암모나이트도 절멸하면서 캄브리아기에 시작된 혈통이 끊어졌다.

이 충돌로 생긴 충돌구의 지름은 160킬로미터에 달했다.

그러나 생명은 다시 한번 부활했다. 모든 종의 4분의 3이 멸종했지만 재앙의 현장에는 곧 생물들이 돌아왔다. 그후 3만 년도 되지 않아 바닷속의 충돌 지점은 플랑크톤의 서식지가 되었고,[47] 그 백악질의 뼈가 해저에 떨어져 쌓이면서 충돌구의 나머지 부분을 덮어내렸다.

지구를 물려받은 후계자들은 수궁류의 먼 후손들이었다. 이들은 공룡처럼 빠른 대사 속도를 진화시켰지만, 그것을 완전히 다른 방식으로 이용했다. 바로 포유류였다. 트라이아스기부터 어둠 속에서 숨어 지내던 포유류가 드디어 밝은 빛 아래로 나왔다.

8

위대한 포유류

먼 옛날 데본기 갑주어들의 머리 뒤편에는 양쪽으로 뼈가 한 쌍씩 있었다. 이 물고기들은 그저 자신을 쫓아다니는 거대한 바다전갈의 무표정한 눈 앞에 모래를 튀기느라 바빴을 뿐 그 뼈에는 아무 관심도 없었다.

그러나 그 뼈는 계속해서 제 역할을 수행했다. 첫 번째 아가미구멍 바로 위쪽에 있는 이 뼈는 바깥쪽의 단단한 갑옷과 달리 부드러운 연골에 싸여 있는 뇌를 받쳐주는 지지대였다.

첫 번째 아가미구멍과 입 사이에 있는, 두 개의 또다른 연골 지지대가 중심점이 뒤쪽을 향하도록 반으로 접히면서 턱이 진화했다. 그리고 첫 번째 아가미구멍이 이 턱 관절에 눌려 한 쌍의 작은 구멍이 되었다. 바로 숨구멍이다. 이 숨구멍은 턱이 접히는 부분 바로 위에 양쪽으로 하나씩 있었다. 이제 뇌를 받쳐주는 지지대가 하는 일은 세 가지로 늘어났다. 전과 같이 버팀목 역할도 하는 동시에 한쪽에서는 숨구멍을 열고 닫는 근육을 고정해주었다. 그리고 다른 한쪽은 두개골 안에 있는 한 쌍의 구멍과 붙어 있었는데 이 구멍은 양쪽에 하나씩 있는 내이(內耳)와 연결되었다.

내이는 미세하고 연약한 구조로, 이것이 없으면 물고기는 방향 감각을 잃고 위아래를 구분하지 못한다. 좌우 대칭을 이루는 내이는 액체가 들어 있는 복잡한 관들로 이루어져 있었다. 이 액체가 흔들리면 그 근처에 있는 광물 성분의 덩어리를 건드리게 된다. 이 덩어리에는 털들이 붙어 있고 이 털의 반대쪽은 신경세포와 연결되어 있다. 주변 환경의 변화로 액체가 흔들리면 광물 덩어리가 움직여서 거기에 붙은 털을 자극하고 이 털이 신경 자극을 뇌로 전달한다. 그러면 물고기는 곧장 자신의 위치를 알아차리고 자신의 뒤를 쫓는 탐욕스러운 바다전갈의 집게발을 피해 물속을 빠르게 헤엄쳐갔다.

여러 개의 관으로 이루어진 이러한 기관은 물속의 진동에 민감했다. 미세한 털 세포들은 하프의 현과 같았다. 진동이 발생하여 각자 고유의 음에 맞춰진 현이 튕겨지면 물고기는 추적자가 내는 불길한 소리를 들을 수 있었다. 변함없이 양쪽에서 성실하게 제 역할을 수행하는 지지대가 외부에서 들어온 진동을 내이까지 전달했다.

아칸토스테가와 같은 초기 네발동물들에게는 설악골(舌顎骨)이라는 튼튼한 대들보와 같은 지지대가 있었다. 이 구조는 소리를 그다지 잘 전달하지 못했다. 먼 곳의 천둥소리처럼 낮게 울리는 소리 이상을 듣는 것은 무리였다.[1]

네발동물이 마침내 육지로 올라왔을 때, 이들은 개방된 야외에서 완전히 다른 소리들을 접하게 되었다. 아가미 활을 이루는 연골은 혀와 후두의 지지대가 되었다. 설악골만은 제자리에 그대로 남았지만, 이 뼈는 이제 소리를 감지하는 데에 쓰이게 되었다. 숨구멍 위를 지붕처럼 덮고 있는 얇은 막을 고막이라고 하는데, 이 고막의 진동을 곧장 내이로 전달하는 일을 맡았다. 새롭게 맡은 이 역할 때문에 설악골은 작은 황금 기둥이라는 뜻의 콜루멜라 아우리스(columella auris)라는 거창한 이름을 가지게 되었다. 하지만 등골(등자뼈)이라는 덜 거창한 이름으로도 불린다. 등골은 한쪽에 고막이 있고 반대쪽에는 내이가 있다. 이 뼈가 거느린 자그마한 공간이 중이(中耳)이다.[2]

⚙

소리가 고막을 두드리면 그 진동이 등골을 통해서 내이로 전달된다. 양서류, 파충류, 조류는 오늘날까지도 이런 방식으로 소리를 듣는다. 시간이 지나면서 등골은 아주 가늘어졌고 속삭이는 소리에도 민감해졌다. 그러나 여전히 한계는 있었다. 새들은 공중에서 짹짹거리고 깍깍거리며 자연에서 들을 수 있는 가장 시끄러운 소리들을 낸다.[3] 하지만 조류는 주파수가 초당 1만 회 이상, 즉 10kHz 이상인 소리는 거의 듣지 못한다.[4]

그러나 포유류가 듣는 방식은 다르다. 포유류의 중이 안에는 고막을 내이, 그리고 뇌와 연결해주는 역할을 하는 등골 외에도 고막과 등골 사이에 두 개의 뼈가 더 있다. 바로 고막의 안쪽에 붙어 있는 추골(망치뼈), 그리고 추골과 등골을 연결해주는 침골(모루뼈)이다.[5]

이러한 구조는 포유류의 감각에 극적인 변화를 가져왔다. 서로 연결된 세 개의 뼈는 소리를 증폭시키고, 더 높은 주파수에 대한 감도를 높인다. 인간은 적어도 어릴 때까지는 20kHz의 소리를 들을 수 있다.[6] 이것은 종달새의 가장 높은 지저귐보다 더 높은 소리이다. 하지만 인간의 청력도 개(45kHz),[7] 알락꼬리여우원숭이(58kHz),[8] 쥐(70kHz),[9] 고양이(85kHz)[10] 같은 여러 포유류의 청력에 비하면 아무것도 아니다. 그리고 돌고래(160kHz)[11]에 비한다면 완전히 듣지 못하는 것이나 다름없다. 포유류의 중이 속에 있는 세 개의 뼈의 진화는 다른 척추동물들이 접근할 수 없는 완전히 새로운 감각의 세계를 열어주었다. 마치 익숙해져 있던 울창한 숲을 둘러싼 높은 울타리에 작은 구멍이 뚫려 있는 것을 발견하고, 그 너머에서 상상조차 하지 못했던 광활한 들판을 발견한 것과도 같았다.

❁

추골과 침골은 어디에서 왔을까?

다른 심해 생물들을 피해 도망을 다니던 물고기들에게서 처음으로 턱이 진화했을 때, 턱관절은 숨구멍 바로 아래에 자리 잡았다. 아가미구멍의 잔재인 이 숨구멍은 나중에 네발동물들의 고막이 된다. 턱이 접히는 부분이 하필이면 귀 근처에 있었던 것은 시기와 기회가 우연히도 잘 맞아떨어진 결과였다.

그러나 턱 관절과 고막은 단순한 이웃이 아니라 매우 친밀한 사이이다. 이 친밀함이 포유류가 성공적으로 번성하는 열

쇠가 되었다.

처음 진화한 아래턱은 원래 연골로 이루어진 첫 번째 아가미활의 아랫부분이었다. 이 아가미활의 위쪽 절반은 위턱이 되고 아래쪽 절반은 아래턱이 되었다. 그리고 시간이 지나면서 이 연골이 단단한 뼈가 되었다. 지금도 배아 단계에서는 그 흔적인 매켈 연골을 볼 수 있다. 이 연골은 아래턱 안쪽 표면에 얇은 끈 같은 조직으로 존재하다가 성장하면서 점차 사라진다.

❁

파충류 또는 공룡의 아래턱은 매우 복잡해서 하나가 아닌 여러 개의 뼈들로 이루어져 있고 각각의 뼈가 맡은 역할이 있다. 아래턱 바깥쪽에 있는 치골(齒骨)은 이름을 통해서 알 수 있듯이 치아를 받쳐주는 뼈이다. 안쪽에 있는 관절골은 두개골 아래쪽에 있는 방형골과 함께 턱이 접히는 부분, 즉 관절을 이룬다.

포유류의 조상인 수궁류의 턱도 같은 구조였다. 그런데 수궁류가 포유류로 진화하면서 커다란 개만 한 크기에서 작은 개로, 고양이로, 족제비로, 생쥐로, 그보다 더 작은 땃쥐로 몸집이 점점 작아지고 털이 많아지는 과정에서 턱도 변화했다. 이제 치골은 턱에서 한층 더 중요한 역할을 담당하기 시작했다. 그리고 커다란 새끼 뻐꾸기가 아무것도 모르는 의붓 형제들을 둥지에서 밀어내듯이 치골이 안쪽으로 밀고 들어가면서 턱 안에 있던 다른 뼈들은 치골에 완전히 흡수되거나 안쪽에 있는 등골 옆의 좁은 공간으로 밀려났다. 안쪽으로 깊숙이 들어간 치골은 또다른 머리뼈인 인상골과 연결되는 완전히 독립된 경첩을 형성했다.

이로써 방형골은 경첩 관절로서의 의무로부터 해방되었다. 등골 근처에 있던 이 뼈는 대신 귓속뼈의 일부가 되었다. 이것이 침골이다. 그리고 뒤이어 그 옆에 있던 관절골은 추골이 되었다.[12]

❁

포유류의 선조들 중 일부의 턱 관절은 치골, 인상골, 방형골, 관절골로 이루어진 불편한 구조였다. 침골과 추골로 진화 중이던 방형골과 관절골은 서로 전혀 다른 두 가지의 일을 해야 했다. 한편으로는 턱을 받쳐주는 구조의 일부였는데 여기에는 강한 힘이 필요했고, 또다른 한편으로는 소리를 전달해야 했는데 여기에는 예민함이 필요했다. 수백만 년 전 네발동물의 어류 조상들이 지니고 있던 등골과 마찬가지로 이런 어중간한 절충안은 오래 지속될 수 없었다.

그리고 마침내 방형골과 관절골은 중이 속에서 자유롭게 움직일 수 있게 되었다. 처음에는 퇴화 중이던 매켈 연골을 통해서 턱과 연결되었지만 나중에는 그것마저 사라졌다. 중이의 진화로 포유류는 그 어떤 네발동물도 경험하지 못한 소리의 세계를 예민하게 인식할 수 있게 되었다.

몸집이 작아지는 변화의 직접적인 결과였던 중이는 한 번이 아니라 적어도 세 번 이상 독립적으로 진화했다.[13] 즉 오스트랄라시아의 알을 낳는 오리너구리와 바늘두더지가 되는 동물들의 조상, 오늘날 포유류 종의 99퍼센트 이상을 차지하는 유대류와 태반포유류의 조상, 그리고 설치류와 비슷하게 생긴 포유류로 쥐라기에 등장하여 에오세에 멸종한 다구치류에게서 진화했다.

❁

수궁류에서부터 포유류까지의 긴 여정은 트라이아스기의 트리낙소돈 같은 견치류로부터 시작되었다. 얼핏 보면 잭 러셀 테리어처럼 보이는 트리낙소돈은 짧고 뭉툭한 꼬리와 다리를 옆으로 벌리고 뒤뚱뒤뚱 걷는 모습만 빼면 놀랍도록 포유류와 비슷했다. 이들에게는 수염과 털이 있었고, 구멍과 굴을 파는 습성이 있었다.[14]

몸 안의 차이는 더욱 뚜렷했다. 아직 초기 단계였는데도 아래턱에서는 치골이 가장 큰 공간을 차지했다. 다만 중이는 아직 등골로만 이루어져 있었다.

파충류의 이빨은 모두 단순하게 뾰족한 형태여서 하나가 빠져도 다른 이빨로 대체할 수 있다. 그러나 반룡류는 이빨의 형태와 크기를 다양하게 발달시켜 서로 다른 역할에 특화된 이빨들을 고루 갖추게 되었다. 이러한 경향은 수궁류 후손들에게도 이어졌다.

이쯤에서 커다란 송곳니를 가진 고르고놉시아가 떠오를 것이다. 그들의 먹잇감이었던 디키노돈트도 송곳니와 단단한 부리라는 효율적인 조합을 지니고 있었다. 견치류에게도 송곳니가 있었다. "견치"는 "개의 이빨"이라는 뜻이다. 하지만 이들은 다른 이빨들도 계속 분화시켜 나갔다. 포유류에게는 기본적으로 먹잇감을 자르는 앞니, 찌르는 송곳니, 잘게 써는 작은어금니, 그리고 가장 안쪽에서 먹잇감을 으깨는 어금니까지 네 종류의 이빨이 있다. 트리낙소돈에게도 자르고 찌르는 용도의 이빨이 있었다. 다만 송곳니 뒤쪽의 이빨은 확실하게 분화되지 않았다.

트리낙소돈의 늑골은 파충류처럼 척주를 따라 쭉 붙어 있지 않고 오늘날 우리가 흉곽이라고 부르는 가슴 부분에만 있었다. 이것은 포유류만의 특징이며, 트리낙소돈의 몸속에 흉곽과 내장을 분리해주는 근육인 횡격막이 있었음을 의미한다. 그 덕분에 더 효과적이고 규칙적인 호흡이 가능했을 것이다.[15]

호흡을 위한 또다른 변화는 콧속에서 일어났다. 콧구멍이 뚫려서 입천장과 연결되어 있는 파충류와 달리 트리낙소돈은 구강과 거의 완전히 분리된 채 안쪽에서만 연결되어 있는 긴 비강을 발달시켜서 공기가 먹이를 씹는 행위의 방해를 받지 않고 목으로 곧장 들어갈 수 있도록 했다. 즉, 먹이를 씹기 위해서 호흡을 잠시 멈출 필요가 없었다. 확대된 비강 안에는 넓은 점막을 지탱하는 뼈들이 미로처럼 복잡하게 얽혀 있었는데, 이것이 아주 예민한 후각과 함께 아무것도 모르는 더 작은 동물들을 씹어 먹으면서도 따뜻한 공기를 들이마실 수 있는 능력을 가지게 해주었다.

활동적인 동물로 대사 속도가 빠른 것은 공룡과 유사했지만, 이들은 몸 구석구석까지 연결되어 있는 기낭 대신에 횡격막으로 공기를 들여보내고 내보냈다. 트리낙소돈과 후기 견치류는 소형 공룡들처럼 털옷으로 열을 보존했다. 빠른 대사에는 많은 연료가 필요하기 때문에 먹는 행위도 더 효율적으로 바뀌었다. 조류나 공룡처럼 먹이를 통째로 삼킨 다음 모래주머니 속에 든 돌로 갈아서 느긋하게 소화시키는 대신, 트리낙소돈은 다양한 형태의 이빨을 사용해서 먹잇감을 입 안에서 자르고 썰어 먹으면서도 동시에 호흡을 할 수 있는 능력을 활용했다.

❁

견치류에서 초기 포유류로의 변화는 수궁류의 서로 다른 몇몇 계통에서도 계속 진행되었다. 트라이아스기 후기에 이 동물들은 모든 중요한 특징 면에서 포유류와 구분할 수 없을 정도였다. 그리고 이들은 몸집이 작았다. 쿠에네오테리움(*Kuehneotherium*)과 모르가누코돈(*Morganucodon*)은 오늘날의 땃쥐만 해서 몸길이가 기껏해야 10센티미터에 불과했다. 또한 완전한 중이를 가지고 있었고,[16] 자르는 이빨, 찌르는 이빨, 잘게 써는 이빨, 으깨는 이빨이 명확하게 발달되어 있었다.

어금니가 특별한 이유는 상어의 이빨처럼 뾰족한 끝이 일렬로 늘어서 있는 대신에 아래 어금니와 위 어금니의 뾰족하거나 파인 부분들이 서로 맞물려서 먹이를 씹는 표면이 평평해진다는 데에 있었다. 이것은 더 효과적으로 먹이를 처리하기 위한 방법이었지만, 단지 살아남기 위해서 매일 자신의 몸무게와 맞먹는 양의 곤충들을 먹어야 하는 이 작고 빠른 동물들의 무기도 되어주었다. 다만 초기부터 포유류의 식습관은 종류별로 달랐다. 모르가누코돈은 딱정벌레같이 단단하고 바삭바삭한 먹이도 먹을 수 있었고, 쿠에네오테리움은 나방같이 부드러운 먹이를 선호했다.[17]

❁

빠른 대사는 효율적인 저작과 호흡에 힘입어 후각의 발달이라는 부수적인 결과를 가져왔다. 몸집이 계속 작아지는 경향은 결과적으로 높은 주파수에 예민한 청각과 굴을 파서 숨는 습성을 진화시켰다. 이 모든 요소들은 포유류가 거의 모든 척추동물들에게는 닫혀 있었던 영역으로 들어가게 해주었다. 바로 밤이었다.

트라이아스기의 판게아는 여러모로 가혹한 환경이었다. 테티스 해의 해변은 폭풍으로 파괴되었고 바다와 떨어진 육지의 대부분은 사막이어서 낮에는 땅이 건드리기도 힘들 정도로 뜨거웠다. 쿠에네오테리움과 모르가누코돈이 살았던 북위 20-30도 사이의 사막도 그런 곳이었다. 그런 환경에서 최상의 전략은 땅 속 깊숙이 굴을 파고 들어가서 낮의 열기를 피하다가 밤이나 이른 새벽에 나와 사냥을 하는 것이었다. 이렇게 하려면 빠른 대사가 필수적이다. 낮의 햇빛으로 몸을 데우는 파충류들은 이미 몸이 따뜻해져 있는 포유류들에게 가장 맛있는 곤충들을 빼앗길 수밖에 없다. 이른 시간에는 곤충들도 활기가 없는 경우가 많아서 더 쉬운 먹잇감이 된다.

어두운 굴 속에서 낮을 보내고 밤에만 나와서 별빛 아래에서 사냥을 하는 동물들에게는 시각보다 청각, 촉각, 후각이 훨씬 더 중요하다. 트리낙소돈 시절 이후로 수궁류에게서 천천히 발달해온 이 감각들은 포유류에서 정점에 이르렀다. 트라이아스기의 지상은 낮 동안에는 파충류들의 집합소였다. 그러나 밤은 포유류의 것이었으며, 그후 1억5,000만 년 동안 이들의 놀이터가 되었다.

❁

모든 공룡은 알에서 부화되었다. 한때는 포유류도 마찬가지였다. 이것은 괜찮은 습성이었다. 왜냐하면 우리가 지금까지 살펴보았듯이 알을 낳으면 애써서 돌보지 않아도 많은 수의 새끼를 빠르게 얻을 수 있었기 때문이다. 쥐라기에 살았던 포유류와 매우 흡사한 수궁류, 즉 완전히 털옷을 입지는 않은 마지막 수궁류에 속한 카이엔타테리움(*Kayentatherium*)은 10여 마리의 새끼를 알에서 부화시켰고 이 새끼들은 성체의 축소판으로 이미 세상에서 자립할 준비가 되어 있었다.[18]

그러나 변화가 곧 찾아왔다. 그 변화는 뇌에서 일어났다. 초기 포유류는 더 큰 뇌를 진화시키고 있었다. 갓 부화한 새끼는 우리가 흔히 떠올리는 새끼 동물의 모습과 비슷해지기 시작했다. 즉, 상대적으로 발달이 덜 되어 있고, 몸에 비해 머리가 크며, 그 안은 빠르게 커지는 뇌로 가득 차 있었다. 뇌 조직은 만들고 유지하는 데에 많은 에너지가 든다. 따라서 그저 같은 곳에 머물러 살기 위해서 이미 전 속력을 내고 있는 작은 동물들에게는 어마어마한 부담이 된다. 그래서 포유류는 알의 수를 줄이고 새끼 하나하나에 더 정성을 쏟게 되었다. 암컷들은 변형된 땀샘에서 지방과 단백질이 풍부한 물질을 분비해서 새끼가 빠르게 성장하는 데에 필요한 영양분을 골고루 섭취할 수 있도록 했다. 우리는 이 물질을 "젖"이라고 부른다. 역사적으로, 그리고 어원적으로도 포유류가 포유류라고 불리게 된 것은 젖을 생산하기 때문이다.

❁

포유류의 삶은 치열했다. 트라이아스기 후기에 공룡이 등장할 무렵, 포유류는 작은 몸집으로 짧고 격렬하고 역동적인 삶을 사는 기술을 한창 갈고닦는 중이었다. 평범한 크기로 다시 돌아갈 수 있다면 활동적인 기질을 유지하기가 더 쉬웠을 것이다. 이제는 커다란 뇌를 지탱해야 했으니 특히 그러했다.

문제는 포유류가 곤충이나 동물의 사체를 먹는 작은 야행성 동물의 역할에서 벗어나 영역을 확장하려고 할 무렵에 공룡들이 진화하여 모든 생태적 지위를 차지해버린 것이었다. 사실 작고 영리하고 활동적인 공룡들에게 포유류는 단순한 경쟁자가 아니라 먹잇감이었다.

❁

포유류가 그런 상황에서 벗어나려는 시도를 하지 않았던 것은 아니다. 빠르게 사는 동물들은 진화도 빠르게 한다. 공룡의 시대에만 적어도 25개 이상의 포유류군이 진화했다.

이 대담한 무리는 가만히 지고 있을 생각이 없었다. 공룡이 지배하던 시대의 포유류는 몸집이 그렇게까지 크지는 않았지만, 그중 일부는 주머니쥐, 심지어 오소리 크기까지 커져서 공룡의 알과 새끼를 훔칠 수 있을 정도가 되었다.[19] 아마도 이들 때문에 몸집이 작고 깃털 달린 공룡들 중 일부가 나무 위에 남게 되었을 것이다.

만약 그랬다면 그 공룡들은 날다람쥐 같은 동물들로 진화한 최소 2종류 이상의 포유류와 서식지를 공유했을 것이다.[20] 몸무게 800그램의 카스토로카우다(*Castorocauda*)는 비버와 비슷한 넓적한 꼬리와 털가죽, 그리고 날카로운 이빨을 가지고 있어서 쥐라기의 연못으로 뛰어들어 물고기를 잡기에 딱이었다.[21] 언제나 독특한 동물들의 안식처였던 마다가스카르에는 빈타나(*Vintana*)와 아달라테리움(*Adalatherium*) 같은 소심한 동물들이 살았다. 이들은 큰 눈과 날카로운 후각으로 포식자 공룡의 아주 작은 움직임까지 경계하며 지냈을 것이다.[22]

❂

공룡이 절멸할 무렵에는 포유류도 대부분 멸종되고 알을 낳는 단공류, 유대류, 태반포유류, 그리고 다구치류만 살아남았다. 모두 이미 오래 전에 확립된 다양한 진화적 유형 속에서 그 뿌리를 찾을 수 있는 동물들이었다.

단공류는 알을 낳지만 새끼에게 젖을 먹여 키우는 포유류이다. 오늘날 오스트랄라시아의 오리너구리와 바늘두더지로 대표되는 이 동물군은 쥐라기에 남쪽 대륙 곳곳에서 볼 수 있었던 아주 오래된 포유류 계통에서 마지막으로 남은 독특한 종류였다.[23]

다른 포유류의 대부분은 태반포유류로 알을 낳는 습성을 완전히 버리고 몸속에서 소수의 새끼를 길러 낳았다. 포유류의 배아도 양막류의 알과 똑같은 막들로 싸여 있다. 단지 껍질만 없을 뿐이다. 그 대신 더할 나위 없이 헌신적인 어미가 직접 보호막 역할을 맡게 되었다. 단공류처럼 태반포유류의 기원도 아주 오래 전으로 거슬러올라간다. 이들의 조상은 쥐라기 숲의 나무 위로 기어올라가 곤충을 사냥하던 작은 동물이었다.[24]

유대류는 알을 낳아놓고 방치하는 단공류의 방식과 몸 안에서 완전히 길러 낳는 태반포유류의 방식 사이에서 영리한 절충안을 진화시켰다. 이들도 몸 안에서 새끼를 기르지만 갓 태어난 새끼는 배아와 별 차이가 없다. 이 조그마한 생물은 바깥세상으로 나오자마자 어미의 수북한 털을 헤치며 기어서 주머니 속으로 들어가 젖꼭지에 달라붙는다. 그리고 자리를 잡으면 젖을 먹으며 자라난다. 이러한 전략은 먹이를 구하기 힘든 거칠고 황량한 환경에 대한 적응 방식이었다. 임신한 유대류는 무슨 문제가 생기면 임신을 중단했다가 나중에 상황이 나아졌을 때에 다시 새끼를 낳기도 한다.

유대류는 태반류만큼 오래된 화석 기록[25]과 길고 빛나는 역사를 가지고 있다. 이들은 섬 대륙에 고립되어 살 때, 특히 번성하면서 놀라울 정도로 다양한 형태로 발달했다. 신생대의 대부분 동안 이들은 남아메리카를 자신들의 영역으로 삼았다. 나무늘보, 개미핥기, 아르마딜로와 같은 기이한 (그리고 태반이 있는) 빈치류들도 함께 살았지만, 이곳의 지배자는 틸라코스밀루스(*Thylacosmilus*) 같은 동물들이었다. 이들은 검치호랑이의 유대류 버전으로 그 몸집과 습성이 늑대와 비슷한 종부터 곰과 비슷한 종까지 다양했다. 그러나 남아메리카와 북아메리카가 충돌했을 때, 북쪽에서 내려온 태반포유류가 이들을 거의 쓸어버렸다.

남아메리카의 몇몇 포유류도 그에 맞서서 침략에 나섰다. 그 선봉에는 거대한 땅늘보와 아르마딜로, 그리고 오늘날까지도 미국의 쓰레기통을 습격하고 다니는 주머니쥐들이 있었다. 오늘날에는 대부분의 유대류가 오스트레일리아에서 살고 있다. 이들의 독특한 번식 방식은 점점 더 건조해지는 이 대륙 내부의 환경과 잘 맞는다.

그러니까 공룡이 마침내 절멸할 무렵, 포유류는 이미 수백만 년간의 진화를 통해서 모든 준비를 끝마쳤다. 그래서 잘 숙

성된 샴페인을 흔들어 서투르게 마개를 뽑았을 때처럼 포유류도 그렇게 터져나왔던 것이다.

❁

그러나 이들을 기다리고 있는 것은 대재앙 이후 세계의 최고 포식자, 바로 공포새(phorusrhachid)였다. 두루미와 뜸부기의 날지 못하는 친척으로, 두개골이 말의 머리만큼이나 컸던 이 거대한 새들은 조심성 없이 굴 밖으로 나온 어떤 포유류의 머리통이든 날려버릴 수 있었다. 마치 티라노사우루스 렉스가 돌아온 것 같았다.

이러한 공포마저 팔레오세의 평원에 이는 먼지 속으로 사라졌고, 포유류, 특히 태반포유류는 크기와 형태 면에서 더 다양해졌다. 그러나 첫 번째 변화의 물결은 목표를 아직 정하지 못한 것처럼 느리고 불완전해 보였다. 멸종된 지 오래인 판토돈트(pantodont), 디노케라테스(dinocerates), 아르크토키오니드(arctocyonid), 메소니키아(mesonychia) 같은 동물들은 육식동물과 초식동물의 특징을 모두 가지고 있었다. 판토돈트와 디노케라테스는 몸집이 아주 큰 초기 초식동물에 속했다. 일부 판토돈트는 코뿔소만큼 컸고 일부 디노케라테스는 코끼리만큼 컸다. 이들은 풀만 먹는 동물이었는데도 무시무시한 송곳니를 가지고 있었다.[26] 아르크토키오니드 또한 곰 같은 송곳니와 사슴 같은 발굽을 모두 가졌다.

메소니키아도 특징이 모호하기는 마찬가지였다. 메소니키

아에 속하는 앤드루사르쿠스(*Andrewsarchus*)는 거대한 공포새들의 적수가 될 만했다. 이 무시무시한 동물은 어깨 높이가 인간의 키만 하고 머리통의 너비는 알래스카불곰 머리통의 길이와 비슷했다. 한쪽 콧구멍으로 늑대의 머리를 통째로 빨아들일 수도 있었을 것이다. 그런데 발에는 발굽이 있었다. 매우 거대하고 화가 많이 난 돼지처럼 보이는 동물이었다.[27]

백악기 말의 지구는 따뜻하고 온화한 곳이었다. 그리고 이 따뜻함은 계속 이어졌다. 하지만 팔레오세가 끝나고 에오세가 되면서 늘 한결같던 온기가 견디기 힘든 더위로 바뀌었다. 평원과 삼림 지대는 밀림이 되었다. 모호한 특징들을 지니고 있던 초기 포유류는 점점 삶의 목표를 명확하게 잡은 포유류들로 대체되었다. 발굽이 있는 포유류인 유제류가 처음 등장했다. 에오세에는 아직 몸집이 작았던 이들은 다람쥐에 가까운 모습으로 높이 솟아오른 나무들 사이를 날쌔게 돌아다녔다. 아마도 버스만 한 크기의 뱀인 티타노보아(*Titanoboa*) 같은 포식자들을 피해 다녔을 것이다.[28]

짝수 개의 발굽을 가진 초기 유제류 중 일부는 가장 상상하기 어려운 방향으로 탈출했다. 물로 돌아가서 고래가 된 것이다. 게다가 이들은 이러한 변화를 아주 열정적으로, 그리고 진화적인 관점에서 대단히 빠르게 이룩했다.

달리는 포식자인 늑대와 비슷한 파키케투스(*Pakicetus*)와 여우만 한 몸집의 이크티올레스테스(*Ichthyolestes*) 같은 동물들에게서 이러한 변화의 첫 전조를 찾을 수 있다. 물고기를 먹는 동물들에게서 자주 볼 수 있는 특징인 길고 이빨이 많은 턱, 그리고 물속에서 소리를 들을 수 있게 도와주는 내이 안의 다양한 주름이 그것이다.[29] 수중 생활을 했음이 더 확실한 동물은 암불로케투스(*Ambulocetus*)였다. 이들의 생김새는 바다사자나 수달과 비슷했으며, 짧지만 여전히 제 기능을 다하는 다리가 있었다.[30]

얼마 지나지 않아 고래들은 완전한 수생동물이 되었다. 그 중 하나인 몸길이 20미터의 바실로사우루스(*Basilosaurus*)는 여러모로 전설 속의 거대한 바다뱀을 닮은 모습이었지만, 육지에서 살았던 선조의 흔적인 뒷다리가 짧게 남아 있었다.[31]

이제 이들은 누구도 막을 수 없었다. 고래들은 백악기 말기에 플레시오사우루스와 모사사우루스가 멸종된 후로 비어 있었던 거대한 바다도마뱀의 지위를 차지하고, 가장 성공한 포유류 중의 하나가 되었다. 이들은 동물 중에서 가장 지능이 높은 편에 속하며, 대왕고래 같은 종은 진화의 역사상 가장 큰 동물이기도 하다. 하지만 이들의 변화 자체보다 놀라운 것은 그 변화의 속도일 것이다. 개를 닮은 모습으로 뛰어다니던 완전한 육상동물들이 단 800만 년 만에 완전한 해양동물이 되었기 때문이다.[32]

❁

또다른 변화는 더욱 놀라웠는데, 이것은 그동안 일어난 변화의 흔적을 거의 다 지워버리는 변화였다.

백악기에 남아메리카로부터 분리된 아프리카는 섬 대륙이 되었다. 그리고 약 4,000만 년 동안 육지와 분리되어 있었다. 식충동물과 비슷했던 아프리카의 초기 태반포유류는 고립된 환경에서 공통적인 외형적 특징이 모두 사라질 정도로 다양하게 분화했다.[33] 이들이 분화하여 생긴 동물들로는 거대한 코끼리, 듀공이나 매너티처럼 물에 사는 바다소류, 그리고 땅돼지, 텐렉, 황금두더지, 코끼리땃쥐, 바위너구리 등이 있다. 모두 아프로테리아상목으로 좀더 북쪽에 사는 동물군인 로라시아상목과 유사하게 퍼져나갔다. 로라시아상목에는 유제류, 고래, 식육류, 박쥐, 천산갑, 그리고 나머지 식충동물들이 속해 있다.

모든 분류군에는 언제나 나머지들이 있다. 포유류의 경우에는 영장상목이 그런 동물들이었다. 여기에는 쥐, 생쥐, 토끼 등의 다양한 동물들과 이름을 보면 나중에 추가된 것처럼 보이는 영장류가 속해 있다. 정면을 보는 눈, 색을 구분하는 시각, 그리고 호기심과 손을 이용해서 탐구를 하게 만드는 뇌를 가진 이 작고 날쌘 동물들은 에오세의 울창한 열대림 너머로 빠르게 변화하는 세상을 내다보고 있었다.

연대표 4. 포유류의 시대

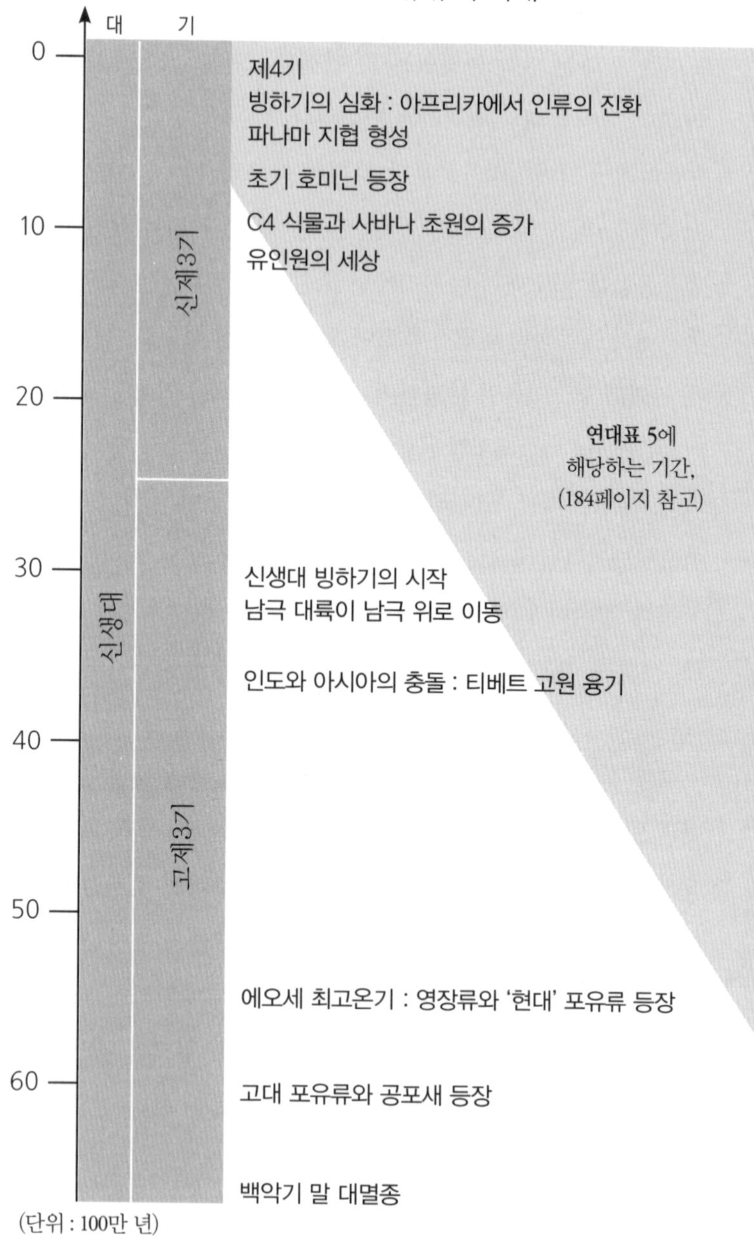

대
기
0
10
20
30
40
50
60
신생대
신제3기
고제3기
제4기
빙하기의 심화 : 아프리카에서 인류의 진화
파나마 지협 형성
초기 호미닌 등장
C4 식물과 사바나 초원의 증가
유인원의 세상
연대표 5에
해당하는 기간,
(184페이지 참고)
신생대 빙하기의 시작
남극 대륙이 남극 위로 이동
인도와 아시아의 충돌 : 티베트 고원 융기
에오세 최고온기 : 영장류와 '현대' 포유류 등장
고대 포유류와 공포새 등장
백악기 말 대멸종
(단위 : 100만 년)

9

유인원의 세상

대륙의 이동은 느리지만 그만큼 무자비하다.

약 3,000만 년 전, 남극 대륙은 판게아로부터 떨어져 나와서 먼 남쪽으로 이동하여 바다에 완전히 둘러싸였다. 이 사건은 지구의 기후에 아주 길고도 깊은 영향을 미쳤다. 처음으로 해류(海流)가 이 새로 생긴 대륙 주변을 아무런 방해 없이 빙빙 돌 수 있게 되었고, 이 해류 때문에 열대 지방에서 데워진 물이 그 전까지는 온화했던 남극의 바닷가에 닿을 수 없게 되었다. 지구상에서 가장 엄청난 산맥 중 하나인 남극 횡단 산지의 나무로 덮인 들쭉날쭉한 표면에는 언제나 찬 공기가 맴돌았다.

그러다 어느 해부터는 겨울 동안 내린 눈이 다음 해 봄이 되어도 완전히 녹지 않고 일 년 내내 지면을 덮었다. 눈 위에 눈이 쌓이고 또 쌓이면서 그렇게 몇 세기 동안 눌리고 단단해진 눈은 녹지 않는 얼음이 되었다. 높은 계곡에 빙하가 형성되기 시작했다.

남극이 계속 남쪽으로 이동하는 동안 태양은 한여름에도 낮게 떠 있었고 겨울의 밤은 점점 길어졌다. 결국 태양이 아예 뜨지 않는 겨울이 왔고 남극은 6개월 동안 어둠에 덮였다. 거대해진 빙하는 산맥과 그 안에 자리 잡은 계곡들을 뒤덮었다. 얼음 벽이 저지대로 밀고 내려가면서 그 경로에 있는 모든 것을 쓸어버렸다. 해안도 장애물이 되지 못했다. 계속 전진하던 얼음은 바다로 들어가 바닷물 위에 빙붕(氷棚)을 형성했고 여기에서 떨어져 나온 빙산들은 해수의 온도를 더욱 낮추었다.

단 몇백만 년 만에 한때 푸르렀던 대륙은 얼음에 덮인 건조한 땅이 되었다. 지의류, 이끼류 같은 가장 원시적인 형태의 생물들, 그것도 대륙의 끝에서 북쪽을 면하고 있어서 보호를 받을 수 있었던 종류를 제외하고는 모두에게 가혹한 환경이었다. 그러나 그 주변의 바닷속은 생명으로 넘쳐났다.

극북 지방도 비슷했지만 상황은 기묘하게도 반대였다. 계속해서 북쪽으로 흘러가는 대륙들이 북극해를 둘러싸면서 남쪽의 따뜻한 바닷물이 닿을 수 없게 된 것이다. 마치 남쪽 끝의 육지에 형성된 더 큰 빙하를 흉내라도 내는 것처럼 북쪽의 바다에도 만년빙이 형성되기 시작했다. 극지방의 얼음으로부터 완전히 벗어난 지 몇백만 년 만에 영구적인 빙하가 다시 지구로 돌아왔다.

그 결과는 전 세계에 영향을 미쳤다. 한때는 지구의 거의 모든 곳이 적당히 따뜻했지만 이제는 극지방과 열대 지방 사이의 기후 차이가 극적으로 커졌다. 바람이 거세졌다. 날씨는 더 변덕스럽고, 계절성이 강해지고, 기온이 내려갔다.

최초의 영장류가 터전으로 삼았던 밀림은 종말을 맞았다.[1]

❁

밀림은 삼림 지대 안에 드문드문 존재하게 되었다. 그 사이사이에 새로운 종류의 식물, 즉 풀로 덮인 넓은 평원들이 생겨났다.[2] 위에서 아래로가 아니라 아래에서 위로 자라나는 풀은 계속 잘려나가도 죽지 않았다. 곧이어 이런 새롭고 신기한 재주를 지닌 풀을 뜯어 먹으며 사는 동물들도 진화했다. 하지만 풀을 뜯는 것은 밀림 속 나무의 부드러운 잎을 잘라 먹는 것보다 더 힘든 일이다. 풀에는 이산화규소가 풍부한데 이 광물이 풀을 씹을 때마다 이빨을 점점 마모시키기 때문이다.

숲속의 연한 잎을 먹으며 살던 유제류는 이제 더 깊어진 턱과 융기된 면이 많은 이빨로 이 까다로운 먹이를 끊어 먹을 수 있게 되었다. 이들은 진화할수록 몸집이 커졌다. 평원에는 말의 발굽과 거대한 코뿔소의 발이 쿵쿵거리는 소리가 울려 퍼졌다.

아프리카의 늪과 습지를 돌아다니던, 작은 하마처럼 생긴 동물의 후손들은 건조하고 거친 땅으로 이주하여 코끼리가 되었다. 세월이 흐르면서 더 크고 그 어느 때보다 강력해진 이들은 사바나로 들어왔고, 포식자들도 이들의 뒤를 따랐다.

❁

영장류도 새로운 환경에 적응했다. 그중 다수는 점점 줄어드는 숲에 남아 더욱 더 주변부로 밀려났지만, 일부는 나무 위에서 살면서 잠깐씩 땅으로 내려가기 시작했다. 유제류처럼 이들도 몸집이 커졌다. 날쌘 원숭이들은 좀더 신중한 유인원이 되었다.

마이오세가 되자 구세계는 유인원의 세상이 되어 있었다. 계속 줄어드는 숲과 그 숲을 둘러싼 건조한 땅들은 유인원들이 내는 시끄러운 소리로 가득 찼다. 그리스에서는 오우라노피테쿠스(*Ouranopithecus*)가,[3] 터키에서는 앙카라피테쿠스(*Ankarapithecus*)가 활보하고 다녔다.[4] 중유럽에서는 드리오피테쿠스(*Dryopithecus*)가 돌아다녔다. 아프리카는 케냐피테쿠스(*Kenyapithecus*)와 코로라피테쿠스(*Chororapithecus*)의 활동 무대였다. 이곳에서 이들의 마지막 친척이 고릴라로 진화했다.[5] 중국의 숲에는 루펭피테쿠스(*Lufengpithecus*)가 있었다. 그리고 남아시아에는 시바피테쿠스(*Sivapithecus*)가 있었다. 이들의 친척은 결국 마지막 남은 밀림으로 후퇴하여 태국의 코랏피테쿠스(*Khoratpithecus*)를 거쳐 오랑우탄이 되었다.[6]

이 유인원들 중 일부는 몸집이 너무 커서 한때 그들의 고속도로였던 나뭇가지 위를 뛰어다닐 수 없게 되었다.[7] 대신 이들은 긴 팔로 나뭇가지에 매달리거나 이리저리 기어오르는 등 다양한 방식을 습득했다. 시간이 지나면서 중유럽의 다누비우스(*Danuvius*) 같은 일부 유인원은 몸을 좀더 똑바로 세우는 자세를 취하게 되었다.[8]

장기적으로 볼 때 이러한 시도가 모두 성공을 거둔 것은 아니다. 오레오피테쿠스(*Oreopithecus*)는 나중에 토스카나가 될 지중해의 한 섬에 고립되어 직립 보행을 실험했지만,[9] 결국 멸종되었다.

⁂

그리고 지구는 계속 차가워졌다. 숲은 더욱 줄어들어 남은 유인원의 대부분은 중앙아프리카와 동남아시아의 깊은 숲속에 모여 살아야 했다.[10] 나머지는 선택을 할 수밖에 없었다. 에덴에서 쫓겨나든가 멸종되든가 둘 중 하나였다. 피난민들은 뒷다리로 서서 걷는 습성만을 간직한 채 떠났다.

700만 년 전, 에덴의 후손들은 기어오르는 것보다 걷는 것에 더 능숙해졌다. 추워지는 날씨는 원숭이를 유인원으로, 그리고 유인원을 또다른 존재로 변화시켰다. 과거에도 자주 그랬던 것처럼 지구는 잠을 설치며 덮고 있던 얇은 이불을 뒤척였고, 그 위의 생명들은 최선을 다해 버텨야 했다. 살아남은 유인원들은 그들 중 누구도 상상할 수 없을 정도로 강한 힘에 이끌려 인간이 되기 위한 긴 여정의 첫 발을 내디뎠다.

가끔 하는 행동이 아닌 규칙적인 습성으로서의 직립 보행은 인류 계통인 호미닌(hominin)이 초기부터 지녔던 특징이다.[11] 최초의 호미닌은 약 700만 년 전인 마이오세 후기에 등장했다. 서아프리카의 차드 호숫가에서 먹을 것을 찾아다니던 사헬란트로푸스 차덴시스(*Sahelanthropus tchadensis*)도 그중 하나였다.[12] 한때는 이 지역도 푸르렀고 차드 호는 세계에서 가장 큰 호수 중 하나였다. 그러나 기후가 점점 건조해지면서 호수는 계속해서 줄어들어 극히 일부만 남았고, 호수 주변은 생물이 살기 힘든 가혹한 사막이 되었다.[13] 사헬란트로푸스는 혼자가 아니었다. 약 500만 년 전 동아프리카의 에티오피아에는 아르디피테쿠스 카다바(*Ardipithecus kadabba*),[14] 케냐에는 오로린 투게넨시스(*Orrorin tugenensis*)[15] 같은 또다른 두발 동물들이 살고 있었다. 영장류의 직립 보행은 선사시대에 인류가 이룩한 대부분의 혁신들이 그러했듯이 아프리카에서 시작되었다.[16]

❁

우리에게 일어서서 걷는 것은 너무 쉽고 자연스러워서 당연하게 여겨지는 일이다. 잠깐 동안 일어설 수 있고 심지어 걸을 수도 있는 포유류는 많다. 하지만 힘이 들기 때문에 곧 다시 일반적인 포유류의 자세인 네 발로 돌아간다.[17] 호미닌은 다르다. 이들에게는 일어서 있는 자세가 기본이고 반대로 손과 발을 모두 이용해서 걷는 것이 부자연스럽고 힘든 일이다. 700만 년 전 아프리카의 강가와 숲속에서 살던 유인원 계통이 이족보행을 하게 된 것은 생명의 역사를 통틀어 가장 놀랍고도 믿기 어려운 수수께끼 같은 사건 중 하나였다. 이렇게 되기 위해서는 머리부터 발끝까지 몸 전체를 재설계해야 했다.

우선 머리 안에서 척수가 두개골을 통과하는 구멍이 뒤쪽(네발동물은 이 위치에 있다)에서 아래쪽으로 이동했다. 바로 이 특징만으로도 사헬란트로푸스를 호미닌으로 분류할 수 있다. 이것은 뒷다리로 서서 걸을 때 얼굴이 위쪽이 아닌 앞을 향하며, 두개골을 척주의 한쪽 끝으로만 지탱하는 것이 아니라 척주 위에 안정적으로 올릴 수 있다는 뜻이었다.

이러한 변화가 몸의 나머지 부분에 미친 영향도 지대했다. 5

억 년 전 척추가 처음 진화했을 때, 척추는 수평으로 펴진 구조였다. 호미닌의 척추는 90도 돌아가서 수직으로 눌린 구조가 되었다. 척추가 진화한 이래 구조적인 요건이 이토록 급진적으로 변화한 적은 없었다. 게다가 이것은 비적응적이라고밖에 할 수 없는 변화였다. 오늘날 인간이 겪는 질병의 원인으로 가장 심각하고 빈도가 높은 것이 허리 문제라는 것을 생각해 보라. 공룡들도 이족보행을 대단히 성공적으로 해냈지만 이들은 길고 뻣뻣한 꼬리를 이용해서 수평 방향으로 뻗은 등뼈를 지탱했다. 하지만 유인원과 같은 호미닌은 꼬리가 없기 때문에 더 힘든 방식으로 이족보행을 해야 했다.

임신한 암컷들에게는 문제가 더 심각했다. 이들은 계속 변화하면서 점점 더 불안정해지는 몸에 적응해야 했다. 이러한 사정은 인류의 진화에도 영향을 미쳤다. 인류의 역사 내내 종의 종속을 책임지는 암컷 성체가 생애의 많은 시간을 임신이나 육아 중인 상태로 보냈다는 사실을 생각하면 놀라운 일도 아니다.[18] 게다가 호미닌의 다리는 유인원의 다리보다 키에서 차지하는 비율상 더 긴 편이다. 다리가 길면 보행의 에너지 효율성은 더 높아지지만 그만큼의 대가가 따른다. 태아가 지면으로부터 더 멀어져서 몸 전체의 무게중심이 높아지기 때문에 더 불안정해진다.

그뿐만 아니라 호미닌은 이동할 때 한 발을 땅에서 들어올려 무게중심을 급격하게 옮겼다가 넘어지기 전에 다시 바로잡는다. 그리고 매 걸음마다 이것을 반복한다. 여기에는 대단히 높은 수준의 제어력이 필요하다. 뇌, 신경, 근육이 힘을 합쳐 우리가 눈치도 채지 못할 정도로 매끄럽게 이 일을 해낸다.

최초의 호미닌은 같은 시대에 살던 일부 동물들에 비하면 보잘것없어 보였으나, 사실 이들은 동물계의 엘리트 전투기들이었다. 네발동물들은 쿵쿵거리며 돌아다니고, 빨리 달리고, 심지어 신속하게 방향을 바꿀 수도 있지만, 사냥을 하는 치타들이 그렇듯이 이러한 동작에는 대개 긴 꼬리를 움직여서 얻는 회전력이 필요하다.[19] 일반적으로 네발동물은 방향을 잡아주면 그쪽을 향해 꿋꿋이 날아가는 성실한 화물기와 같다. 그러한 보조 수단이 없는 인간은 전투기와 비슷해서 믿을 수 없을 정도로 방향 조종이 쉬운 대신에 안정성이 떨어진다. 그래서 가장 빠른 전투기는 최고의 조종사들만이 몰 수 있다. 공룡들과 마찬가지로 호미닌은 단지 걷기만 한 것이 아니라 춤을 추고, 활보하고, 회전하고, 발끝으로 돌 수 있었다.

이족보행으로 얻은 이득은 어마어마했다. 하지만 그것이 애초에 어떻게 시작되었는가는 불가사의하다. 호미닌처럼 일상적으로 이족보행을 하는 포유류가 극소수라는 사실은 두 발로 걸을 수 있는 가능성이 얼마나 희박했는지를 보여주는 증거이다.[20] 어떤 인간이라도 다리 하나를 못쓰게 되면 무력해지는 것을 보면 이 습성이 희귀할 수밖에 없는 이유를 알 수 있다.[21] 그러나 일단 호미닌이 선례가 거의 없었던 이족보행의 길을 걷기 시작하자, 자연선택은 이들이 그것을 아주 빠르고 능숙하게 해내도록 만들었다.

인간의 보행은 현대 세계에서 가장 과소평가 받는 불가사의 중의 하나이다. 오늘날의 과학자들은 아원자 입자의 구조를 밝히고, 수백만 광년 떨어진 블랙홀들이 병합될 때에 나는 갖가지 소리를 감지하고, 심지어 우주의 시초까지 들여다본다. 그러나 지금까지 만들어진 어떤 로봇도 평범한 인간이 걸을 때의 자연스러운 몸놀림을 그대로 흉내내지는 못했다.

❂

여전히 의문은 남는다. 도대체 왜? 쉬운 대답은 이족보행이 유인원이 수백만 년에 걸쳐 시도했던 여러 가지 독특한 보행 방식 중의 하나일 뿐이었다는 것이다. 긴팔원숭이처럼 긴 팔을 이용해서 나무에 매달려 돌아다닌다든가, 오랑우탄처럼 네 다리를 손처럼 사용해서 기어오른다든가, 침팬지와 고릴라처럼 발가락 관절로 걸어다닌다든가 하는 방법이 여기에 속한다. 하지만 호미닌들이 다른 이동 방식을 두고 하필이면 이족보행을 시도한 이유는 여전히 알 수 없다. 탁 트인 평지에서의 삶에는 그런 방식이 필요하지 않다. 마카크와 개코원숭이처럼 탁 트인 평지에 사는 커다란 원숭이들은 여전히 단단하고 건조한 땅 위에 네 발을 붙인 채 살아가고 있다.

이족보행으로 손이 자유로워져서 도구를 만들거나 어린 새끼를 안을 수 있게 되었다는 주장도 신빙성이 없다. 호미닌처럼 이족보행으로 완전히 넘어가지 않고도 그 두 가지를 모두 해내는 동물들은 많다. 아주 초기의 호미닌이라면 나무 위에서 몸을 똑바로 세운 채 이리저리 기어오르며 돌아다니는 방식을 습득하기 시작한 덕분에 땅에서 걷는 일에 미리 적응이 된 상태였을지도 모른다. 즉 그들에게 걷는 일은 나뭇가지를 잡고 돌아다니는 일과 별다를 것이 없었을 수도 있다. 단지 나뭇가지가 없어졌을 뿐이다.

❁

어쨌든 많은 호미닌이 기어오르는 능력을 여전히 가지고 있었다. 초기 호미닌 중 하나로 440만 년 전 에티오피아에서 살았던 아르디피테쿠스 라미두스(*Ardipithecus ramidus*)의 발은 엄지손가락처럼 생긴 커다란 발가락들로 갈라져 있어서 무엇인가를 움켜쥘 수 있는 능력이 있었음을 보여준다.[22] 이것은 나무 그늘 아래에서 편하게 걸어다니기보다는 나무 위가 더 편한 동물의 특징이다.[23] 420만–380만 년 전에 동아프리카에서 살았던 또다른 종인 오스트랄로피테쿠스 아나멘시스(*Australopithecus anamensis*)는 여러 가지 면에서 원시적이기는 했지만, 좀더 땅 위에 발을 붙이고 살았다.[24]

오스트랄로피테쿠스 아나멘시스와 겹치는 시기에 살았던 비슷한 종이 여럿 있었다. 400만–300만 년 전 사이에 그들과 같은 지역에서 살았던 오스트랄로피테쿠스 아파렌시스(*Australopithecus afarensis*)는 두 발로 더 능숙하게 걸었다.[25] 초기 호미닌 중에서 가장 번성한 종에 속하는 이들은 동아프리카를 넘어 먼 서쪽의 차드 호에서도 발견되었다.[26] 어디에서 살았

든 오늘날의 우리처럼 직립 자세로 돌아다녔다.[27] 다만 기어오르는 능력도 여전히 가지고 있었다.[28]

그렇다고 해서 마치 어떤 정해진 순서가 있는 것처럼 두 발로 더 많이 걷는 종이 이전의 종들을 차례로 대체했다고 생각해서는 안 된다. 호미닌들은 동아프리카의 사바나에 드문드문 흩어져서 초지, 나무가 우거진 관목지, 그늘이 있는 삼림지대가 섞여 있고 물과 가까운 환경에서 사는 것을 선호했는데,[29] 그중 유난히 나무 위를 좋아하는 종들이 있었다. 약 340만 년 전에도 아르디피테쿠스처럼 나무에 매달리는 호미닌들은 여전히 숲속에서 지냈다.[30]

이러한 초기 호미닌들에게 직립 보행은 기어오르기와 같은 일상의 일부였다. 아마도 오늘날의 유인원들처럼 나무 위에 둥지도 지었을 것이다. 환경뿐 아니라 먹이도 제각각이었다. 일부 호미닌은 영장류가 늘 먹던 과일, 어린 잎, 곤충 외에 견과류와 덩이줄기 같은 단단한 먹이도 함께 먹기 시작했다. 이에 대응한 진화로 사바나의 유제류들에게서 볼 수 있는 것과 같은 변화가 일어났다. 먹이를 씹는 데에 필요한 커다란 근육, 깊은 턱, 비석 모양의 치아를 담느라 툭 튀어나온 광대뼈가 그것이었다. 약 260만 년 전에서 60만 년 전 사이에 아프리카에 등장한 이 고도로 특화된 몇몇 종들을 느슨하게 묶어 파란트로푸스속(*Paranthropus*)으로 분류한다. 철저하게 사바나에 특화된 이 동물들 외에 좀더 일반적인 호미닌들도 존재했는데, 오스트랄로피테쿠스와 우리가 속한 사람속(*Homo*)의 여러 종들이 여기에 포함된다.[31] 이들 중 일부는 좀더 즙이 많은 먹이를 좋아하게 되었다.

❁

약 350만 년 전, 초기 호미닌들 중 일부가 고기를 먹기 시작했다. 대개 다른 동물들이 잡은 사체를 먹는 것이었다. 초기 호미닌들 중에 사자나 표범과 같은 치아 또는 발톱을 가진 종류는 없었다. 그러나 이들은 돌을 깨서 끝이 날카로운 도구를 만들기 시작했으며 도축 기술을 발달시키고 있었다.[32]

최초의 도구는 그저 깨뜨린 돌일 뿐이었지만,[33] 이것이 인류의 삶에 미친 영향은 지대했다. 이들은 에오세에 나무 위에서 살던 조상들로부터 물려받은 잘 발달된 양안시(兩眼視), 그리고 일상적인 보행으로부터 자유로워진 손을 이용해서 돌을 던져서 먹이를 먹는 사자의 머리를 치거나 사체 옆에 있는 독수리들을 쫓아버릴 수 있었다. 그리고 요리가 발달하기 전부터 그 단순한 석기로 고기를 자르고 식물을 빻을 수 있게 되면서 빈번한 굶주림의 위협에서 벗어나기 위해서 끊임없이 재주를 부려야 했던 이 동물들이 얻을 수 있는 영양분은 더욱 늘어났다.[34] 고기와 더불어 돌로 부순 장골(長骨) 안에서 나온 골수에는 필수적인 단백질과 지방이 가득했으며, 섬유질이 많은 뿌리와 견과류를 씹어 먹을 때보다 훨씬 쉽게 소화할 수 있었다. 고기와 지방을 먹는 호미닌은 더 작은 치아와 저작근을 진화시켰다. 그렇게 절약한 에너지는 뇌의 크기를 키우는 데에 들어갔고, 절약한 시간은 먹이를 채집하고 씹는 것 외의 다른 일들을 하는 데에 쓰였다.

그러나 아직은 배고픔과 완전히 멀어진 것은 아니었다. 여유가 생긴 호미닌 중 일부의 머릿속에 이미 다른 동물이 씹고 남은 찌꺼기보다는 갓 잡은 고기에 즙이 더 많을지도 모른다는 생각이 떠올랐다. 그래서 그들은 더 나은 석기를 만들기 시작했다.

무엇보다 이들은 이제 멀어진 숲속의 조상들에게 직립 자세가 그랬던 것처럼 혁명적인 변화가 될 한 걸음을 내디뎠다. 바로 달리는 법을 배운 것이다.

연대표 5. 인간의 등장

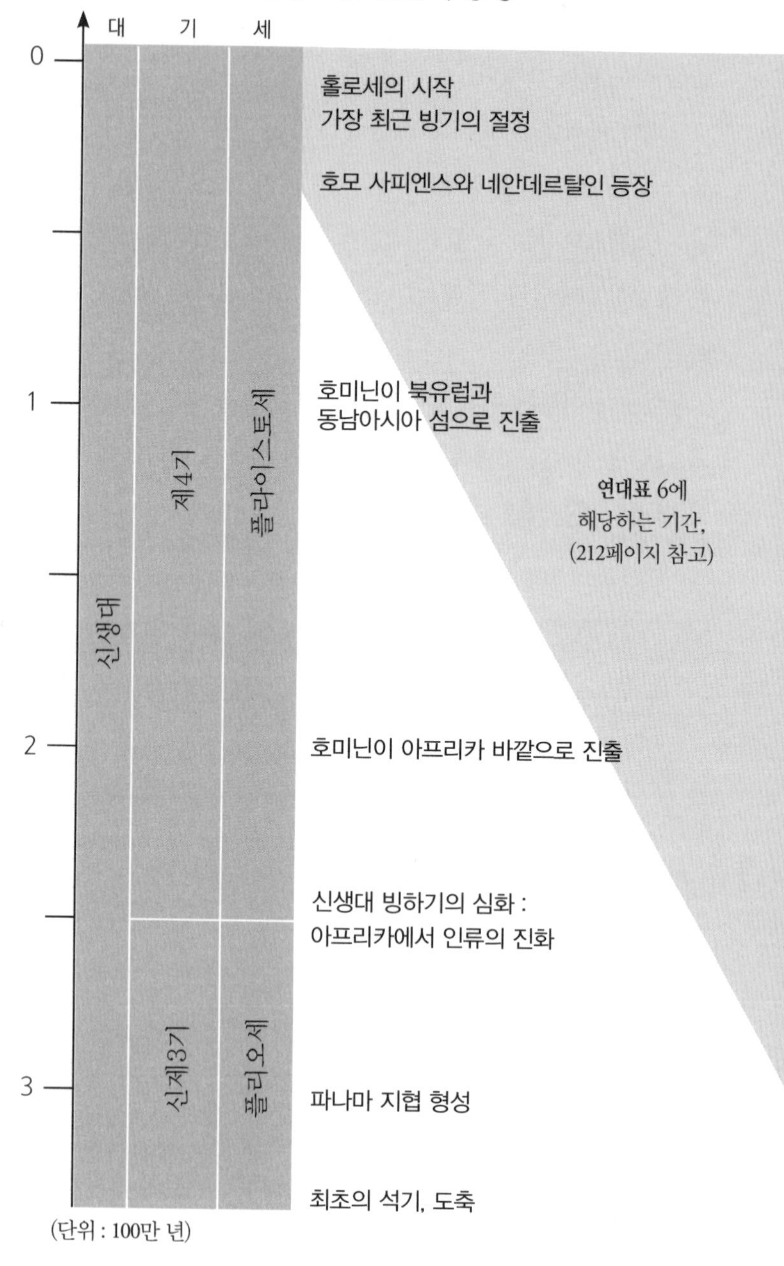

대
기
세
0
1
2
3
홀로세의 시작
가장 최근 빙기의 절정
호모 사피엔스와 네안데르탈인 등장
호미닌이 북유럽과
동남아시아 섬으로 진출
연대표 6에
해당하는 기간,
(212페이지 참고)
신생대
제4기
플라이스토세
호미닌이 아프리카 바깥으로 진출
신생대 빙하기의 심화 :
아프리카에서 인류의 진화
신제3기
플리오세
파나마 지협 형성
최초의 석기, 도축
(단위 : 100만 년)

10

전 세계로 퍼져나가다

5,000만 년이 넘는 시간이 흐른 끝에 오랫동안 천천히 하락하던 지구의 기온이 최저점을 찍으려 하고 있었다.

이미 모든 것은 준비가 되어 있었다.

남쪽 끝에서는 남극이 주변을 도는 해류에 갇힌 채 얼어붙어 있었고, 북쪽 끝에서는 점점 모여드는 대륙들이 북극해를 혹한의 지옥 안에 가둬두고 있었다. 하지만 그것이 끝이 아니었다.

불길한 신호는 우주에서 왔다. 공룡들의 왕국을 순식간에 끝장내버린 그런 갑작스러운 충격은 아니었다. 지구가 태양 주위를 도는 방식이 거의 감지할 수 없을 정도로 미세하게 변화해왔던 것이다. 이러한 변화는 늘상 일어나고 있었지만 지구에 사는 생물들에게 미치는 영향이 너무 미미해서 신경 쓸 필요가 없었다. 그러나 이제는 그럴 수 없었다.

태양 주변을 도는 지구의 궤도는 원형이 아니라 아주 살짝 타원형이다. 만약 원형이었다면 지구와 태양 사이의 거리는 언제나 일정했을 것이다. 하지만 타원형이기 때문에 지구와 태양의 거리는 일 년 내내 계속 달라진다. 지구는 태양과 때로는 가까워지고 때로는 멀어진다. 이렇듯 완벽한 원형에서 벗어난 정도를 이심률(離心率)이라고 하는데, 이것은 지구가 태양 주변을 도는 동안에 일어나는 다른 행성과의 중력 상호 작용 때문에 발생한다.

지구가 태양과 가장 가까울 때의 거리는 1억4,700만 킬로미터이고, 가장 멀 때의 거리는 1억5,200만 킬로미터이다. 크게 보면 별 차이가 없다. 지구의 공전 궤도는 완벽하지는 않지만 거의 원형에 가깝다. 하지만 이심률이 커져서 궤도가 늘어날 때는 지구와 태양의 거리가 1억2,900만 킬로미터까지 가까워지고, 1억8,700만 킬로미터까지 멀어진다. 마치 지구 궤도가 천천히 "숨"을 들이쉬었다가 내쉬는 것만 같다. 이러한 호흡을 한 번 마치는 데에 걸리는 시간은 약 10만 년이다. 궤도가 늘어날수록 지구의 기후는 더 극단적으로 변한다. 지구가 불타는 태양과 훨씬 더 가까워졌다가 깊고 어두운 우주 쪽으로 더 멀리 떨어지기 때문이다.

⁂

태양 주변을 도는 공전 궤도면에 대한 지구 자전축의 기울기도 변화한다.

계절의 변화, 그리고 지구가 다양한 기후대로 나누어지는 것은 모두 지구의 자전축이 기울어져 있기 때문이다. 북쪽 지방의 여름 동안 북극은 태양 쪽으로 23.5도 기울어져 있다. 이것은 위도 66.5도 이북의 모든 곳, 즉 북극권이 끊임없이 햇빛을 받는다는 뜻이다.[1] 같은 이유로 북쪽 지방의 겨울에는 북반구가 태양의 반대쪽으로 기울어져 있어서 북극권이 완전한 어둠에 덮인다. 남반구와 위도 66.5도 이남의 남극권은 반대이다. 북위 23.5도와 남위 23.5도의 북회귀선과 남회귀선은 한낮에 태양이 머리 바로 위에 올 수 있는 지역 중에서 적도에서 북쪽, 남쪽으로 가장 멀리 떨어진 지점이다.

23.5도라는 숫자는 중간치이다. 자전축의 기울기는 약 4만 1,000년을 주기로 21.8도부터 24.4도까지의 범위 내에서 변화한다. 이 기울기는 계절의 변화에 영향을 미친다. 기울기가 커지면 여름이 평균적으로 조금 더 더워지고 겨울은 조금 더 추워지며 북극과 남극의 영향권이 넓어진다. 또한 열대 지방에서는 한여름 정오에 태양이 머리 위에 뜨는 지점의 위도가 더 높아진다. 즉 지구의 기후가 아주 조금 더 극단적이 된다는 뜻이다. 반대로 축의 기울기가 23.5도보다 작아지면 일반적으로 기후가 더 온화해진다.

❁

또다른 주기는 세차운동(歲差運動)의 주기이다. 이것은 기울어진 지구의 극축(極軸) 자체가 회전하는 것을 뜻한다. 다만 그 속도는 매일 일어나는 자전 속도보다 훨씬 느리다. 팽이가 돌 때 팽이의 축도 회전하는 것과 같은 원리이다. 지구의 세차운동 주기는 약 2만6,000년이다. 충분한 인내심만 있다면 하늘에서 원을 그리며 도는 극점의 느린 이동을 볼 수도 있을 것이다. 지금은 북극점이 작은곰자리에 있는 "북극의 별"인 북극성을 향해 있는 것처럼 보인다. 하지만 시간이 지나면 세차운동 때문에 북극성이 있는 자리에 북쪽에서 밝게 빛나는 또다른 별인 거문고자리의 직녀성(Vega)이 오게 될 것이다.[2] 누구든 1만3,000년을 기다릴 수만 있다면 그 모습을 분명히 볼 수 있을 것이다.

❁

이 세 가지의 주기가 서로 보완하면서 반복되기 때문에 지구상의 특정 지점이 받는 햇빛의 양은 주기적으로 변화한다. 그 결과 지구는 약 10만 년에 한 번씩 심한 한파를 맞게 된다.[3]

지구의 궤도는 수백만, 수천만 년 동안 같은 방식으로 숨을 쉬고, 변화하고, 기울어져 왔지만 그 영향은 미미했다. 적어도 250만 년 전까지는 그랬다. 그때까지 지구의 생물들에게는 대륙의 융합과 분열, 그에 따른 대양과 대기의 화학 성분 변화와 같은 땅 위의 사건들이 훨씬 더 중요했다. 그러나 250만 년 전, 하늘에서 돌아가는 시계 장치의 영향은 그 아래 육지의 형세로 인해서 소멸되지 않고 오히려 증폭되었다.

이미 북극과 남극이 얼음으로 덮여 있었으니 조건은 딱 맞았다. 우주의 시계 장치와 대륙의 이동이 함께 작용하여 지구 전체를 일련의 빙하기로 몰아넣었다. 이 빙하기의 시작은 가벼웠지만 전반적으로 점점 혹독해지면서 오늘날까지 이어지고 있다. 각각의 빙기는 약 10만 년간 지속되며 그 중간중간에 약 1만–2만 년의 간빙기가 있다. 이 기간에는 기후가 잠깐 동안 매우 따뜻해지고 심지어 고위도 지방까지 열대 기후로 변하기도 한다.

가장 최근의 빙하기 중 가장 추웠던 시기는 2만6,000년 전이었다. 이 시기에 북아메리카 북동부의 대부분이 로렌타이드 빙상이라고 불리는 얼음으로 덮였고, 서부는 코딜레란 빙상으로 덮였다. 유럽 북서부의 대부분은 스칸디나비아 빙상 아래에 갇혔고, 알프스부터 안데스에 이르는 산맥들도 빙하에 묻혀 신음했다. 빙하에 덮이지 않은 나머지 북반구의 대부분은 건조한 스텝과 툰드라로 나무가 없고 강한 바람이 불었다.

물이 얼음 속에 갇혀 있었기 때문에 평균 해수면은 오늘날보다 120미터나 낮았다. 우리가 살고 있는 현재는 기후가 따뜻해진 지 1만 년 정도 지난 시기로 해수면은 지난 200만 년 동안보다 평균적으로 상당히 높아진 상태이다.

빙하기로 인한 기후 변화는 종종 매우 빠르고 그야말로 파괴적이었다. 기후의 대비를 가장 뚜렷하게 볼 수 있는 곳은 브리튼 섬이다. 브리튼 섬은 유라시아 대륙의 서쪽 끝에 있어서 바다의 변화와 그 지역에서 우세한 서풍에 매우 민감하다. 50만 년 전, 브리튼 섬은 1.6킬로미터 두께의 얼음에 묻혀 있었다. 하지만 12만5,000년 전에는 기후가 매우 따뜻해서 템스 강가에서 사자들이 사슴을 사냥하고 북쪽 끝의 티스 강가에서도 하마들이 뒹굴 정도였다. 그러다 4만5,000년 전에는 나무가 없는 스텝 지대로 변해서 겨울에는 순록이, 여름에는 들소가 돌아다녔고,[4] 다시 2만6,000년 전에는 순록이 살기에도 너무 추워졌다.[5]

❂

이 혼란스러울 정도로 갑작스러운 기후 변화에는 해류, 그리고 빙하의 존재 자체가 주는 영향도 작용했다.

오늘날 브리튼 섬이 상대적으로 북위에 위치해 있는데도 기후가 비교적 온화한 이유는 버뮤다 근방에서 북동쪽으로 흘러가는 따뜻한 해류에 둘러싸여 있기 때문이다. 이 해류가 그린란드 근처에 도착하면, 북극에서 온 바닷물과 만나 차가워지면서 따뜻한 공기를 대기에 넘겨준다. 그리고 따뜻한 물보다 밀도가 높은 차가운 물은 아래쪽으로 가라앉아 다시 남쪽으로 흘러가면서 전 세계를 도는 심해 해류계의 일부가 된다.

브리튼 섬의 기후는 북쪽으로 흘러가던 해류가 차가워져서 아래로 가라앉는 위치로부터 영향을 받는다. 이 해류가 지금보다 더 남쪽에서 흐른다면 브리튼 섬의 날씨는 훨씬 더 추워질 것이다. 빙하기의 가장 추운 시기 동안에 이 해류는 스페인 이북으로는 올라가지 않았다. 그 결과 당시 브리튼 섬의 기후는 지금 같은 온화한 기후보다는 캐나다 뉴펀들랜드의 래브라도 북부의 기후와 더 비슷했다.

전 세계를 도는 심해류는 열뿐만 아니라 염도의 영향도 받는다. 북동쪽으로 흐르는 따뜻한 북대서양 해류에 속한 물의 염도가 높으면 밀도도 높아지고 따라서 그린란드에 도달했을 때 더 빠르게 가라앉는다. 그래서 물 위에 떠 있는 얼음은 바닷물보다 염도가 낮은 경향이 있다.[6]

마지막 빙기가 끝나갈 무렵 문제가 발생했다. 전반적으로 따뜻해지는 날씨 때문에 로렌타이드 빙상에서 빙산들이 떨어져 나와 북대서양으로 흘러들어갔다. 갑자기 어마어마한 양의 차가운 민물이 들어오자 바닷물의 염도가 낮아졌고 따라서 심해로 들어가는 물의 회전율도 낮아졌다.[7] 그 결과 날씨가 따뜻해지는 중에도 일련의 짧은 한파가 이어졌다.

얼음 자체도 매우 밝아서 햇빛을 반사하기 때문에 얼음이 많을수록 더 많은 햇빛이 우주 공간으로 반사되어 지면이 덜 따뜻해진다. 그러면 얼음이 덜 녹기 때문에 다시 더 많은 햇빛을 반사하게 되고, 그렇게 양의 되먹임(positive feedback)이 계속된다.

이 모든 요소들이 의미하는 바는 거대한 우주의 시계 장치가 미치는 영향을 완벽하게 예측하는 것이 상상 이상으로 어려우며, 기후 변화가 매우 갑작스럽게 일어날 수 있다는 것이다. 마지막 빙기의 끝자락이던 약 1만 년 전, 유럽의 기후가 북극에 가까운 기후에서 전반적으로 온화한 기후로 바뀌는 데에는 인간의 수명 정도의 시간밖에 걸리지 않았다.

❁

가장 극적인 기후 변화가 일어난 곳은 대륙의 가장자리와 극지방 근처였지만, 다양한 호미닌들이 살아가던 열대 지방도 영향을 받았다. 확실하지는 않지만 아프리카의 사바나와 삼림의 주변부였을 것이다. 아직은 빙상 자체에 대한 걱정이 호미닌들의 꿈자리를 어지럽히지는 않았다. 그들이 당면한 문제는 이미 건조한 기후가 한층 더 건조해졌다는 사실이었다.

이러한 변화는 약 250만 년 전, 갑작스럽게 일어났다.[8]

갑자기 숲이 시들고 사냥감의 수가 줄었다.

조심성이 많아진 피식자들을 찾아서 사냥하기가 더욱 어려워졌다.

이제 호미닌들은 여기에서는 뿌리를 캐고 저기에서는 죽은 동물을 찾아다니는 애매한 생활방식으로 살아갈 수 없게 되었다. 파란트로푸스에 속하는 여러 종들은 꿋꿋이 땅을 파서 캐낸 견과와 나뭇조각, 덩이줄기 등을 강인한 턱으로 으깨 먹었지만 그러한 삶은 점점 더 힘겨워졌다. 초원을 배회하는 파란트로푸스들의 수가 줄어들었고, 그러다 약 50만 년 전, 북유럽과 북아메리카가 육중한 얼음 아래에 깔려 신음할 때 이들도 사바나에서 자취를 감추었다.

그러나 그 무렵, 과거의 어떤 호미닌과도 다른 새로운 호미닌이 등장했다. 그 어떤 호미닌보다도 꿋꿋하게 직립을 하며 머리도 더 좋았던 이들은 호미닌이 수백만 년 전에 시작한 이족보행을 완성시켰다. 파란트로푸스는 오직 채식만 했고 다른 호미닌들은 때에 따라 채집을 하기도 하고 동물의 사체를 먹기도 했다면, 이 새로운 종류의 호미닌은 사바나의 포식자로 진화했다.

우리는 이들에게 호모 에렉투스(*Homo erectus*)라는 이름을 붙였다.

호모 에렉투스는 이전의 호미닌들과는 완전히 다른 체격 조건을 갖추고 있었다. 이름에서 알 수 있듯이, 이들은 훨씬 더 꼿꼿하게 직립을 했다. 둔부가 좁고 신체 비율상 다리는 더 길어서 효율적인 보행이 가능했다. 반면 팔은 신체 비율상 더 짧았다. 이들의 일상에서 기어오르기의 중요성은 훨씬 줄어들었다. 호미닌은 600만 년 전부터 이족보행을 해왔지만 언제나 나무 위에서 쓸 수 있는 기술은 지니고 있었다. 호모 에렉투스는 두 발로 걷는 생활에 전념한 최초의 호미닌이었다.

이러한 생활방식은 또다른 여러 변화들을 가져왔다. 호모 에렉투스는 고기를 더 많이 소비했다. 앞에서도 언급했듯이 고기는 식물보다 소화가 쉽고, 쓸모 있는 영양분과 열량을 더 많이 함유하고 있다. 또한 호모 에렉투스는 더 작은 소화관과 더 큰 뇌를 가지고 있었다. 이것은 중요한 특징이다. 뇌를 가동하는 데에는 많은 에너지가 들기 때문이다. 뇌는 체질량의 50분의 1을 차지하지만 전체 에너지의 6분의 1을 소비한다.

호모 에렉투스는 소화관이 작았기 때문에 땅딸막하고 배가 불룩했던 조상들보다 허리선이 뚜렷했다. 둔부가 높아지고 좁아져서 다리에 비해 상대적으로 상체를 더 쉽게 비틀 수 있게 되었다. 동시에 더 뚜렷하게 발달한 목으로 머리를 더 높이 들고 지탱할 수 있었다. 이로써 호모 에렉투스는 완전히 새로운 행동을 할 수 있게 되었다. 바로 달리기였다. 이들은 눈과 머리는 앞쪽의 목표물을 똑바로 향한 채, 발의 방향과 반대로 팔을 흔들며 달릴 수 있었다.

달리기의 중요성은 매우 커졌다. 호모 에렉투스의 단거리 달리기 실력은 치타나 임팔라에 비한다면 형편없었지만 장거리 달리기만큼은 뛰어났다. 이들은 커다란 먹잇감을 몇 시간이고 몇 킬로미터고 끈질기게, 그야말로 상대가 일사병에 걸려서 쓰러질 때까지 쫓아다닐 수 있었다.[9]

이 사냥꾼들이 사냥감보다 더위에 덜 지쳤던 것은 다른 포유류보다 털이 빈약했기 때문이기도 하다. 털의 양은 같았지만 털 자체가 가늘고 아주 짧았다. 그리고 그 사이의 공간은 땀샘으로 채워져 있어서 수분을 증발시켜 몸을 식힐 수 있었다. 털이 풍부한 동물들은 할 수 없는 일이었다.

이러한 장점들을 지녔음에도 불구하고 이 털이 없고 호리호리한 사냥꾼들이 하다못해 죽어가는 영양 한 마리라도 잡으려면 한 명 이상이 힘을 합쳐야 했다. 호미닌의 역사를 통틀어 그 어느 때보다도 무리를 지어 협동하는 것이 중요해졌다.

그러나 사냥에 필수적인 단합은 보금자리에서 이루어졌다.

❁

호모 에렉투스는 평원의 여러 포식자들과 마찬가지로 사회적인 동물이었다. 이들의 사회적 활동에는 성적 과시, 극단적 폭력, 그리고 요리가 포함되었다.

호모 에렉투스에 속하는 다양한 무리들은 진화를 하던 중에 불을 쓰는 법을 익혔다. 그리고 요리를 통해서 맛뿐 아니라 사교적인 경험도 얻을 수 있다는 사실을 발견했다. 이들은 조리된 음식에서 더 많은 영양분이 나오며, 조리가 되지 않은 먹이에 있을 수 있는 기생충이나 병균을 없앨 수 있다는 사실까지는 몰랐다. 그러나 불을 쓰는 무리는 그렇지 않은 무리보다 더 오래 건강하게 살고 자손도 더 많이 낳았다.[10] 결국 불을 쓰지 않는 무리는 멸종되었다.

무리의 존재는 호모 에렉투스가 어느 정도는 영역 동물이었음을 의미한다. 영장류는 다른 어떤 포유류보다도 폭력성이 강하며 심지어 다른 개체를 죽이기도 한다.[11] 그중에서도 호미닌은 가장 잔인하다. 하지만 이들은 싸움꾼인 만큼 사랑꾼이기도 한데 이것은 사회 구조, 성적이자 사회적인 과시, 그리고 더운 곳에서 사는 사냥꾼들의 상대적으로 빈약한 털을 포함하는 행동 양식의 일부이다.

빈약한 털은 단지 열을 식히는 데에만 도움이 되는 것은 아니다. 이러한 특징은 두 발로 걷는 자세와 더불어 인간의 가장 민감한 부분을 밖으로 드러낸다. 인간 남성이 체질량에 비해서 다른 영장류들보다 훨씬 큰 성기를 가지고 있는 것은 이러한 성적 과시를 위해서일지도 모른다.

인간 여성의 유방이 양육을 하지 않을 때도 돌출되어 있는 것 또한 성적인 과시, 그리고 집단 화합의 필요성 때문일 수도 있다. 다른 포유류 암컷의 유방은 젖을 먹이지 않을 때면 줄어들어 거의 눈에 띄지 않는다.

마찬가지로 인간 여성의 성기 또한 배란 여부와 상관없이 똑같은 모양이다. 다른 영장류 암컷의 외성기는 대개 발정기에만 심하게 부풀어올라서 그 개체의 생식 상태를 무리의 다른 구성원들이 확실히 알 수 있다. 인간 여성의 생식 상태는 숨겨져 있어서 종종 여성 자신조차 모를 때가 많다.

인간에게는 특별히 '짝짓기 철'이라는 것이 없다. 다른 포유류는 이 시기에 수컷과 암컷이 모두가 볼 수 있는 곳에서 교미를 한다. 이것은 사회적 지위를 드러내고 강화하는 방식이기도 하다. 하지만 인간은 연중 어느 때든 번식이 가능하며 무리의 다른 구성원들이 보지 않을 때 성행위를 하는 경향이 있다.

인간은 대단히 사회적이고 사교적이지만 자식의 양육을 위해서 보통 암수 한 쌍이 안정적으로 결합을 이룬다. 짝짓기 방식은 사람마다 크게 다르지만 일반적인 규칙은 남성 한 명과 여성 한 명이 오랫동안 지속되는 결합을 이루어 자식을 기르는 것이다.

이러한 특징은 남성과 여성의 신체적 차이, 즉 성적이형(性的二形)의 정도가 비교적 크지 않다는 사실에도 반영되어 있다. 수컷이 다수의 암컷 무리를 독점하는 동물들은 수컷의 몸집이 암컷보다 훨씬 크다. 오늘날의 고릴라가 이런 동물이다. 이 유인원은 소규모의 집단을 이루어 살면서 한 마리의 커다란 수컷이 작은 암컷들을 거느린다.[12] 인간 남성도 평균적으로 여성보다 몸집이 크기는 하지만 그 차이는 비교적 작다. 인간의 성적이형은 체격보다는 체모와 피하지방의 분포 차이에 더 가깝다.

인간은 암수 한 쌍이 안정적인 결합을 하는 동물인데, 왜 각자의 생식력을 남들에게 알리기라도 하려는 것처럼 남성은 그렇게 큰 성기를 가지고 있고, 여성의 가슴은 언제나 돌출되어 있는 것일까? 그리고 반대로 여성의 성기는 왜 항상 생식 상태를 드러내지 않는 것일까? 왜 발정은 표시가 나지 않고 성관계는 남들이 보지 않는 곳에서 이루어질까? 만약 암수 한 쌍의 결합이 완벽하게 안정적이었다면, 이런 것은 중요하지 않았을 것이다.

이 질문에 대한 답은 자식을 키우는 데는 암수 한 쌍의 형태가 가장 좋지만 인간은 일반적으로 알려진 것보다 훨씬 더 많은 간통을 저지른다는 사실에 있다. 아이 하나를 키우는 데는 마을 전체가 필요하다고 한다. 상대적으로 약하고 발달이 덜 된 상태로 태어나는 호미닌 아이들의 경우에는 특히 그렇다. 아이의 아버지가 누구인지를 아무도 확신할 수 없다면, 가족들끼리 협력하는 편이 나을 것이다. 그리고 이러한 협력은 함께 사냥하는 무리의 수컷들 간의 동지애로 이어질 것이다. 어떤 아이가 누구의 자식인지 확실하지 않다면, 수컷들은 단지 직계 가족이 아닌 무리 전체를 위해서 사냥을 하게 된다.

여러 가지 면에서 인간의 사회적, 성적 관습은 영장류보다는 조류와 공통점이 더 많다. 많은 새들이 사회적이고 영역 동물이며 성적인 과시 행동을 한다. 또한 가족을 이루어 살면서 더 일찍 태어난 새끼가 부모를 도와 어린 동생들을 돌보다가 보금자리를 떠나 자신의 영역을 찾는다. 많은 종들의 새가 공개적으로 암수 한 쌍의 결합을 맺지만 암컷은 이름뿐인 파트너가 사냥을 하러 나간 사이에 몰래 다른 수컷과 짝짓기를 하기도 한다. 이렇게 되면 수컷은 자신이 양육을 돕고 있는 새끼들 중 누가 자기 새끼이고 누가 다른 수컷의 새끼인지를 확실히 알 수 없다.[13]

수컷들은 이런 상황에 처하면 위험을 분산시키는 경향이 있다. 인간 사회에서 가장 좋은 전략은 다른 수컷과 협력하는 것이다. 결국 겉으로 보기에는 암수 한 쌍이 결합하지만 암컷의 간통이 수컷 간의 유대와 여러 집단의 화합에 기여하게 된다.

❁

호모 에렉투스는 우리와 비슷한 점이 많다. 그러나 공통점만 보아서는 안 된다. 우리가 호모 에렉투스의 눈을 들여다본다면 '인식의 충격' 대신에 하이에나나 사자 같은 포식자의 교활함만을 보게 될 것이다.[14] 호모 에렉투스는 놀라울 정도로 비인간적이었다.

대부분의 포유류는 태어나자마자 빠르게 성장하고 최대한 빨리 번식한 후에 번식력이 소진되면 곧 죽는다. 호모 에렉투스도 마찬가지였다. 이들의 자손은 인간의 특징인 긴 유년기 없이 매우 빠르게 성장했다.[15] 그리고 죽은 후의 시체는 방치되어 썩은 고깃덩어리가 되었다. 호모 에렉투스에게는 내세의 개념이 없었다. 천국을 꿈꾸지도, 지옥을 두려워하지도 않았다. 가장 중요한 것은 그들에게 이야기를 들려주고 전통의 보존자 역할을 할 할머니들이 없었다는 것이다.

❁

그러나 호모 에렉투스는 가장 아름다운 인공물을 제작한 이들이기도 하다. 물방울 모양으로 아름답고 솜씨 좋게 다듬어져 마치 보석처럼 보이는 돌, 주먹도끼라는 이름으로 널리 알려진 석기 문화의 대표적인 유물인 아슐리안 석기가 그것이다.[16]

이 주먹도끼가 매우 독특한 이유는 발견 장소나 연대, 재료와 관계없이 형태가 거의 비슷하기 때문이다. 호모 에렉투스라는 특정한 종의 도구임을 알 수 있다는 것은 그 부인할 수 없는 아름다움에도 불구하고 모두 특유의 정형화된 형태로 만들어졌다는 뜻이다. 즉 새들이 둥지를 짓듯이, 아무 생각 없이 만든 도구인 것이다. 만약 주먹도끼를 만들기 위해서 부싯돌을 깎아내는 일련의 손동작을 하던 중에 실수를 저질렀다고 해도 그들은 그것을 고치거나 다른 목적으로 쓰려고 하지 않았을 것이다. 그저 망친 돌을 버리고 새 돌로 처음부터 다시 만들었을 것이다.

우리가 보기에는 소름 끼치는 이런 비인간성을 더욱 강조하는 것은 현생 인류 중 누구도 주먹도끼의 용도를 완벽하게 파악하지 못했다는 사실이다. 주먹도끼는 대개 손으로 편하게 쥐고 무엇인가를 자르기에 적합한 크기이지만, 그렇게 사용하기에는 너무 큰 것들도 있다. 어느 쪽이든 간에 왜 굳이 그런 것을 만들었을까? 부싯돌의 끝을 쳐서 사체의 가죽을 벗기거나 뼈에서 살을 발라낼 수 있을 정도로 날카롭게 만드는 것은 매우 쉽다. 그런데 왜 굳이 주먹도끼 같은 정교하고 아름다운 도구를 만드는 수고를 했을까? 만약 돌을 던지거나 새총을 쏴서 사냥감이나 적을 쓰러뜨릴 목적이었다면, 즉 단순히 던져버릴 용도였다면 무엇하러 힘들게 주먹도끼를 만들었을까?

우리는 도구에는 반드시 목적이 있으며 그 형태에서 목적이 드러나야 한다고 생각하는 경향이 있다. 호르헤 루이스 보르헤스는 「더 많은 것들이 있다(*Hay más cosas*)」라는 공포 단편에서 "무엇인가를 보려면 그것을 이해해야 한다"라고 썼다.

> 안락의자는 사람의 몸, 그 관절과 팔다리의 존재를, 가위는 자르는 행위를 상정한다. 램프나 자동차에 대해서는 뭐라고 말할 수 있을까? 야만인은 선교사의 성서를 이해할 수 없고, 승객이 보는 삭구(索具)는 선원들이 보는 것과는 다르다. 우리가 진정으로 세상을 보았다면, 그것을 이해할 수 있을지도 모른다.[17]

우리의 자만심은 우리의 몸 외부에 있는 물건의 정교한 구조에 오직 인간만이 가지는 의도적인 방향이나 목표를 가져다 붙이는 데에서 온다. 벌집이나 흰개미 언덕, 새의 둥지를 한 번만 보아도 그러한 등식이 성립하지 않는다는 것을 알게 될 것이다.

반면 호모 에렉투스는 조개껍데기 위에 빗금을 긋는 등 매우 인간적으로 보이는 일들을 하기도 했다.[18] 그 목적은 아무도 모른다. 배나 카누를 타고 넓은 바다로 나가는 기술을 터득했을 가능성도 있다. 이는 인간으로서 상상할 수 있는 충동이다. 또한 이들은 불을 길들여서 사용하는 법을 익힌 최초의 호미닌이었다.

그외에 그들이 어떤 존재였으며 무엇을 하고 무엇을 생각했든 간에 호모 에렉투스는 약 250만 년 전에 일어난 갑작스러운 기후 변화에 대한 진화적 대응이었다. 이들은 다른 유인원들처럼 점점 줄어드는 숲속으로 다시 들어가서 사라진 과거의 기념물 같은 존재로 살아가거나,[19] 혹은 파란트로푸스가 시도했다가 결국 실패했던 것처럼 척박한 사바나에서 고된 삶을 이어가려고 애쓰는 대신에 더 넓은 영역을 개척하기 시작했다. 단지 가혹한 지구에서 버텨내기 위해서였다.

결국 호모 에렉투스는 아프리카를 떠난 최초의 호미닌이 되었다.

❁

약 200만 년 전, 호모 에렉투스는 대륙 곳곳에 퍼져 있었다.[20] 그러나 자신들의 발밑에서 사바나의 풀이 자라도록 내버려두지는 않았다. 기후 변화로 숲이 줄어들면서 아프리카와 중동, 중앙아시아와 동아시아 전역에는 사바나가 끝없이 펼쳐져 있었고, 그 끝없는 초원은 사냥감들로 들썩였다. 호모 에렉투스는 사냥감들을 쫓아 어디로든 갔다.

그들은 이미 170만 년 전, 어쩌면 그보다 더 이른 시기에 중국까지 진출해 있었다.[21] 75만 년 전에는 현재의 베이징 외곽에 있는 저우커우뎬의 동굴들을 자주 이용했다.[22]

그리고 호모 에렉투스는 이렇게 퍼져나가면서 진화했다.

호모 에렉투스는 거인, 호빗, 혈거인, 설인과 비슷한 종부터 궁극적으로는 우리 인류까지 대단히 다양한 자손종의 시조가 되었다.[23] 이러한 다양성은 일찍부터 시작되었다. 약 170만 년 전 조지아의 캅카스 산맥에서 살던 호모 에렉투스 무리에는 워낙 다양한 개체들이 섞여 있어서 현대인의 시각으로는 그들이 모두 같은 종이었다는 사실을 상상하기 어렵다.[24]

약 150만 년 전, 호모 에렉투스 무리들은 동남아시아의 섬들로 들어갔다. 해수면이 워낙 낮아 대부분의 지역이 육지였기 때문에 걸어서 들어가는 것이 가능했다. 오늘날 이 지역의 많은 섬들은 한때 훨씬 더 광대했던 육지가 반쯤 물에 잠기고 남은 부분이다. 호모 에렉투스는 적어도 10만 년 전까지 자바섬에서 살고 있었다.[25] 그들은 이곳에서 해수면이 높아지고 다시 한번 사방이 밀림으로 둘러싸일 때까지 버텼다.

어쩌면 호모 에렉투스는 후손인 현생 인류의 등장도 목격했을지도 모른다.[26] 그러나 이들이 만났다면 그 만남은 순조롭지 않았을 것이다. 현생 인류에게 호모 에렉투스는 덩치 크고 비밀스러운 삼림지대의 유인원, 이를 테면 오랑우탄과 그들의 거대한 사촌인 기간토피테쿠스(*Gigantopithecus*) 같은 그 지역의 토착종 중 하나로 보였을 것이다.

❁

동남아시아의 섬들로 들어온 이후 호모 에렉투스의 진화는 예상치 못한 방향으로 전개되었다. 해수면이 상승하는 동안 본토로부터 떨어진 섬에 갇힌 다양한 무리들은 각자 독특한 방식으로 진화해갔다.

그중 한 무리는 본토의 친척들이 중국 동부에서 불을 피우고 있을 무렵, 필리핀의 루손 섬에 도착하여 그곳의 코뿔소들을 사냥했다.[27] 이들은 섬에 고립된 채 몸집이 아주 작은 종인 호모 루조넨시스(*Homo luzonensis*)로 진화했다.[28] 이들은 몸집이 작았을 뿐만 아니라 여러 가지 측면에서 원시적이었다. 밀림이 되살아나자 이 호미닌들은 다시 나무 위에서의 삶을 택하여 적어도 5만 년 전까지 그렇게 살았다. 최초의 현생 인류가 등장했을 때, 이 아프리카 사바나 사냥꾼의 특이한 후손들은 나뭇가지 위에서 혼란과 공포에 사로잡힌 채 새로운 침략자들을 내려다보았을 것이다.

❁

기이한 운명이 자바 섬 동쪽의 플로레스 섬에 다다른 호모 에렉투스 무리를 기다리고 있었다.

이들이 이 섬에 도착한 것은 100만 년도 더 전의 일로, 그 자체만으로도 놀라운 일이었다. 이들이 조상들처럼 단지 걸어서 대륙 근처의 섬에 도달했을 리가 없기 때문이다. 해수면이 가장 낮을 때에도 플로레스 섬 주변은 깊은 해협으로 둘러싸여 있었다.

호모 에렉투스가 이곳에 오게 된 것은 우연이었을 수도 있다. 어쩌면 폭풍에 휩쓸렸거나 지진 또는 화산 폭발로 발생한 해일에 떠밀려왔거나 식물 등의 잔해를 타고 떠내려왔을 수도 있다. 어쨌든 이 지역은 그런 극단적인 사건이 드문 곳이 아니었다. 아주 외딴 섬에서 살고 있는 동식물의 존재가 그런 사건들이 있었음을 보여주는 증거이다.

그것이 아니라면 일종의 배를 타고 온 것일 수도 있다. 비록 가까운 섬의 해안에서 물고기를 잡으려다가 잘못 온 것이라고 해도 말이다.

어떻게 왔든 간에 플로레스에 도착한 호모 에렉투스들은 시간이 지나면서 몸집이 작아져서[29] 우리가 아는 호모 플로레시엔시스(*Homo floresiensis*)가 되었다. 필리핀에 있는 먼 친척들이 멸종한 시기와 비슷한 약 5만 년 전에 멸종할 무렵 이들의 키는 1미터 정도밖에 되지 않았다.[30] 하지만 이들 또한 조상들과 마찬가지로 도구를 만들었다. 손이 작은 만큼 그 크기도 작았을 뿐이다.

❂

이렇게 몸집이 작아지는 현상이 유별난 일은 아니다. 섬에 고립된 종들에게는 이상한 일들이 일어나고는 한다. 작은 동물들은 크게 진화하고, 큰 동물들은 작게 진화한다.

코모도왕도마뱀의 사촌인 플로레스의 왕도마뱀은 키가 1미터인 인간은 말할 것도 없고 오늘날의 인류가 보더라도 무시무시해 보였을 크기로 진화했다. 일부 쥐들은 테리어 종의 개만 한 크기로 진화했다.[31]

빙하기의 해수면이 자주 오르락내리락한 결과, 많은 섬들에 각기 독특한 코끼리 종들이 생겨났고 플로레스도 예외는 아니었다. 어쩌면 호모 에렉투스도 커다란 코끼리를 찾아 플로레스까지 왔을지도 모른다. 그후 오랜 세월이 흐르는 동안 사냥꾼과 사냥감 모두 섬 생활에 적응하면서 몸집이 작아졌다.[32]

작은 몸집을 고려한다고 해도 호모 플로레시엔시스의 뇌는 매우 작았다. 하지만 오래 전 아프리카 사바나의 호미닌들이 육식동물이 되면서 깨달았듯이, 뇌 조직은 유지하는 데에 많은 에너지가 든다. 자연선택에 의해서 몸집이 왜소해질 정도로 결핍에 시달리던 종이라면, 뇌가 더 적은 자원으로 더 많은 일을 해야 하는 부담을 질 수밖에 없다. 뇌의 부피가 줄어든다고 지능이 떨어지는 것은 아니다. 까마귀와 앵무새는 뇌가 호두만 하지만 영리한 것으로 유명하다. 호모 플로레시엔시스가 만든 도구는 호모 에렉투스의 도구와 정교함 면에서 큰 차이가 없었다.

플로레스, 루손, 그리고 다른 곳에서도 호모 에렉투스는 일단 고립되면 몸집이 작아져서 우리 눈에 난쟁이나 호빗처럼 보이는 모습으로 바뀌었다.

그러나 이들이 거인처럼 커진 지역도 있었다.

서유럽에서 호모 에렉투스는 호모 안테세소르(*Homo antecessor*)로 진화했다. 이 강인한 종은 조상들이 살던 따뜻한 사바나 바깥으로 진출했다. 약 80만 년 전, 이들은 호미닌이 그때까지 개척해온 영역보다 훨씬 더 북쪽인 잉글랜드 동부에 주먹도끼와 심지어 발자국까지 남겼다.[33] 강인하면서도 우리 눈에 이상하게 익숙한 호모 안테세소르는 호모 에렉투스, 혹은 빙하기 동굴 생활의 정점에 있었던 네안데르탈인보다도 훨씬 더 현생 인류와 비슷하게 생겼다. 우리 인간의 생김새는 우리의 유전자만큼이나 그 뿌리가 깊은데, 호모 안테세소르에게서 현생 인류와의 유전적 친족관계의 첫 징후를 발견할 수 있다.[34]

얼마 후 유럽의 다른 곳에서는 호모 하이델베르겐시스(*Homo heidelbergensis*)가 등장했다. 유럽의 중심부에서 발견된 뼈와 도구를 보면 이들이 실로 강력한 종이었음을 알 수 있다. 독일에는 약 40만 년 전에 호모 하이델베르겐시스가 사냥에 사용했던 창이 석기, 도살된 말의 유골 등과 함께 보존되어 있다.[35] 울타리 기둥처럼 생긴 이 창들 중에는 길이가 2.3미터, 가장 넓은 부분의 지름이 5센티미터에 달하는 것도 있다. 찌르는 용도가 아니라 던지기 위한 창이었는데, 싸우는 도중에 이런 무기를 들어서 던지려면 엄청난 힘이 필요했을 것이다. 영국 남부에서 발견된 호모 하이델베르겐시스의 정강이뼈는 오늘날 성인 남성의 정강이뼈[36]와 크기는 비슷하지만 밀도가 훨씬 더 높고 굵어서 이들이 몸무게 80킬로그램이 넘는 대단히 건장한 체격이었음을 보여준다. 유라시아의 반대쪽에서는 현생 인류 중에서도 최장신인 사람들과 비슷한 체격의 인류가 만주의 눈 속을 헤치고 다녔다. 그 무렵 지구상에는 거인들이 살았던 것이다.

유럽과 아시아에 사는 호모 에렉투스의 후손들은 빙하기의 점점 가혹해지는 환경에 대응하여 진화해가고 있었다. 아프리카 사바나의 호리호리한 장거리 달리기 선수들은 완전히 새로운 종, 즉 북쪽의 혹독한 날씨를 견딜 수 있을 만큼 강인한 종으로 바뀌어갔다.

약 43만 년 전, 한 무리가 스페인 북부에 있는 시에라 데 아타푸에르카의 동굴들에 정착했다.[37] 여러 가지 측면에서 이들은 인간적으로 보였다. 이들의 뇌는 현생 인류의 뇌와 크기가 비슷했지만 얼굴은 더 다부지고 강건했다. 눈에 보이는 세상은 황량했지만 그만큼 내면의 삶은 깊어졌다. 이들은 시체를 매장했다. 적어도 시체가 물건인 양 아무 표시도 없이 내버려두지 않고 동굴 안쪽으로 옮겨서 깊은 구덩이 속에 던져넣었다. 이들로부터 네안데르탈인이 진화했다.[38]

네안데르탈인은 생명이 환경의 변화에 대응하여 진화하는 방식을 어쩌면 호모 에렉투스보다도 더 잘 보여주는 사례일 것이다. 북유럽의 춥고 바람이 많이 부는 불모지에서의 삶에 훌륭하게 적응한 네안데르탈인들은 30만 년 동안 그곳에서 순조롭게 살았으며, 그동안 그들의 문화 또한 거의 바뀌지 않았다. 그러나 현생 인류보다 평균적으로 더 큰 뇌를 가진 네안데르탈인은 사려 깊고 심오했다. 그리고 이들도 시체를 매장했다.

추위와 바람, 그리고 빙하기의 미약한 햇빛과는 동떨어진 동굴 깊숙한 곳에서 네안데르탈인은 신성한 존재를 찾으려고 애썼다. 그들은 햇빛이 뚫고 들어오지 못할 정도로 지하 깊숙이 묻혀 있는 프랑스의 한 동굴 안에 부서뜨린 종유석과 곰의 뼈로 원형의 구조물을 만들어놓았다.[39] 그 목적은 아무도 모른다. 17만6,000년 전에 만들어진 이 불가사의한 구조물은 연대가 밝혀진 호미닌의 작품들 중에서 가장 오래된 것이다.

네안데르탈인은 자유롭게 이곳저곳을 돌아다니던 조상 호모 에렉투스와는 극명한 대조를 이루었다. 유럽의 서쪽 끝부터 중동, 시베리아 남부에 이르기까지 곳곳에서 네안데르탈인의 유골과 유물이 발견되기는 했지만 개별적인 무리의 활동 범위는 그다지 넓지 않았다. 그 어떤 호미닌도 경험한 적이 없는 극단적인 기후에서 이들은 식량을 구하러 갈 때에만 잠깐씩 밖으로 나갔으며, 대신 허버트 조지 웰스의 소설에 나오는 몰록(Morlock)들처럼 지하에서 더 밝은 정신적 삶을 일구었다.

그러나 더 높은 곳을 목표로 삼은 네안데르탈인도 있었다.

약 30만 년 전, 중앙아시아에서 살던 네안데르탈인의 한 분파가 높은 곳을 올려다보다가 티베트 고원을 발견했다. 티베트 고원은 극지방을 제외하고 인간이 살기에 가장 힘든 지역일 것이다. 매우 춥고 공기가 희박하며 눈이 녹지 않는 곳이기 때문이다. 하지만 세계의 지붕인 그곳에서 어떻게든 살 수 있겠다고 생각한 호미닌 무리가 있었다. 그래서 그들은 위로 올라가기 시작했다. 그리고 올라가는 동안 진화하여 데니소바인이 되었다.[40] 수천 년 후에 그 고원에서 살았다고 전해지는 전설 속 설인을 연상시키는 종이었다.[41]

❂

호모 에렉투스와 그 후손들은 구세계를 점령했다. 어쩌면 신세계까지 진출했을지도 모른다.[42] 약 5만 년 전에 지구상에는 여러 인간 종들이 살고 있었다. 유럽과 아시아에는 네안데르탈인이 있었고, 그 무렵 데니소바인의 후손 중 일부는 산 위의 요새를 떠나 동아시아의 산악 지대까지 내려갔다.[43] 깊은 동굴에서부터 울창한 밀림, 고립된 섬, 넓은 초원, 높은 산에 이르기까지 어디를 가든지 그들은 새로운 환경에 맞춰 변화했다. 호모 에렉투스들도 여전히 자바 섬에서 평화롭게 살아가고 있었다.

그러나 인류의 이 모든 실험도 곧 종말을 맞게 되었다. 빙하기가 끝날 무렵에는 단 한 종의 호미닌만이 남아 있었다. 이들도 호모 에렉투스처럼 아프리카 출신이었다.

연대표 6. 호모 사피엔스

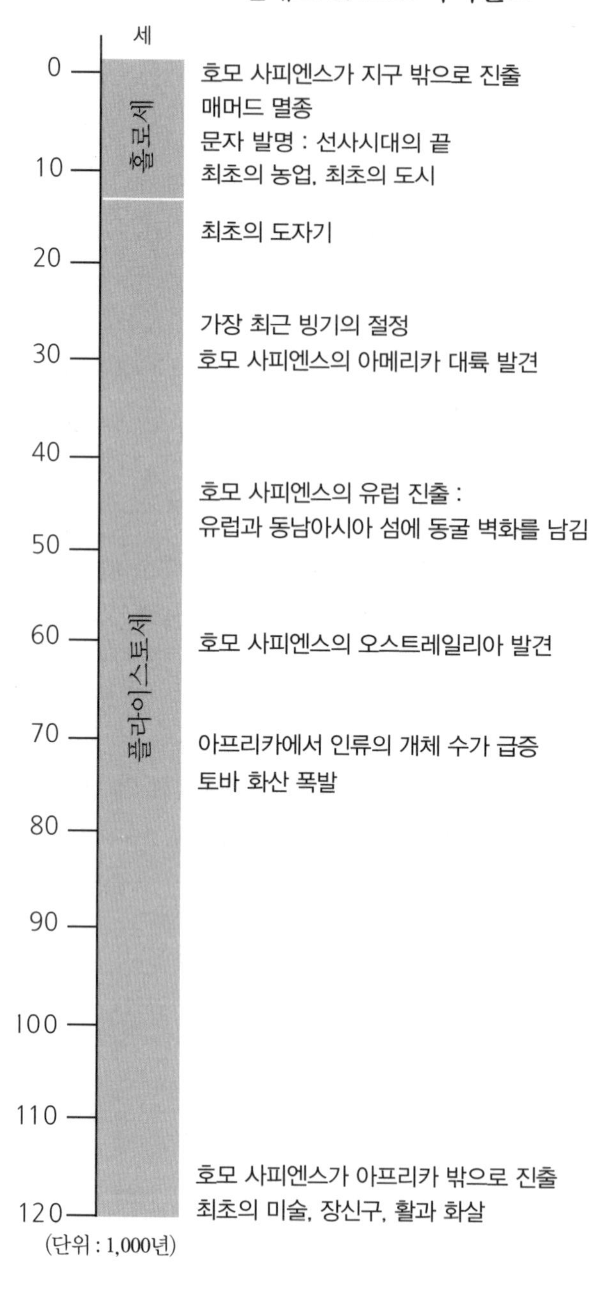
세
0
10
20
30
40
50
60
70
80
90
100
110
120
홀로세
플라이스토세
호모 사피엔스가 지구 밖으로 진출
매머드 멸종
문자 발명 : 선사시대의 끝
최초의 농업, 최초의 도시
최초의 도자기
가장 최근 빙기의 절정
호모 사피엔스의 아메리카 대륙 발견
호모 사피엔스의 유럽 진출 :
유럽과 동남아시아 섬에 동굴 벽화를 남김
호모 사피엔스의 오스트레일리아 발견
아프리카에서 인류의 개체 수가 급증
토바 화산 폭발
호모 사피엔스가 아프리카 밖으로 진출
최초의 미술, 장신구, 활과 화살
(단위 : 1,000년)

11

선사시대의 끝

약 70만 년 전에는 빙기가 그 사이의 따뜻한 간빙기보다 훨씬 더 길었다. 지구는 거의 영구적인 빙결 상태였고 간빙기는 짧고 뜨겁고 강렬했다.

생명은 그저 살아남은 정도가 아니라 번성했다. 유라시아에서 얼음에 덮이지 않은 지역은 푸르른 스텝 지대가 되어 헤아릴 수 없을 정도로 많은 동물들을 먹여 살렸다. 봄과 여름에는 들소 떼가 초원을 가로질러 이동했는데 그 규모가 워낙 커서 수백만 마리가 다 지나가는 것을 지켜보려면 며칠이 걸렸을 것이다. 여기에 말들과 놀랍도록 다양한 뿔을 가진 큰뿔사슴들도 합류했다. 매머드나 마스토돈 같은 코끼리 종들도 간간이 끼어들었고 털옷을 입은 코뿔소들도 콧김을 뿜고 발을 쿵쿵거리며 동행했다. 겨울은 그저 조금 덜 풍족할 뿐이었다. 많은 동물들이 남쪽으로 이동했지만 눈이 있는 곳에는 순록들이 있었다. 대규모로 이동하는 이 먹잇감들은 사자, 곰, 검치호랑이, 하이에나, 늑대 같은 육식동물들을 끌어들였다. 그중에는 호모 에렉투스의 강인한 후손들도 있었다.

깊어지는 빙하기에 호미닌들은 더 큰 뇌와 더 많은 저장 지방으로 대응했다.

이것 자체로도 놀라운 일이었다. 앞에서도 이야기했듯이 뇌를 가동하는 데에는 많은 에너지가 들기 때문이다. 보통 머리가 좋은 동물들은 몸에 최소한의 지방만을 저장해두는 것이 경제적인 방법이다. 그런 동물들에게는 먹이가 부족해져도 굶어 죽기 전에 먹이를 찾을 수 있는 잔꾀가 있을 테니 말이다. 지방을 저장해야 하는 포유류는 그다지 영리하지 않은 종들뿐이다. 하지만 인간만은 예외여서,[1] 가장 살집이 없는 인간도 가장 살찐 유인원보다 훨씬 더 많은 지방을 몸에 저장하고 있다. 영리한 데다가 훌륭한 단열층까지 갖춘 동물들은 빙하기의 끊임없는 추위를 이겨내는 데에 필요한 모든 것을 갖춘 셈이다.

지방에는 또다른 목적도 있었다. 성별 간의 차이는 대개 지방 분포의 차이이다. 성인 남성의 몸에 포함된 지방은 평균적으로 몸무게의 약 16퍼센트이고, 여성은 23퍼센트이다. 이는 상당한 차이이다. 몸에 저장된 에너지는 특히 식량이 부족한 시기에 임신과 출산을 하는 데에 필수적인 전제조건이다. 따라서 통통하고 곡선형의 몸을 가진 여성들이 번식 가능성이 가장 높은 개체로서 자연선택을 받았다.[2]

그러나 뇌가 커서 생기는 문제점도 있다. 뇌가 크면 당연히 머리도 크다. 인간의 아기는 머리가 크기 때문에 출산 과정이 힘들다. 아기는 머리를 90도로 꺾어야 엄마의 골반을 지나 질을 통해서 나올 수 있다. 최근까지만 해도 산모들은 출산 도중 사망할 확률이 매우 높았다. 인간의 아기는 다른 동물들의 새끼에 비해 무력하다. 만약 더 자란 후에 태어난다면 바깥세상에 더 잘 대처할 수 있겠지만, 그럴 경우 산도를 통과하기에는 몸이 너무 커져서 아예 태어나지 못할지도 모른다. 9개월의 임신 기간은 바깥세상에 나와서 최대한 빨리 적응해야 하는 아기와 더 기다렸다가는 목숨을 잃을 확률이 점점 높아지는 엄마 사이에서 이루어진 불편한 타협의 결과이다.

이 타협은 어느 쪽에도 유리하지 않다. 새끼가 무력한 상태로 태어나는 종, 그리고 무사히 태어나더라도 성체로 성장하는 데에 오랜 시간이 걸리며, 어미의 사망률이 높은 종은 빠르게 멸종할 가능성이 높다. 이에 대한 해결책은 생애의 또다른 시기를 극적으로 변화시키는 것이었다. 이 변화가 바로 폐경이었다.

❁

폐경은 인간만이 이루어낸 또다른 진화적 혁신이다. 포유류든 아니든 일반적인 동물들은 너무 나이가 들어 번식이 불가능해지면 노화되어 빨리 죽는다. 그러나 생식 능력이 끊긴 중년의 인간 여성은 유익한 삶을 수십 년 더 누릴 수 있으며 그럼으로써 더 많은 아이들을 키울 수 있다.

인간의 뇌가 커지고 그 결과, 무력한 아기들이 태어나게 되자 할머니들이 등장했다.[3] 딸들이 손주들을 키우는 것을 도와

줄 폐경기 여성들이었다. 자연선택의 논리에서 아기를 실제로 누가 키우는지는 중요하지 않다. 누구든 키워내기만 하면 된다. 번식을 멈추고 딸들의 양육을 도와주는 여성은 생식 능력을 계속 유지하면서 딸들과 경쟁할 때보다 평균적으로 더 많은 수의 자손을 길러낼 수 있다. 그리고 시간이 지날수록 폐경기 여성들의 도움을 받아 양육을 하는 인간 무리가 더 많은 아이들을 생식 가능 연령까지 키워낼 수 있게 되었을 것이다. 결국 그런 귀중한 자원을 활용하지 못한 무리들은 모두 사라졌다. 불편한 타협을 협동으로 극복한 것이다.

번식은 다른 곳에 쓸 에너지를 모두 빼앗아가기 때문에 보통 수명을 단축시킨다. 따라서 중년에 번식을 멈춘 인간 여성은 더 많은 자손들을 키워낼 수 있을 뿐만 아니라 더 오래 살 수도 있게 되었다. 뇌 크기의 확대가 수명의 증가로 이어지면서 20대 중반까지 살았을 것으로 추정되는 호모 에렉투스에 비해서 네안데르탈인과 현생 인류의 수명은 40대로 늘어났다.

진화의 압력은 남성과 여성에게 서로 다르게 작용하지만 이들은 같은 유전자를 공유하기 때문에 사실상 두 성별 간의 전쟁을 유발했다. 반대 방향으로 작용하는 자연선택의 힘이 유전자를 압박했기 때문이다. 하나의 유전자에 주인이 둘인 셈이었는데, 그 결과는 또다른 타협이었다. 여성이 아기를 낳기 위해서 지방을 늘려야 했기 때문에 남성도 지방을 늘렸지만 여성만큼은 아니었다. 여성이 폐경을 진화시켜 오래 살게 되었기 때문에 남성도 오래 살게 되었지만 여성만큼은 아니었다.[4] 그 결과 호미닌 사회에는 새로운 계층이 생겨났다. 바로 두 성별 모두의 연장자들이었다. 문자가 발명되기 전에는 이 연장자들이 지식과 지혜, 역사, 그리고 이야기의 저장소로서 대접을 받았다.

진화의 역사에서 최초로 한 번에 한 세대 이상에게 지식을 전달해줄 수 있는 종이 생겨났다. 학습 능력이 있는 동물들은 많다. 고래와 새는 다른 고래들과 새들로부터 노래를 배우고, 강아지는 다른 강아지들로부터 놀이의 규칙을 배운다. 인간의 아기는 주변의 다른 인간들을 무의식적으로 따라하면서 언어를 배운다. 지금까지 알려진 바에 따르면, 인간은 배울 뿐 아니라 가르치기도 하는 유일한 동물이다.[5] 그것을 가능하게 만든 것은 연장자들의 존재였다. 무리의 젊은 구성원들이 아기를 돌보거나 밖에 나가 사냥을 할 때, 당장은 생산성이 떨어지는 연장자들이 새로운 세대들에게 지식을 전달했다. 태어날 때 상대적으로 미성숙한 탓에 유년기가 긴 아이들에게는 이러한 지식을 습득할 시간이 아주 많았다. 추상적인 정보가 생존에 열량만큼이나 중요한 수단이 되었고, 이러한 변화는 폭발적인 결과를 가져왔다. 이 모든 일이 빙하기에 시작되었다. 처음으로 영장류가 더 많은 지방과 더 큰 뇌를 모두 가지고 있는 것이 장점으로 작용한 시기였다.

❁

유라시아가 점점 추워지는 만큼 아프리카는 점점 건조해졌다. 바싹 말라 사막이 된 사바나에는 신기루처럼 금방 사라지는 물웅덩이만 간간이 있을 뿐이었다. 생존은 끝없는 투쟁이었다. 이곳에서도 몸에 저장된 지방은 유리한 조건이었다. 인간은 풍요와 결핍을 오가는 환경에 맞는 대사를 진화시켰다. 즉 며칠씩 먹지 않고 지낼 수도 있었지만, 사냥을 하면 말 그대로 한 입도 더 먹지 못하거나 심지어 움직일 수 없을 때까지 배불리 먹기도 했다. 모두 언제가 될지 모를 다음 식사 때까지 살아남는 데에 필요한 영양분을 최대한 흡수하기 위해서였다. 인간들은 어떤 식사든 마지막 식사인 것처럼 열정적으로 먹어치웠다.[6]

끊임없는 멸종 위기에도 불구하고, 그리고 어쩌면 그것 때문에 호모 에렉투스의 후손들은 다른 곳에서와 마찬가지로 아프리카에서도 다양하게 분화되었다.[7] 그러다가 최초의 네안데르탈인이 유럽의 얼음장 같은 추위에 적응하고 있을 무렵인 약 30만 년 전, 아프리카에 새로운 호미닌이 출현했다. 이들은 수가 적고, 다양하고, 산재해 있기는 했지만 대륙 전역에 퍼져 있었다.[8] 이들을 만난다면 마치 우리 자신을 보는 느낌일 것이다. 이들이 바로 우리가 속한 호모 사피엔스(*Homo sapiens*) 종의 첫 개체들이었다.

그러나 처음에 이 새로운 종은 외모만 제외하면 그다지 인간적이지 않았다. 이들은 일종의 원재료였다. 현생 인류는 그 후 25만 년이 넘는 세월 동안 실패를 거듭하며 강해졌다. 만약 당사자들이 살아남아 자신들의 역사를 들려주었다면, 그중의 첫 98퍼센트는 가슴 아픈 비극이었을 것이다. 그러나 그들은 거의 모두 죽음을 맞이하여 호모 사피엔스 자체도 멸종 위기를 맞았다.

그런데 호모 사피엔스의 여정 중간중간에 아프리카 안과 밖 모두에서 이들의 유전자 풀(gene pool)에 다른 호미닌의 유전자가 양념처럼 섞였다. 호모 사피엔스에게는 여러 조상들이 있었는데, 그들 각자가 이 혼합물에 고유의 특별한 맛을 첨가했고, 그 덕분에 호모 사피엔스는 온갖 어려움 속에서도 마침내 성공을 거두었다.

❁

처음부터 호모 사피엔스는 아프리카의 중심부를 벗어나 약 20만 년 전에는 남유럽까지, 18만 년 전부터 10만 년 전 사이에는 레반트까지 갔다.[9] 하지만 이러한 여행은 사막의 모래 위를 적신 물처럼 별다른 흔적을 남기지 않았다. 호모 사피엔스는 여전히 열대 지방에서 사는 종으로, 가끔 찾아오는 방문자일 뿐이었다. 아프리카의 환경도 혹독했지만 유라시아의 환경은 더 혹독했다. 그리고 호모 사피엔스가 계속 나아갔다고 해도 네안데르탈인들에게 가로막혔을 것이다. 문화적으로 훨씬 더 발달되어 있고 유럽의 오랜 추위에 익숙했던 전성기의 네안데르탈인들은 장기전을 벌일 능력이 있었다. 이들에게 인간은 기껏해야 여름날 동트기 전의 가벼운 서리처럼 가끔 찾아오는 방문자에 지나지 않았을 것이다.

❁

아프리카 중심부의 상황도 나을 것은 없었다. 빙하기가 지속되면서 생활 여건은 계속해서 악화되었다. 애초에 수가 많지 않았던 호모 사피엔스 무리는 이곳저곳에서 차례로 수가 줄어들다가 자취를 감추었다. 다른 호미닌과 교배하기도 했는데 이 혼혈들 역시 죽음을 맞았다. 결국 잠베지 북쪽의 호모 사피엔스는 거의 다 사라졌다. 호모 사피엔스가 마지막으로 남은 곳은 오카방고 삼각주 동쪽, 현재 칼라하리 사막 북서쪽 끝의 오아시스였다.

빙하기 초기에는 이 지역도 푸르렀다. 이곳에 물을 공급하던 마카디카디 호수의 면적이 스위스만큼이나 컸을 때도 있었다. 하지만 아프리카가 계속 건조해지면서 이 호수도 줄어들어 더 작은 호수와 수로, 습지, 숲으로 나뉘었고, 이곳에는 기린과 얼룩말들이 살았다.

마지막 남은 호모 사피엔스들은 약 20만 년 전, 마카디카디 습지의 연못과 갈대밭으로 피신했다. 먼 훗날 앨프레드 왕이 애설니의 습지를 마지막 보루로 삼고서 병력을 재정비하고, 마음의 위안을 찾고, 케이크 몇 개를 태우다가(잉글랜드의 앨프레드 왕이 데인족의 공격을 받고 피신하던 도중 어느 농가에 머물게 되었는데, 불 위에 올려놓은 빵이 타지 않게 지켜봐달라는 안주인의 부탁을 받고도 다른 생각에 빠져 빵을 다 태우고 말았다는 전설이 유명하다/옮긴이) 다시 일어나 데인족을 무찌르고 웨식스 왕국을 되찾은 것과 비슷했다. 잉글랜드가 애설니에서 시작되었다면,

인류의 기원은 마카디카디 습지에서 찾을 수 있을 것이다. 에덴 동산이 존재했다면 바로 그곳이었다.[10]

호모 사피엔스는 마치 미운 오리 새끼들처럼 7만 년간 이 마카디카디 습지에서 숨어 살다가 마침내 다시 일어나 백조가 되었다.

❁

수만 년 동안 마카디카디 습지는 점점 척박해지는 사막과 소금 평원 속에 자리 잡은 오아시스였다. 일단 그곳에 정착한 호모 사피엔스가 다른 곳으로 떠나기란 결코 쉬운 일은 아니었다. 그러다가 약 13만 년 전, 오랜만에 태양이 지구를 좀더 밝게 비추기 시작했다. 우주의 기이한 시계 장치, 기울어진 축과 세차운동으로 인해서 그 이전의 수천 년보다 좀더 따뜻한 시기가 찾아왔다.

유럽의 거대한 빙하 지대들은 비록 잠깐이기는 했지만 열대에 가까운 기후로 바뀌었다. 브리튼 섬에서는 지금의 트라팔가 광장에서 사자들이 뛰어다니고 케임브리지에서 코끼리들이 풀을 뜯고 선덜랜드에서 하마들이 뒹굴던 시기였다. 아프리카의 기후도 온화해졌다. 새로운 호모 사피엔스 세대들은 마카디카디 너머의 사막이 풀밭으로 바뀐 것을 발견하고 사냥감들을 쫓아 이동했다. 그리고 얼마 지나지 않아 마카디카디는 완전히 말라버렸다. 오늘날 이곳은 시아노박테리아처럼 단순한 생물만 살 수 있는 소금 사막이 되어 지구 생명의 초기를 떠올리게 만든다.

❁

호모 사피엔스 무리는 사냥감을 쫓아 남쪽으로 내려가 아프리카 최남단의 해안에 다다랐다. 이들은 그곳에서 바닷속의 풍부한 단백질을 기반으로 삼아 완전히 새로운 생활방식을 발달시켰다. 질긴 뿌리, 정체를 알 수 없는 과일, 겁 많고 조심성 강한 먹잇감들에 의존해서 근근이 살아왔던 이들에게 바다는 상상해본 적이 없던 풍요로운 공간이었다. 조개류는 단백질과 필수 영양분으로 가득한 데다가 도망칠 줄도 몰랐다. 해초는 짭짤하고 맛있었고, 물고기는 임팔라나 가젤보다 훨씬 잡기가 쉬웠다.

오랜 역경 끝에 다 함께 안도의 한숨이라도 내쉬듯이, 초기의 해안 거주자들은 점점 자리를 잡아가며 인류가 한 번도 해본 적이 없는 일들을 시도하기 시작했다. 이들은 포식을 즐기며 조개껍데기를 엮어 만든 목걸이를 서로에게 걸어주고 숯과 붉은 황토로 몸을 칠했다.[11] 자신들의 표식을 타조알 껍질에 빗금무늬로 새기고, 바위에 황토로 그려넣기도 했다.[12] 네안데르탈인도, 심지어 호모 에렉투스도 조개에 그림을 새기기는 했지만, 호모 사피엔스는 이러한 활동에 전에 없이 열정적이었다.

처음에는 인간들이 새롭게 획득한 요령이나 성향을 때때로 잃어버리기라도 한 것처럼, 이러한 기술들도 도깨비불처럼 반짝하고 나타났다가 사라졌던 것으로 보인다. 하지만 개체수가 천천히 늘고 전통이 굳어지면서 기술의 사용도 심화되고 습관화되었다. 이 해안 거주자들은 돌도 새로운 방식으로 이용하기 시작했다. 돌을 깎아서 한 손에 잡히는 도구를 만드는 대신에 크기가 더 작고, 세심하게 모양을 빚어서, 열을 사용해서 굳힌, 예를 들면 화살촉 같은 것들을 만들었다. 위험을 최소화하기 위해서 먼 거리에서 사냥감을 죽일 수 있는 발사 무기를 발명한 것이다.[13]

에덴에서 추방된 또다른 무리는 반대 방향인 북쪽으로 향했다. 잠베지는 이들의 루비콘 강이었다. 동아프리카에 도착한 이들은 아프리카 최남단에서 온 이주자들과 만나 발달된 기술을 전수받았다. 거기에는 화장품, 조개껍데기 목걸이, 그리고 무엇보다도 활과 화살이 포함되었다. 결과는 폭발적이었다. 몇 개의 작은 무리에 불과했던 동아프리카의 호모 사피엔스들은 하루살이 같은 존재 이상의 가능성을 지닌 개체군과 비슷한 것으로 확대되었다.[14] 약 11만 년 전, 이들은 다시 한번 아프리카 전역으로 퍼져나가 자신들의 고향 밖에서 새로운 발걸음을 내디뎠다.

그리고 이번에는 떠나지 않고 정착했다.

그것은 한밤중에 불덩어리처럼 찾아왔다. 약 7만4,000년 전 수마트라 섬의 토바 산이라는 화산이 폭발했다. 그 이전의 수백만 년 동안에 일어났던 그 어떤 사건보다도 치명적인 재앙이었다.[15] 이미 끝나가고 있었던 상대적으로 따뜻하던 시기는 이 사건으로 갑자기 막을 내렸다. 인도양 지역 전체, 심지어 남아프리카 해안에까지 파편들이 비처럼 쏟아졌다.[16] 수백 세제곱킬로미터의 재가 대기 중으로 피어올라 전 세계를 갑작스러운 빙기로 몰아넣었다.

시기가 좀더 빨랐다면, 이 재난으로 초기 인류는 지구상에서 완전히 사라졌을지도 모른다. 그러나 호모 사피엔스는 굴하지 않았던 모양이다. 그 무렵 인류는 아프리카에서 인도양 지역으로까지 퍼져나가 있었다. 부싯돌을 깨서 도구를 만드는 인간들은 인도에도 있었고,[17] 폭발의 진원지인 수마트라[18]와 중국 남부까지 진출했다.

❁

마카디카디에서 추방된 이들은 오아시스를 떠나 맨 먼저 해변으로 향했다. 그후에 아프리카를 떠난 인간들도 처음에는 해안선을 따라서 아라비아 남부와 인도를 지나 동남아시아로 들어갔다. 또한 내륙에서 강의 흐름을 따라가면서 기후가 적당해졌을 때 사바나로 들어가기도 했다.

이것을 모세의 이집트 탈출 같은 사건으로 생각해서는 안 된다. 그보다는 일련의 작은 사건들이 모여 미리 정해진 것처럼 보이는 패턴이 만들어진 것에 가깝다. 당시의 인간들이 영웅적인 예감에 사로잡혀 지평선을 올려다보며 명백한 운명을 향해 나아간 것은 아니다. 인간들 개개인은 평생을 거의 같은 장소에서 살았다. 그러나 개체수가 늘어나면 다른 곳으로, 이를 테면 해안의 곶을 넘어 반대편으로 이동하는 이들도 있을 수 있다. 악천후로 방향을 바꾼 적도 많았을 것이다. 서로 이리저리 얽힌 관계로 연결되어 있는 인접한 무리의 사람들은 축제 기간에 만나 노래하고 춤추고 허황된 이야기를 나누고 짝을 선택했다. 모든 영장류가 그렇듯이 여성은 짝을 만나면 조상들이 살던 땅을 떠나 강 건너, 또는 언덕 너머 먼 곳에서 사는 짝의 가족과 가정을 꾸리고는 했다.[19]

즉, 이주는 하나의 사건이 아니라 일련의 작은 사건들이었다. 그런데 이 사건들에 대략적인 형태가 존재했고, 이 형태는 지구의 궤도 주기, 특히 2만1,000년 주기의 세차운동으로 일어나는 규칙적인 기후 변화에 따라서 변동되었다.[20] 이주하는 인간들은 별을 따라갔지만 그 별은 시기에 따라 달라졌을 것이다.

인간이라는 종은 10만6,000년부터 9만4,000년 전 사이에 특히 발이 근질근질했던 모양이다. 이 시기에 이들은 한때 기후가 쾌적했던 아라비아 남부에서부터 인도까지 퍼져나갔다. 그리고 8만9,000–7만3,000년 전에는 동남아시아의 섬에 도달했다. 5만9,000–4만7,000년 전에는 특히 아라비아를 지나 아시아로 많이 이주했으며, 오스트레일리아에도 상륙했다.[21] 그리고 마침내 4만5,000–2만9,000년 전에는 고위도 지방을 포함해서 유라시아 전체를 완전히 차지했다. 그뿐 아니라 아메리카에도 슬쩍 발을 디뎠으며, 일부는 아프리카로 다시 돌아가기도 했다.

이러한 시기—기후가 온화해서 이주하기에 가장 유리했던 간빙기—이외에는 인간이 한곳에 머물러 살았다는 뜻은 아니다. 사방으로 퍼져나가던 인류가 서로 분리된 시기도 있었다. 예를 들면 토바 산 폭발 직후 춥고 건조해진 기후 때문에 남아시아의 인류는 아프리카의 인류와 단절되었으며, 그후 1만 년간 서로 만나지 못했다.

이주하던 인간들은 다른 호미닌과 만났다. 만남은 희귀했고, 그 결과는 다양했다. 때로는 서로의 차이를 감지한 무리들이 싸움을 벌이기도 했다. 그러나 첫인상만큼 서로 다르지는 않음을 깨닫고, 먼 곳에서 온 친척으로 받아들이기도 했다. 그리고 이야기를 나누고 짝을 교환하며 유대를 형성했다. 현생 인류는 레반트에서 네안데르탈인을 만나 교배했다. 그 결과 100퍼센트 아프리카 혈통이 아닌 현생 인류는 누구나 네안데르탈인의 DNA를 가지게 되었다.[22] 동남아시아에서는 이주하던 인간들이 인류의 유전자 풀에 데니소바인의 유전자를 더했다. 데니소바인은 산에서 살던 이들의 후손이었지만 이 무렵에는 저지대에 익숙해진 지 오래였다. 현재 데니소바인의 유전자는 그들의 기원인 산 위의 은둔처로부터 멀리 떨어진, 동남아시아 섬과 태평양 지역의 사람들에게서 발견된다. 하지만 오늘날 티베트인이 세계의 지붕 위의 희박한 공기 속에서도 별 어려움 없이 살 수 있게 해주는 유전자는 만년설 속에서 살던 데니소바인이 떠나면서 남긴 선물이다.[23] 독립된 종으로서의 데니소바인은 약 3만 년 전 이후 호모 사피엔스의 거대한 물결에 완전히 흡수되어 사라졌다.

❁

약 4만5,000년 전, 현생 인류는 동쪽의 불가리아에서부터 서쪽의 이탈리아와 스페인까지 몇 곳을 전선 삼아 마침내 유럽으로 진출했다.[24] 그 전까지 약 25만 년간 유럽을 지배했던 네안데르탈인은 갑작스럽게 등장한 호모 사피엔스들을 모두 물리쳐왔다. 그러나 이번에는 이들의 수가 급격하게 줄어들었다. 결국 약 4만 년 전에는 빙하기에 전성기를 누렸던 네안데르탈인 대부분이 자취를 감추었다.[25]

그 이유에 관해서는 많은 논란이 있었다. 어쩌면 그들은 현생 인류와 싸움을 벌였을지도 모른다. 현생 인류와 교배를 한 것은 확실하다.[26] 번식 속도가 좀더 빠르고 고향을 떠나 먼 곳까지 진출한 종을 만나면서 별 저항 없이 사라져갔을 가능성도 있다.[27] 어쨌든 유럽에는 현생 인류의 수가 너무 많았다. 스페인 남부[28]부터 러시아의 북극권[29]까지 서로 멀리 떨어진 마지막 보루들에 숨어 있던 네안데르탈인들은 그 수가 너무 적고 넓게 흩어져 있어서 같은 종의 짝을 찾기가 어려웠다.[30]

네안데르탈인의 수는 언제나 적었다. 그 수가 더 적어지면서 근친 교배와 재해로 인한 타격을 입게 되었다. 어떤 인간 사회든 개체수가 너무 적으면 생존이 불가능해지는 시점이 온다.

적은 개체수만큼 집단의 절멸로 확실하게 이어지는 요인은 없다.[31] 결국 침입자들과 교배하는 쪽이 더 간단했다. 루마니아의 동굴에서 발견된 4만 년 된 인간 턱뼈의 DNA는 그 주인의 증조부모가 네안데르탈인이었음을 보여준다.[32]

❁

현생 인류는 동유럽에서 다뉴브 강을 따라 이동하면서 이 강의 상류에 풍부한 문화를 꽃피웠던 흔적을 남겼다.[33] 그들은 동물, 인간과 동물의 머리를 가진 인간의 조각상을 제작했고, 심지어 동굴 벽에 걸어놓을 수 있는 오리 모양의 저부조(低浮彫)까지 만들었다.[34] 또한 커다란 가슴을 가진 풍만한 임신부의 조각상을 반복해서 만들기도 했다. 결코 굶주림에서 벗어나지 못했던 사회에서 풍요와 다산의 중요성을 가슴 아프게 호소하는 이 작품들은 더 큰 힘을 가진 존재에게 바치는 기원이었다.

유라시아 반대쪽 끝에 위치한 동굴 벽에도 거의 같은 시기에 동물의 이미지들이 그려졌다. 프랑스와 스페인의 유명한 동굴 벽화들과 비슷한 예를 인도네시아의 술라웨시와 보르네오에서도 볼 수 있다.[35] 이 작품들에도 의식과 관련된 내용이 담겨 있다. 동굴 미술은 대개 소리가 공명하는 공간에 만들어졌다. 그림은 음악과 춤을 포함하는 의식의 한 요소에 불과했던 것으로 보인다.[36]

샤먼은 성년이 된 이들을 이러한 의식의 공간으로 불러서 집단으로의 입회식을 치렀다. 의식을 치르는 사람은 황토나 그을음을 칠하고 샤먼의 지시에 따라 동굴 벽에 손자국을 찍었다. 마치 '생명의 책'에 흔적을 남겨 "내가 여기 있다"라고 말하려는 것처럼 말이다.

45억 년 동안 정신없는 혼란을 겪은 끝에 지구는 마침내 자신의 존재를 인식할 수 있는 종을 탄생시켰다. 그리고 생각했다. 이들이 이 다음에는 무엇을 할까?

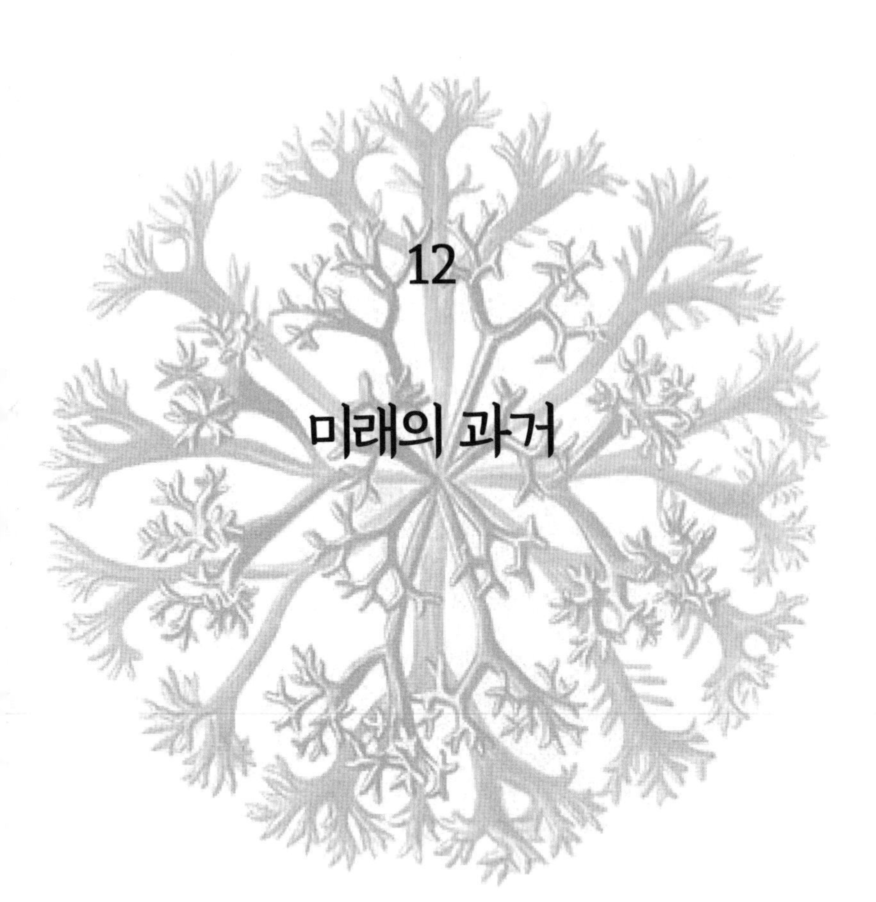

12

미래의 과거

행복하게 번성하는 종은 모두 비슷하나, 멸종을 앞둔 종들의 사정은 제각기 다르다.[1]

❁

기후 변화로 인해서 그 크기가 줄어든 숲은 작은 덤불들로 나뉘어, 한때 나무들이 있던 곳을 뒤덮은 드넓은 풀밭 속에 따로따로 고립되었다.

빙원이 녹아 땅이 물에 잠기면서 한때 산꼭대기였던 곳들도 고립된 섬이 되었다.

이렇게 되면 한때 훨씬 더 컸던 세계의 일부분에만 의존해서 살아야 하는 생물들에게는 어떤 일이 벌어질까?

❁

어떤 무리는 고립 상태에서 새롭고 기이한 형태로 진화한다. 호모 플로레시엔시스와 그들이 사냥하던 난쟁이코끼리가 그 예이다. 그러나 고립된 후에 수가 너무 적어지면서 생존이 어려워지는 무리도 많다. 생존에 필요한 식량이나 물이 부족할 수도 있다. 개체들은 짝을 찾지 못하고, 찾는다고 해도 가까운 친척밖에 없어서 무리가 근친 교배의 위험에 빠지게 된다.[2] 또 어떤 무리는 크게 달라진 상황 속에서도 오래된 습성 그대로 살아보려고 노력하다가 적응에 실패하고 만다.[3] 유전병이나 노화, 사고 등으로 개체들이 하나씩 죽어가면서 자손도 점점 줄어 마침내 아무도 남지 않게 된다. 개체군은 그렇게 절멸한다.

한 종을 이루는 개체군들이 한때 광대했던 서식지의 파편 속에 완전히 고립되어 각자 고난을 겪다가 모두 실패했을 때, 마지막으로 살아남은 개체군은 그들이 사는 지역에 국한된 재난으로도 멸종될 위험이 높아진다. 소행성 충돌이나 마그마 분출로 인한 대재앙과는 거리가 먼 아주 소규모의 재난이라도 멸종의 원인이 될 수 있다. 산사태로 유일한 식량 공급원이 사라져버릴 수도 있고, 건설 공사를 위해서 마지막 피난처가 불도저로 밀려나가는 것처럼 평범한 재난이 찾아올 수도 있다.

어떤 종들은 개체수가 많아서 금방 사라질 걱정이 없어 보이지만, 자세히 관찰해보면 이미 생명의 책에 그들의 멸종이 전성기만큼이나 확실하게 표시된 지 오래일 수도 있다. 그들에게 익숙한 서식지가 풍부하다고 해도 그 상태에서 서식지가 아주 조금이라도 줄어들면 절멸의 원인이 될 수도 있다. 말 그대로 빌려온 시간을 살고 있는 것이다. 예를 들면 백악질 초원에서 나비와 나방이 사라지는 원인은 지금이 아니라 이미 수십 년 전에 일어난 서식지 손실로 보는 편이 옳다.[4] 이런 종들은 소위 "멸종 부채"를 갚아야 한다.[5]

또한 이런저런 이유로 번식율이 감소하면서 사망률이 대체율을 앞지르게 되는 종들도 있다.

호모 사피엔스는 다른 많은 종들을 멸종으로 몰고가는 환경을 만드는 데에 중요한 역할을 해왔다. 마찬가지로 호모 사피엔스 또한 여러 가지 멸종의 방식에 취약할 수 있다.

❁

먼 과거에 일어난 대규모의 멸종 사건은 워낙 오래 전 일이어서 재난으로 인한 아수라장 속에서 일어난 개별적인 사건들을 추측하기가 어렵다.

예를 들면 페름기 말에 일어난 대량 멸종의 궁극적인 원인은 시베리아의 마그마 분출로 가스가 터져나와 온실 효과가 발생하면서 대기 온도가 급격히 올라가고 공기와 바다가 오염된 탓이었다. 그러나 그 사건이 얼마나 엄청난 재난이었고 얼마나 많은 생물들이 함께 고통을 겪었든 간에 개개의 동식물, 산호 폴립, 반룡들은 각자 나름의 방식으로 죽음을 맞았다. 즉, 그러한 대량 멸종은 각기 다른 비극 속에서 맞이한 수많은 이른 죽음의 총합이었다.

플라이스토세 말인 약 1만 년 전에는 유라시아와 아메리카, 오스트랄리아를 통틀어 대형견 이상의 덩치를 가진 동물들이 사실상 전부 사라졌다. 이 멸종의 원인은 탐욕스러운 인류의 확산이었을 수도 있고, 플라이스토세 동안 빈번하게 일어났던 극적인 기후 변화였을 수도 있다. 아마도 그 두 가지 모두였을 것이다.

그러나 플라이스토세 말의 멸종은 페름기 말의 재앙보다 시간적으로 우리와 훨씬 가깝다. 따라서 사건의 흔적이 더 선명하게 남아 있어서 보다 자세히 관찰할 수 있으며, 개별적인 종의 운명을 추적해볼 수 있다.[6]

예를 들면 빙하기를 상징하는 두 종인 큰뿔사슴(Giant Deer, 흔히 Irish Elk라는 이름으로 알려져 있다)과 매머드의 활동 영역은 단 몇천 년 만에 급격하게 줄어들었다. 이러한 급감은 갑작스러운 기후 변화, 그리고 그들이 먹고사는 초목의 변화와 동시에 일어났다.[7] 사냥 또한 조만간 일어날 수밖에 없었던 이들의 종말을 가속시켰을 것이다. 큰뿔사슴과 매머드는 사라졌지만 화석은 풍부하게 남아 있으며, 그 연대도 명확하게 측정이 가능하기 때문에 그들의 흥망성쇠 또한 대단히 상세하게 추적할 수 있다. 이 동물들이 페름기 말에 멸종했다면, 멸종했다는 사실 자체 외에는 더 알아낼 수 있는 정보가 거의 없었을 것이다.

가장 최근에 일어난 멸종의 시점은 아주 정확하게 알 수 있다. 마지막 야생 소인 오록스(*Bos primigenius*)는 1627년, 폴란드에서 총에 맞아 죽었다. 총을 소지한 사람들이 늘어나다 보니 이러한 멸종은 예정된 일이었다. 그렇다고 해도 이것은 너무나 갑작스럽고 특수하고 가슴 아픈 멸종이었다. 그 소 한 마리를 쓰러뜨린 총알 하나가 한때 유럽 전역에 그토록 많았던 종의 마지막 개체를 없애버린 것이다. 반면 북부흰코뿔소(*Ceratotherium simum cottoni*)는 내가 이 글을 쓰고 있는 지금까지는 아직 우리 곁에 있다. 그동안 이 종의 남은 개체들이 사냥꾼의 총알에 맞아 사라지지 않도록 하기 위한 어마어마한 노력이 있었다. 그러나 남은 북부흰코뿔소는 두 마리뿐이고 그 두 마리 모두 암컷이니 이들의 멸종은 시간문제일 뿐이며 그 시간 또한 얼마 남지 않았다.

그러나 오록스와 코뿔소의 사정은 다르다. 오록스는 소과(科)의 동물이다. 소과는 포유류의 한 분파로 염소, 양, 그리고 많은 영양류가 속해 있으며 아직도 번성 중이다. 인간이 없었다면 오록스도 아직 남아 있었을지도 모른다. 반면 코뿔소를 비롯해서 홀수 발굽을 가진 유제류는 올리고세에 매우 다양한 형태로 전성기를 누렸으나, 그때부터 오랫동안 그 수가 점점 줄어들었다. 이들과의 경쟁에서 이긴 동물들은 주로 소과 동물처럼 발굽이 짝수인 유제류였는데, 그중 하나가 오록스였다. 이 경우에 인류는 인간들이 진화하기 오래 전부터 결정된 운명을 그저 가속시켰을 뿐이다.

❂

지구는 앞으로 수천만 년은 더 이어질 일련의 빙하기가 시작된 지 이제 겨우 250만 년째이다. 이미 빙하는 20번 이상 늘어났다가 줄어들었다가 하면서 에오세 이후 볼 수 없었던 규모의 기후 붕괴를 일으키고 있다. 게다가 이제 시작일 뿐이다. 빙하가 한 번 전진했다가 후퇴할 때마다 상황은 바뀐다. 어떤 종은 멸종하고 어떤 종은 번성한다. 한 주기 동안에 번성했던 종이 다음 주기에는 절멸할 수도 있다.[8] 그리고 현재 진행 중인 빙하기가 끝나기 전까지는 거의 100번 이상의 빙기-간빙기 주기가 반복될 것이다.

호모 사피엔스는 현 주기의 혜택을 누려왔다. 인간은 따뜻했던 시기에서 기나긴 빙기로 넘어가던 약 12만5,000년 전에 자아 인식을 가지게 되었으며, 그후 낮아진 해수면을 이용해서 원래 분리되어 있었던 섬과 섬 사이를 오갔다.

빙하의 범위가 최대로 넓어졌던 약 2만6,000년 전, 인류는 구세계 전역으로 퍼져나갔으며, 신세계로까지 진출했다.[9] 인간의 발이 닿지 않은 곳은 마다가스카르, 뉴질랜드를 비롯해서 대양 가운데에 있는 섬들, 그리고 남극 대륙뿐이었다. 그러나 곧 이러한 곳에도 인간이 상륙하게 되었다.[10] 이 시기에 다른 호미닌들은 모두 사라졌다. 호모 사피엔스가 마지막으로 남은 유일한 종이었다.

❁

인간은 그들의 역사 내내 거의 언제나 수렵인이자 채집인이었다. 그리고 현명하게 식량을 구하는 이들이 모두 그렇듯이, 사냥과 채집을 하기에 가장 좋은 장소들을 알고 있었다. 빙하의 범위가 최대로 넓어지면서 이들이 먹을 만한 식물을 얻기 위해서 같은 장소를 반복해서 찾아가자, 얼마 지나지 않아 자연선택에 의해서 이 식물들은 방문자들이 가장 좋아하는 과실과 씨앗을 생산하게 되었다. 인간들은 적어도 2만3,000년 전부터 야생 밀과 보리의 씨앗을 갈아서 만든 가루로 빵을 굽기 시작했다.[11] 플라이스토세가 끝날 무렵인 1만 년 전, 세계 곳곳에서 거의 비슷한 시기에 농업이 시작되었다.[12]

그후로 인간의 개체수는 급격히 증가했다. 현재 인간은 지구상의 식물이 생산하는 광합성 산물의 4분의 1을 소비한다.[13] 이는 어쩔 수 없이 다른 수많은 종이 소비할 자원이 줄어든다는 뜻이고, 그 결과 일부 종들이 사라져가고 있다.

그러나 인간의 개체수 증가는 대부분 아주 최근에 일어났다. 인구의 기하급수적인 증가는 우리가 기억할 수 있는 사건이다. 인구는 내가 태어난 이후로 두 배 이상,[14] 나의 할아버지가 태어난 이후로는 네 배 이상 늘어났다. 지질학적 시간으로 보면, 인간 개체수의 갑작스러운 증가는 사소한 사건에 불과하다.

❁

인류가 지구에 미친 영향의 대부분은 약 300년 전에 시작된 산업혁명 이후, 즉 호모 사피엔스가 석탄의 힘을 산업적 규모로 이용하게 된 이후부터 두드러졌다.

석탄은 풍부한 에너지를 지닌 석탄기 숲의 잔해로부터 형성된 것이다. 인류는 곧 석유를 찾아내어 추출하는 법도 알아냈다. 석유는 플랑크톤 화석이 그 위에 퇴적된 암석에 의해서 압력과 열을 받으면서 서서히 변화하여 생성된 액체 탄화수소 혼합물로 에너지 밀도가 높은 물질이다. 이러한 화석 연료의 연소는 인간의 개체수 증가에 농업보다도 훨씬 더 강력한 원동력이 되어왔다. 그러나 이 모두는 지난 몇 세대 동안에 일어난 일이다.

화석 연료가 연소될 때는 이산화황, 질소산화물 등과 함께 이산화탄소가 주요한 부산물로 생성된다. 또한 석유를 가공함으로써 납부터 플라스틱까지 다양한 오염물질이 만들어졌다. 그 결과 기온의 급격한 상승, 광범위한 동식물 멸종, 바다의 산성화와 산호초의 손상 등 여러 가지 피해가 발생했다. 전체적인 효과는 맨틀 기둥이 유기 퇴적물을 뚫고 지표면으로 분출되었을 때에 일어날 수 있는 결과와 비슷했다.

그러나 다양한 물질을 함께 분출시켜 그토록 고통스러운 페름기의 멸종을 불러온 맨틀 융기와 달리 현재 인간이 초래한 소란은 금방 끝날 것이다. 이미 이산화탄소 배출을 줄이고 화석 연료의 대체 에너지원을 찾기 위한 노력들이 이루어지고 있다. 인간으로 인한 탄소 급증은 심각하더라도 그 기간이 짧아서 아마도 장기적으로 보면 눈에 띄지 않는 정도일 것이다.

인간이 지구상에 존재한 기간이 워낙 짧았던 탓에 시간이 흐른 후, 이를 테면 약 2억5,000만 년 정도 후에는 그 흔적이 거의 보존되어 있지 않을 것이다. 미래의 탐사자들 중에서 가장 발전된 장비를 가진 이들이라면 독특한 동위원소의 희미한 흔적을 감지할 수 있을지도 모르지만, 그들조차도 신생대 빙하기의 짧은 기간 동안에 무슨 일이 일어났었다고 말할 수 있을 뿐 정확히 무슨 일이 있었는지는 알아낼 수 없을지도 모른다.

앞으로 몇천 년 후면 호모 사피엔스는 사라지고 없을 것이다. 오래 전에 진 멸종 부채가 그 원인 중의 하나일 것이다. 인류는 지구 전체를 서식지로 삼고, 그 서식지를 점점 살기 힘든 곳으로 만들어왔다.

그러나 주요한 원인은 인구 대체의 실패일 것이다. 인류의 개체수는 현 세기 동안 정점에 달했다가 그 이후에는 줄어들 가능성이 높다. 2100년경에는 현재보다 감소할 것이다.[15] 인간들이 자신들의 활동으로 지구에 입힌 피해를 개선하기 위해서 많은 노력을 하더라도 앞으로 몇천 년에서 몇만 년 안에는 결국 사라질 것이다.

우리의 가까운 친척인 유인원들과 비교해볼 때, 인간은 유전적인 측면에서 이미 놀라울 정도로 동질화되어 있다. 이것은 인류의 역사 초기에 한 번 이상 유전적 병목현상이 발생했고, 그후에 개체수가 급속하게 증가했던 사건들, 즉 머나먼 과거에 인류가 여러 번 겪었던 멸종 위기가 남긴 유산이다.[16] 선사시대의 사건들로 인한 유전적 다양성의 부족, 오늘날의 서식지 소실로 인한 멸종 부채, 인간 활동과 환경의 변화에 따른 번식 실패, 그리고 동류 집단과 단절된 소규모 집단들이 직면한 좀더 지역적인 문제들이 겹쳐지면서 인간의 멸종을 불러오게 될 것이다.

❁

그럼에도 불구하고 빙하는 계속해서 전진하고 후퇴하기를 여러 번 더 반복할 것이다. 인간에 의한 이산화탄소 배출로 빙하가 다시 전진하는 시기는 늦춰지겠지만 대신에 훨씬 더 갑작스럽게 찾아올 것이다. 기후의 변화로, 특히 북대서양의 빙산이 분리되어 바닷속으로 들어가면, 다량의 민물이 바닷물과 섞이면서 멕시코 만류의 흐름이 멈추고, 그 결과 유럽과 북아메리카는 인간의 생애보다도 더 짧은 기간 동안에 완전히 빙하로 덮이게 될 것이다. 그러나 인간들은 그때까지 살아남아 그 추위를 느끼지는 못할 것이다.

인간들은 자신들의 광적인 활동으로 발생한 이산화탄소가 마침내 줄어들기 전에 이미 멸종했을 것이다. 남아 있는 온실효과로 추위가 잠시 누그러들었다가 곧 다시 휘몰아칠 것이고, 그렇게 빙기와 간빙기의 갑작스러운 교체가 반복될 것이다. 그러다가 마침내 남아 있는 이산화탄소가 모두 흡수되고 나면 더 이상의 방해 없이 신생대 대빙하기가 계속 이어질 것이다.[17]

❁

약 3,000만 년 후면 남극 대륙은 멀리 북쪽으로 떠내려가 마지막으로 남은 빙원들도 적도의 따뜻한 물에 휩쓸려 사라질 것이다. 그동안의 기나긴 추위로 생명은 어떤 대가를 치렀을까?

우선 오소리보다 큰 포유류는 모두 멸종되고 없을 것이다. 몸집이 큰 유제류, 코끼리, 코뿔소, 사자, 호랑이, 기린, 곰도 더는 없을 것이다. 유대류도 대부분 사라지고, 오리너구리와 바늘두더지처럼 트라이아스기까지 그 혈통을 거슬러올라갈 수 있는 단공류도 이미 마지막 알을 낳았을 것이다. 마지막 영장류였던 호모 사피엔스도 이미 사라진 지 오래일 것이다.

몇몇 종류의 작은 새들과 많지 않은 수의 뱀, 도마뱀들은 남아 있을 것이다. 거북과 악어 같은 대형 파충류는 멸종되었을 것이고, 남아 있던 모든 양서류도 같은 운명을 맞았을 것이다.

설치류는 많이 남아 있겠지만 우리가 알아보기는 어려울 것이다. 새로운 초식동물들은 쥐와 생쥐의 혈통일 것이다. 전통적인 육식동물 중에서는 몽구스나 페럿 종류의 소형 동물들만 남아 있을 것이고, 몸집이 큰 육식동물들은 지금과 다른 모습의 설치류일 것이다. 물론 날지 못하는 거대한 박쥐로부터 진화할, 가장 무시무시한 포식자를 제외하면 말이다.[18]

바닷속에는 여전히 물고기들이 있을 것이다. 상어들은 데본기 이후로 늘 그래왔듯이 바닷속을 헤엄치고, 새로운 종류의 산호와 해면으로 이루어진 생물초가 형성되어 있을 것이다.

그리고 한동안은 고래들도 남아 있을 것이다.

수많은 사건과 변동으로 가득했던 지구 생명의 이야기를 전체적으로 돌아보면, 생명이 단 두 가지 요소에 의해서 좌우되어 왔음을 알 수 있다. 바로 대기 중 이산화탄소 양의 느린 감소와 태양 밝기의 느린 증가이다.[19]

대부분의 생명은 광합성을 하는 식물이 대기 중의 이산화탄소를 양분으로 변환하는 능력에 기초하고 있다. 그런데 식물들이 광합성을 하려면 대기 중 이산화탄소의 농도가 약 150ppm은 되어야 한다. 이것은 식물이 오로지 C3라고 불리는 광합성 방식만 사용한다고 가정했을 때의 수치이다. 그러나 C4라는 광합성 방식을 사용한다면 더 낮은 농도인 10ppm만으로도 가능하다. C4 광합성의 문제점은 에너지가 더 많이 소비된다는 점인데, 그래서 대부분의 식물은 C3 광합성을 선호한다.[20]

수백만 년 전, 풀이 진화하면서 변화가 일어났다. 특히 열대 사바나의 식물들이 에너지는 많이 들지만 이산화탄소는 덜 소비하는 C4 광합성 방식을 주로 사용하게 되었다. 때때로 크게 늘어나거나 줄어들기는 했지만, 이산화탄소는 전체적으로 보면 지구 역사 내내 천천히 감소해왔다. 그러다가 신생대 중기쯤에는 그 농도가 너무 낮아져서 더 많은 에너지를 쓰는데도 불구하고 이 흔치 않은 광합성 방식이 자연선택을 받기 시작한 것이었다.

더 먼 과거까지 돌아보면 이것은 지구에서 살아가야 하는 지구상의 생물들이 환경 변화가 야기한 시련에 대응하는 방식 중의 하나일 뿐이었다. 이러한 많은 시련 뒤에 숨겨진 배경에는 지구에 도달하는 태양열의 꾸준한 증가, 그리고 이산화탄소의 변동(주로 감소)이 있었다.

❁

왜 이산화탄소는 점점 부족해지는 것일까? 그 해답은 단 하나의 단어로 설명할 수 있다. 바로 풍화이다. 새로운 암석이 지표면을 뚫고 올라와 산이 되면 곧장 침식되기 시작한다. 그리고 이 과정이 대기 중의 이산화탄소를 빨아들인다. 계속해서 침식된 바위는 마침내 먼지가 되어 떠돌다가 바다로 날아가 해저에 묻힌다.

지구 초기에 이 행성의 표면은 완전히 바다로 덮여 있어서 침식될 땅이 거의 없었다. 그러나 시간이 지나면서 육지의 비율이 서서히 증가했고 풍화 가능성도 함께 높아졌다. 그후 대기 중에서 빠져나가는 이산화탄소의 양은 화산 폭발 등의 사건을 통해서 보충되는 양보다 천천히, 꾸준히 더 많아졌다.[21]

❁

생명이 겪은 첫 시련은 24억 년 전부터 21억 년 전 사이의 대산화 사건으로 찾아왔다. 지각 활동이 급증하면서 해저에 묻히는 탄소의 양이 급격히 늘어났고, 그 결과 대기 중의 이산화탄소가 줄어들었다. 지구는 더 이상 온실 효과의 혜택을 받지 못하고 약 3억 년간 이어질 빙하기에 돌입했다. 이 시기에 지구는 남극부터 북극까지 완전히 얼음으로 뒤덮였다. 최초이자 가장 큰 규모의 "눈덩이 지구"였다. 그 시기가 더욱 혹독했던 이유는 태양이 발산하는 열이 오늘날보다 훨씬 적었기 때문이다. 이 사실이 지구상의 생물들이 나아갈 방향에 영향을 미치게 되었다.

생명은 복잡성을 증가시키는 방식으로 대응했다. 느슨한 연대를 맺고 살아가던 개개의 세균들이 모여서 각자 가장 잘하는 한 분야에만 집중하게 되었다. 애덤 스미스의 『국부론(*The Wealth of Nations*)』에 나오는 노동 분업의 모범적인 사례였다. 공장에서는 한 사람의 노동자가 모든 일을 다 하기보다는 각자 특정한 한 가지 과업에만 집중하는 쪽이 훨씬 더 효율적이다. 같은 원리에 따라서 새롭게 등장한 진핵세포들도 적은 노력으로 더 많은 것을 이룰 수 있게 되었다.

❁

생명이 다음으로 맞이한 큰 시련은 약 8억2,500만 년 전, 초대륙 로디니아의 분열과 함께 찾아왔다. 이전과 마찬가지로 풍화와 탄소 매장량이 어마어마하게 증가하면서 또다시 기나긴 빙하기가 연속적으로 이어졌다. 이 빙하기들도 눈덩이 지구 현상을 불러왔지만 대산화 사건으로 지구가 얼어붙었을 때만큼 오래가지는 않았다. 침식할 육지는 더 많았지만 태양이 그만큼 더 뜨거웠다.[22]

그 무렵 진핵생물은 복잡성을 더욱 증가시키는 실험을 해오던 중이었다. 서로 다른 진핵세포들이 모여서 다세포의 유기체를 형성하고 각각의 세포가 소화, 번식, 방어 등 서로 다른 임무에 집중하는 형태였다. 동물의 진화는 로디니아의 분열로 찾아온 빙하기의 직접적인 산물이었다.

다시 한번 생명은 내부 질서의 전면적인 개편을 통해서 심각한 환경 위기에 대응했다. 다세포화를 통해서 생물은 몸집을 더 키우고, 더 빨리, 더 멀리까지 이동하여 개개의 진핵세포는 결코 할 수 없었던 방식으로 더 많은 자원을 이용할 수 있게 되었다.

⁂

진핵생물들이 달력을 보고 이제 8억2,500만 년 전이니까 다세포 생물이 되자고 다 함께 결정했을 리는 없다. 다세포 생물이 진화한 지는 오래되었지만 단세포 진핵생물(그리고 세균)은 여전히 매우 흔하다. 다만 다세포 상태가 더는 특이한 현상이 아니라 훨씬 흔해졌을 뿐이다. 10억 년 전에는 점액질의 바다 가운데에서 엽상체의 해초가 가끔씩 눈에 띄었을 것이다. 8억 년 전에는 사방에 해초들이 널려 있었다. 그리고 5억 년 전이 되자, 그 해초는 맨눈으로도 볼 수 있을 만큼 큰 동물들의 움직임에 맞춰 춤을 추게 되었다.

⁂

생명은 비슷한 방식으로 복잡성 혁명의 다음 단계를 준비하고 있다. 세균이 결합하여 진핵생물이 되고, 그들이 결합하여 다세포의 동식물과 균류가 된 것처럼 지구 생명의 마지막 세대에는 이 생물들이 결합하여 우리가 상상조차 하기 어려운 힘과 효율성을 지닌 완전히 새로운 종류의 생물이 될 것이다.

그 씨앗은 이미 오래 전에 뿌려졌다.

❁

식물은 육지로 올라온 지 얼마 지나지 않았을 때, 식물의 뿌리에 붙어사는 '균근'이라는 땅 속 균류와 긴밀한 관계를 맺는 편이 훨씬 더 삶이 편해진다는 사실을 발견했다. 균근은 균류에게 광합성으로 만든 양분을 공급하고, 균류는 그 대가로 땅 속 깊은 곳까지 파고 들어가서 얻은 무기질을을 식물에 공급한다.[23]

오늘날 대부분의 육지 식물은 균근과 공생하고 있으며, 사실상 그들 없이는 살아가지 못한다. 여러분이 다음에 숲속을 걷게 된다면, 여러분의 발밑에서 서로 다른 식물들의 균근이 이어진 채 영양분을 주고받으면서 숲 전체의 성장을 조절하는 거대한 연결망을 이루고 있다는 사실을 떠올려보기를 바란다. 수많은 나무와 균근으로 이루어진 숲은 하나의 초유기체(superorganism)이다.[24]

균류는 아주 넓은 지역의 생물들에게 영향력을 행사하기도 한다. 아르밀라리아 불보사(*Armilaria bulbosa*)라는 균류의 한 표본은 지금까지 알려진 가장 큰 생물 중 하나로, 그 미세한 균사가 미시건 북부에 위치한 약 15헥타르 면적의 숲 전체에 퍼져 있다. 우리는 그 존재조차 눈치채기가 어렵지만 총 무게가 1만 킬로그램이 넘고 1,500년 넘게 살아온 생물이다.[25] 그러나 이 균류를 하나의 개체로 정의하기는 어렵다. 균류의 균사는 눈에 띄지 않게 퍼져나가며 구석구석에 침투하여 어두운 흙 속에서 거대한 비밀 연합을 결성하고 있다.

❁

시간이 많이 흘러 공룡의 시대가 정점에 가까워지고 있을 무렵, 식물의 세계 또한 조용한 혁명을 겪었다. 바로 꽃의 혁명이었다.

꽃을 피우는 식물들은 처음에는 물가에서 느릿느릿 자라는 형태로 시작했지만 곧 훨씬 더 흔해졌으며, 1억 년 후에는 육상 식물의 지배적인 형태가 되었다.

꽃의 이점 중의 하나는 바람과 날씨와 기회에만 의존해서 수정하지 않고 꽃가루 매개자를 직접 유혹한다는 점이다. 다른 많은 생물과 마찬가지로 속씨식물도 불리한 조건을 극복해가며 환경과 맞섰다.

그러므로 꽃의 진화와 꽃가루 매개자인 곤충들, 특히 개미와 벌과 말벌(막시류), 나비와 나방(인시류)의 급격한 증가가 동시에 일어난 것은 우연이 아닐 것이다.[26] 이러한 곤충들은 이미 수백만 년 전부터 존재해왔지만 속씨식물의 진화는 이들의 진화에 더욱 박차를 가했다.

일부 식물들은 꽃가루 매개자들과 서로의 존재 없이는 살아갈 수 없을 정도로 긴밀한 관계를 맺고 있다. 예를 들어 무화과는 무화과말벌 없이는 번식할 수 없고 무화과말벌의 삶 또한 무화과를 중심으로 돌아간다. 우리가 무화과의 과일이라고 생각하는 것은 사실 말벌이 자신들을 위해서 만든 서식지이다.[27] 유카도 유카나방과 유사한 관계를 맺고 있다.[28] 어떤 면에서 무화과와 무화과말벌은 서로 떼어놓을 수 없게 결합된 하나의 생명체라고 할 수 있으며, 유카와 유카나방 또한 마찬가지이다.

⚙

개미와 벌, 말벌은 속씨식물의 진화에 힘입어 더욱 빠르게 진화했지만, 그중 많은 수는 식물과의 연대로부터 완전히 분리되어 좀더 새롭고 통합된 상태로 진화해왔다. 이러한 곤충들은 거대한 군체를 이루며 그 안의 개체들은 각각 경비나 먹이찾기와 같은 특정 과제에 특화되어 있다. 중요한 것은 번식이 한 개체, 즉 여왕의 몫이 되었다는 점이다. 특정한 세포군이 번식을 담당하는 다세포 생물의 경우와 마찬가지이다.

초유기체인 이러한 군체들은 단일 동물의 특징이라고 할 만한 독특한 습성을 보여준다. 예를 들면 수확개미(*Pogonomyrmex barbatus*)의 일부 군체는 가뭄이 들면 다른 군체보다 먹이를 구하러 나가는 개체들의 수를 줄이는데, 이러한 절제의 결과, 더 많은 딸 군체들(daughter colonies)이 만들어진다.[29] 인간처럼 개미들도 몸 안에 사는 세균, 그리고 주변의 다른 동물들과 긴밀한 관계를 맺는다. 이들은 균류로 이루어진 정원을 적극적으로 가꾸며, 진딧물을 길러 그들이 분비하는 단물을 수확하기도 한다.

사회적 조직은 성공과 연결되는 특성이다.[30] 호모 사피엔스의 성공 원인은 사회 조직을 이루는 성향일지도 모른다. 사회성 곤충들처럼 이러한 조직 속의 개체들은 보통 특정한 과업에 특화되어 있으며, 단독으로 행동하는 개체들보다 더 많은 자원을, 더 쉽게 축적할 수 있다. 오늘날의 사람들이 가장 기본적인 욕구조차도 스스로 충족시켜야 한다면, 안락하게 살 수 있는 사람이 몇 명이나 되겠는가? 사회성 곤충들도 마찬가지이다. 그들이 진화하기 전에도 그러했고, 인간이 멸종한 후에도 오랫동안 그럴 것이다. 사실 작은 크기의 개체들과 대규모 조직이 가지는 이점은 시간이 흐를수록 오히려 점점 더 중요해질 것이다.

❁

시간이 흐르고 광합성에 필요한 이산화탄소가 부족해질수록 이러한 연대는 더 흔해질 것이다. 더 작아진 개체들은 더 큰 사회적 초유기체의 일부가 됨으로써 자원을 더 효율적으로 이용하게 될 것이다. 동시에 식물은 그들에게 이산화탄소를 공급하는 동물에 의존하여 수분을 할 것이고, 동물과의 관계가 덜 긴밀한 식물은 결국 굶어죽고 말 것이다. 무화과말벌과 유카나방은 이미 그 형태와 습성 면에서 자유분방하게 살아가는 친척들과 크게 달라졌다.

식물들은 꽃가루 매개자, 특히 사회성 곤충들과 더 긴밀한 관계를 진화시킬 것이다. 이러한 변화는 점점 빨라지다가 결국 곤충들은 오로지 수정을 중개하고 이산화탄소를 공급하는 매개체의 기능만 하게 될 것이다. 그리고 마침내 식물 내부의 미세 기관과 다름없어질 것이다. 우리 세포 안의 미토콘드리아가 한때는 자유롭게 살아가던 세균이었던 것과 마찬가지이다. 곤충의 번식은 식물의 번식과 동시에 일어나게 될 것이고, 이들은 한 몸과 다름없는 존재가 될 것이다.

그러나 식물 또한 우리가 알아볼 수 없게 변해 있을 것이다. 이들은 아마도 균류와 비슷하게, 몸의 대부분이 뿌리나 덩이줄기 형태로 땅 속에 묻혀 있을 것이다. 어쩌면 그것이 속이 빈 동굴처럼 부풀어 있어서 그 안에 곤충들이 살고 있을지도 모른다. 이산화탄소를 생산하는 이 곤충 파트너들은 미세한 벌레 또는 아메바와 비슷한 세포의 모습으로 평생 내부에서 피어나는 작은 꽃의 수정을 돕는 데에 헌신하며 살아갈 것이다. 식물은 광합성을 하는 조직을 가끔씩만 땅 위로 올려보낼 것이다. 그러나 흡수할 이산화탄소가 줄어들고 태양열이 점점 강해지면서 그 횟수가 점차 줄어들다가 결국은 땅 위로는 거의 올라오지 않게 될 것이다.

그럼에도 불구하고 어떤 식물들은 땅 위로 작은 꽃들을 올려 보내서 바람에 꽃가루를 날려 보내거나 바람에 실린 꽃가루를 획득하면서 유전적 다양성을 유지할 것이다. 아마도 이 꽃들은 아직 모든 것을 잃지는 않았음을 알리는 일종의 수신호 역할을 할 것이다.

지구는 여전히 계속해서 움직인다. 지금으로부터 2억5,000만 년 후, 대륙은 다시 한번 하나로 모여 역사상 가장 큰 초대륙

을 형성할 것이다. 판게아와 비슷하게 적도에 걸쳐져 있을 이 대륙[31]의 내부는 대부분 바싹 마른 사막일 것이고 그 주위로는 어마어마한 높이와 규모의 산지가 둘러싸고 있을 것이다.

생명의 흔적은 거의 보이지 않을 것이다. 더욱 단순해진 바닷속 생물들은 대부분 심해에 집중적으로 분포되어 있을 것이다. 육지에는 생명이 완전히 사라진 것처럼 보이겠지만 실은 그렇지 않고, 다만 땅 속으로 아주 깊이 파고 들어가야 생명을 발견할 수 있을 것이다.

오늘날에도 식물의 뿌리보다, 심지어 균근과 아르밀라리아 같은 균류보다 더 깊은 곳에서 눈에 띄지 않게 살아가는 생물들은 아주 많다.

깊은 땅 속에는 무기물을 채집하여 이것을 한 형태에서 다른 형태로 전환하면서 얻는 에너지로 근근이 삶을 이어나가는 세균이 있다.[32] 이 세균은 땅 속 구석구석에서 다양한 작은 생물들의 먹이가 된다.[33] 그중 대부분은 우리가 가장 경시하고 간과하는 형태의 동물인 회충이다. 왜냐하면 회충은 동식물의 몸에 워낙 많이 우글거리고 있기 때문이다. 어떤 과학자는 회충만 빼고 지구상의 모든 생물이 투명해진다고 해도 우리는 나무, 동물, 인간, 그리고 땅 자체의 유령 같은 형체를 알아볼 수 있을 것이라고 말하기도 했다.[34]

깊은 지하 생물권의 생물들은 속도가 워낙 느려서 이들과 비교하면 빙하조차 어린 양들처럼 활기차 보일 정도이다. 느리다 못해 거의 죽은 것과 다름없어 보일 것이다. 세균은 매우 느리게 성장하고 거의 분열을 하지 않으면서도 수천 년 동안 살 수 있다. 그러나 세계가 따뜻해지고 대기 중의 이산화탄소가 더 희박해지면서 깊은 곳에서 사는 생물들의 속도도 빨라질 것이다.

열 자체뿐 아니라 위쪽에서 온 생물들의 침범도 그 동력이 될 것이다. 우리가 상상하기조차 힘든 이 새로운 종류의 생물은 머나먼 과거에 균류, 동식물이라고 불리던 생물들이 모여 이루어진 형태로, 이는 지표면 근처 생명의 마지막 저항일 것이다. 광합성이 과거의 일이 된 세상에서 이 초유기체는 지하 깊은 곳에서 천천히 움직이는 세균들을 일하게 만들고 안전한 피난처를 제공하는 대가로 에너지와 양분을 공급받을 것이다.

균사와 비슷한 초유기체의 가닥들은 지각을 뚫고 퍼져나가며 더 많은 양분, 더 많은 생명체를 찾아다닐 것이고, 그러다 지구가 저물어갈 무렵의 어느 날에는 모든 초유기체의 가닥들이 만나서 결합될 것이다. 그리고 아마도 마지막에는 생명체가 모두 하나로 뭉쳐, 살아 있는 단일한 개체로서 빛의 소멸에 맞설 것이다.

❁

지구는 계속 움직일 것이다. 그러나 너무 늙어버린 지구의 움직임은 더 느려지고 관절염에 걸린 듯 고통스러워 보일 것이다. 지각판의 움직임은 예전처럼 매끄럽지 못할 것이다.

지구가 젊었던 시절, 대륙 이동의 동력은 대류열(對流熱)이었다. 그리고 이 거대한 엔진의 연료는 아주 오래 전 초신성의 마지막 순간에 만들어진 이후 지구의 중심으로 날아온 우라늄과 토륨 같은 방사성 원소들의 느린 붕괴였다. 이런 원소들은 이제 다 사라지고 없을 것이다.

앞으로 약 8억 년 후에 만들어지는 초대륙은 지구 역사상 최대 규모이자 마지막 초대륙이 될 것이다. 끊임없는 이동으로 생명의 연료인 동시에 꽤 자주 재앙을 불러왔던 대륙은 마침내 그 움직임을 멈출 것이다.

지구 표면 위에는 더 이상 생물이 남아 있지 않을 것이다. 깊은 땅 속의 생명도 마지막 숨을 내쉬고 있을 것이다. 열수 분출구 주변에 모여 있던 바닷속의 마지막 생명들은 광물이 풍부하고 수소와 황으로 이루어진 연기를 뿜어내는 이 구멍들이 죽음을 맞이하면 함께 굶어죽고 말 것이다.

그리하여 지금으로부터 약 10억 년 후, 그토록 영리하게 모든 생존 위기를 번성의 기회로 바꾸어온 지구상의 생명은 마침내 완전히 절멸할 것이다.[35]

에필로그

누군가가 다른 맥락에서 했던 말을 바꿔서 말해보면, 모든 생물의 끝은 멸종이다. 생명 그 자체도 영원히 지속될 수는 없다. 호모 사피엔스도 예외는 아닐 것이다.

예외는 아닐지 몰라도 예외적인 존재이기는 하다. 대부분의 포유류 종이 약 100만 년 정도 지속되고, 호모 사피엔스가 존재한 기간은 아무리 넓게 잡아도 그 시간의 절반도 되지 않지만 그럼에도 불구하고 인류는 예외적인 종이다. 인류는 앞으로 몇백만 년 더 존재할 수도 있고, 다음 주 화요일에 갑자기 절멸할 수도 있다.

호모 사피엔스가 예외적인 이유는, 우리가 아는 한, 자연의 체계 안에서 자신들의 자리를 자각한 유일한 종이기 때문이다. 인간은 자신들이 세상에 입힌 피해를 인식하고, 그 피해를 줄이기 위한 조치를 취하기 시작했다.

⚙

호모 사피엔스가 소위 "여섯 번째" 대멸종을 촉발했다는 우려가 많다. 이는 "빅 파이브(Big Five)", 즉 페름기 말, 백악기, 오르도비스기, 트라이아스기, 데본기의 멸종과 비슷한 규모로 수억 년 후에 지질학적 기록에 남을 사건을 뜻한다.

종들이 서로 다른 이유로 진화했다가 사라지는 배경 멸종(background extinction)의 속도가 인류의 진화 이후 증가했고, 오늘날에 특히 빠른 것은 사실이지만, 현재의 멸종률이 빅 파이브에 비견되려면 인간이 지금 하고 있는 일들을 앞으로도 500년은 더 계속해야 한다.[1] 이는 산업혁명부터 현재까지의 거의 두 배에 달하는 시간이다. 이미 많은 피해가 발생했지만 지금부터라도 노력하면 가만히 손놓고 있을 때만큼 나빠지는 것을 막을 시간은 있다. 다시 말해서 여섯 번째 대멸종은 아니다. 적어도, 아직까지는.

인류는 또한 대기 중에 이산화탄소를 급격하게 방출함으로써 지구 온난화를 불러왔다. 지구 온난화의 영향은 이미 체감할 수 있으며 이는 수많은 다른 종의 삶뿐 아니라 우리의 건강과 안전에도 심각한 위협을 가하고 있다.

물론 기후가 변화하는 것은 자연스러운 일이라고 할 수도 있다. 우리의 지구는 때에 따라 마그마 덩어리이기도 했고, 물의 세계이기도 했으며, 남극부터 북극까지 밀림으로 덮이기도 했고, 몇 킬로미터 두께의 얼음 속에 갇히기도 했다.

그러므로 기후 변화를 막으려는 시도는 대단한 자아도취적 자만심처럼 보일 수도 있다. 크누트 대왕이, 왕이라면 명령만으로 바닷물의 방향도 바꿀 수 있어야 한다고 말하는 신하들에게 훈계했던 것처럼 말이다.

지구를 살리자!

와 같은 슬로건과 마주쳤을 때

그럼 지각판의 이동을 멈춰라!

라든가 심지어

그럼 지각판의 이동을 멈춰라—지금 당장!

과 같은 말로 응수하고 싶어지기도 한다.

어쨌든 지구는 호모 사피엔스가 등장하기 46억 년 전부터 존재해왔고, 호모 사피엔스가 사라진 후에도 오랫동안 남아 있을 것이다.

❁

이런 냉소적인 관점은 인류가 이를 데면, 우리가 오늘날 산소 분자라고 부르는 유독한 물질을 적지만 치명적인 양으로 대기 중에 방출했던 최초의 광합성 세균만큼이나 자신들이 하는 일을 인식하지 못할 때에야 정당화될 수 있을 것이다.

그러나 우리는 너무나 분명히 인식하고 있기 때문에 이미 더 책임감 있게 행동하기 위한 단계들을 밟아가고 있다. 전 세계적으로 화석 연료가 오염이 덜한 연료로 대체되면서 이산화탄소 배출량은 점점 줄어들고 있다. 예를 들면 2019년 3분기는 처음으로 영국에서 재생 에너지를 통한 전기 생산량이 화석 연료 발전량을 앞지른 기간이었으며, 이러한 흐름은 강화될 것으로 보인다.[2] 도시들은 점점 더 푸르고 깨끗해지고 있다.

50년 전, 전 세계 인구가 지금의 절반이던 시절에는 인류가 곧 자급자족을 할 수 없게 되리라는 심각한 우려가 있었다.[3] 그러나 50년이 지난 지금, 지구의 인구는 두 배로 늘어났으며 사람들은 전반적으로 더 건강하고 오래 살고 예전보다 더 부유해졌다. 논쟁의 주제는 빈곤에서 심각한 부의 불평등으로 인한 피해로 옮겨갔다.

인류는 삶을 더 경제적으로 꾸려나가기 시작했으며, 그 일을 빠르고 열정적으로 실행하고 있다. 1인당 에너지 소비량은 전 세계적으로는 여전히 증가하고 있지만, 일부 고소득 국가에서는 감소했다. 영국과 미국에서 1인당 에너지 소비량은 1970년대에 최고조에 달한 이후 비슷한 수준을 유지하다가 2000년대 들어 급격히 감소했다. 영국의 1인당 에너지 소비량은 지난 20년 동안 거의 4분의 1이나 줄어들었다.[4]

인류의 교육 수준 또한 전보다 높아졌다. 1970년에는 열두 살까지 학교를 다니는 사람의 수가 5명 중 1명에 불과했다. 지금은 그 비율이 2명 중 1명 이상(51퍼센트)이 되었고, 2030년에는 61퍼센트에 달할 것으로 예상된다.[5]

한때 모든 통제 범위를 넘어 걷잡을 수 없이 증가할 것처럼 보였던 인구는 이번 세기에 최고점을 찍은 이후 점차 줄어들

것으로 보인다. 2100년경에는 지금보다 인구가 줄어 있을 것이다.[6]

더 효율적인 기술과 농업의 발전이 이러한 현상에 이바지했다. 하지만 지난 세기 동안 인류의 생활여건 향상의 가장 중요한 원인은 여성들이, 특히 개발도상국에서 생식적, 정치적, 사회적 권리를 가지게 된 것이었다. 여성이 자신의 몸에 대한 통제권을 가지고 여러 문제들에 관한 발언력을 키워가면서, 인류의 노동력은 두 배가 되었고 전반적인 에너지 효율성은 높아졌으며 인구의 증가는 멈추었다.

앞으로도 해결해야 할 문제는 많다. 그러나 인류는 생명이 언제나 그래왔듯이 노동의 분업을 통해서 더 적은 자원을 더 효율적으로 이용하는 방식으로 대응하고 있으며 앞으로도 그럴 것이다.

그리고 그럼에도 불구하고 호모 사피엔스는 조만간 결국 멸종할 것이다.

❁

어쩌면 빠져나갈 방법이 있을지도 모른다. 비록 자세히 살펴보면 환상에 불과한 것으로 판명되더라도 말이다. 이 책은 지구상의 생명을 다루면서 언젠가는 이곳의 환경이 너무 혹독해져서 아무리 요령이 좋은 생물이라도 살아남을 수 없으리라는 사실을 보여주고 있다. 그러나 생명이 지구 너머로 진출할 수도 있으리라는 가능성에 관해서는 논하지 않았다.

일부 생명들은 우주 환경에서도 살아남을 수 있다는 사실이 알려져 있기는 하지만,[7] 우리가 아는 한 호모 사피엔스는 계획적으로 우주로 나아간 최초의 종이다. 인간은 유인 우주 정거장을 궤도에 올렸고 또다른 세계인 달에 발을 디뎠다. 따라서 인간이 정기적으로 지구를 떠나거나, 심지어 행성의 표면이든 인공 거주지든 간에 우주에서 영구적으로 살게 될 가능성도 존재한다.

현재로서는 이러한 일이 불가능해 보인다. 이 책을 집필하던 당시까지 달에 간 사람은 소수에 불과했으며,[8] 1972년 이후로는 한 명도 없었다. 그러나 그렇다고 해서 비관적으로 생각할 이유는 없다. 약 12만5,000년 전, 아프리카 남부 해안에서 살았던 최초의 현생 인류가 화장품을 개발하고 활과 화살을 쏘는 법을 익혔을 때에도 새로운 기술은 잠깐 반짝 하고 나타났다가 때로는 수천 년씩 묻히기도 했지만, 결국에는 다시 습득되어 흔해졌다. 그러한 기술들이 습득되고 유지되기 위해서는 충분한 수의 사람들이 충분히 가까이 살면서 지속적으로 활동해야만 하는 것인지도 모른다.

한동안 잊힌 듯했지만 오랜 공백기 끝에 다시 활발하게 추진되고 있는 우주여행 또한 이제 일상이 될지도 모른다. 기술의 발전으로 우주여행에도 더 이상 정부 말고는 감당할 수 없을 정도로 어마어마한 비용이 들지는 않게 되자, 민간기업들이 이 분야로 뛰어들었다. 사람들이 단지 경치를 구경하기 위해서 우주를 방문하게 될 가능성도 더 이상 과학소설 속 이야기만은 아니다. 초기에는 대단히 부유한 사람들만 이용하겠지만, 비행기도 부자들의 전유물이던 시절이 있었다.

기술이 얼마나 빨리 발전해왔는지에 주목해볼 만하다. 예를 들어 인간은 최초로 대서양 횡단 비행에 성공했던 1919년 6월 이후 불과 50년 만인 1969년 7월에 최초로 달에 발을 디뎠다. 1919년에 두 명의 용감한 조종사들이 타고 날았던 비행기는 오늘날의 눈으로 보면 캔버스 천과 나무, 잔디 깎는 기계의 엔진을 줄로 묶어놓은 듯한 허술한 기계 장치에 불과했다.

그러나 인류가 언젠가 별을 향해 날아간다고 해도 멸종을 맞이할 운명임은 달라지지 않는다. 인간들의 거주지는 그 규모가 아주 작고 서로 대단히 멀리 떨어져 있어서 인구와 유전적 다양성이 부족해질 가능성이 높으며, 번성하는 집단도 결국에는 서로 다른 종들로 분화될 것이다. 그런 식으로는 운명을 벗어날 수 없다.

❁

그렇다면 인간은 무엇을 남기게 될까? 지구상 생명의 지속 기간을 생각하면 아무것도 남지 않을 것으로 보인다. 그토록 치열하고 그토록 짧았던 인간의 역사, 그 모든 전쟁, 문학, 궁전에서 살던 군주와 독재자들, 그 모든 기쁨, 고통, 사랑, 꿈, 성취, 모두가 미래의 퇴적암 속 몇 밀리미터 두께의 층으로만 남을 것이다. 그리고 그 암석조차 언젠가는 먼지가 되어 바닷속으로 가라앉을 것이다.

그러나 오히려 그러한 사실 덕분에 우리가 가진 것을 보존하고, 우리 자신과 다른 사람들을 위해서 하루살이 같은 우리의 삶을 최대한 안락하게 지속하려는 시도가 한층 더 의미 있고 중요해진다.

올라프 스테이플던(1886−1950)의 『별 창조자(*Star Maker*)』는 아마도 지금까지 출판된 사변 소설들 중에서 가장 대담한 작품일 것이다. 이 소설에 대해서 들어본 사람이 드문 이유는 부담스러울 정도로 어마어마한 스케일 때문이 아닐까 싶다(책 자체의 길이는 짧은 편이다). 우리 우주의 역사를 다루는 이 이야기 속에서 그 역사는 4,000억 년이 넘는다. 그리고 이 우주는 여러 우주들 중 하나일 뿐이다. 인류의 역사는 겨우 한 단락을 차지한다.

주인공은 아내와 싸운 후 집에서 나와 언덕에 앉아 있다가 우주를 탐험하는 환상 속에 빠져든다. 우주를 떠도는 다른 이들과 만난 그는 수많은 모험을 하는 공동체의 일원이 되고 이들이 모여 이룬 우주적인 정신은 마침내 창조자와 만난다. 우리의 우주는 창조자의 연습작일 뿐이고 그의 작업장에는 또 다른 장난감 우주들이 흩어져 있다. 더 큰 우주들은 아직 만들어지지도 않았다.

집으로 돌아온 주인공은 자신의 여행을 돌아본다. 스테이플던이 제1차 세계대전 당시 서부 전선에서 구급 구조대원으로 복무하며 전쟁의 공포를 직접 목격했던 평화주의자였음을 상기할 필요가 있다. 『별 창조자』는 또다시 전 세계적으로 갈등이 번져가던 1937년에 출간되었다. 이 책의 서문과 후기에서도 주인공은 그 사실을 언급한다.

이 책의 화자는 묻는다. 평범한 사람이 어떻게 하면 그러한 비인간적인 공포와 맞설 수 있는가? 그는 "길을 인도해줄 두 개의 빛"을 제시한다. 첫 번째는 "공동체라는 작고 빛나는 원자", 그리고 두 번째는 그것과 정반대의 개념처럼 보이는 "별들의 차가운 빛"이다. 그 안에서는 세계대전 같은 문제도 하찮아 보일 뿐이다. 그리고 그는 이렇게 끝을 맺는다.

> 이상하게도, 이러한 분투, 최후의 어둠이 닥치기 전 동족들을 좀더 환하게 밝히기 위해 애쓰는 미미한 동물들의 이 짧은 노력에 어떤 식으로든 참여하는 일이 오히려 더 시급해 보인다.

그러므로 절망하지 마라. 지구는 버티고 있고, 생명은 아직 살아 있다.

더 읽을 만한 책들

이 책의 뒤에는 집필의 기초가 된 1차 연구들에 관해서 자세히 설명한 많은 양의 주석이 붙어 있다. 연구 논문은 그 특성상 다른 과학자들이 읽을 것을 염두에 두고 쓰인다. 여기에는 그와 반대로 여러분이 좀더 쉽게 읽을 수 있는 책들을 소개하고자 한다.

Benton, Michael J., *When Life Nearly Died*(London: Thames & Hudson, 2003)(『대멸종 : 페름기 말을 뒤흔든 진화사 최대의 도전』, 뿌리와이파리, 2007). 페름기 말의 대멸종을 무시무시할 정도로 상세하게 묘사하며 그만큼 흥미진진하다. 멸종 원인에 대한 분석도 곁들였다.

Berreby, David, *Us and Them*(New York: Little, Brown, 2005)(『우리와 그들, 무리짓기에 대한 착각』, 에코리브르, 2007). 인간의 행동, 특히 우리가 얼마나 쉽게 동맹을 맺거나 서로 적대적인 무리를 형성하는지를 다룬 책이다. 내가 읽어본 가장 훌륭한 인류학 책이다. 이 말을 인용해도 좋다.

Brannen, Peter, *The Ends Of The World*(London, Oneworld, 2017)(『대멸종 연대기 : 멸종의 비밀을 파헤친 지구 부검 프로젝트』, 흐름출판, 2019). 지구상에서 일어났던 다양한 대규모 멸종에 관한 책이다.

Brusatte, Steve, *The Rise and Fall of the Dinosaurs*(London: Macmillan, 2018)(『완전히 새로운 공룡의 역사 : 지구상 가장 찬란했던 진화와 멸종의 연대기』, 웅진지식하우스, 2020). 최신의 공룡 연구를 간결하고도 흥미롭게 다룬다.

Clack, Jennifer, *Gaining Ground*(Bloomington: University of Indiana Press, 2012). 물고기로부터 시작된 육상 척추동물의 기원에 관한 책이다.

Dixon, Dougal, *After Man*(London: Granada, 1981)(『인류 시대 이후의 미래 동물 이야기』, 승산, 2007). 오늘 인류가 멸종된다면 5,000만 년 후 야생동물들이 어떤 모습일지를 흥미진진하게 예측한다.

Fortey, Richard, *The Earth, an Intimate History*(London: HarperCollins, 2005)(『살아 있는 지구의 역사』, 까치글방, 2018). 우리가 사는 지구의 역사를 지질학적 관점에서 다룬다.

Fraser, Nicholas, *Dawn of the Dinosaurs*(Bloomington: Indiana University Press, 2006). 부당하게 외면을 당하고 있는 트라이아스기의 역사를 다룬 책. 더글러스 헨더슨의 내부 삽화가 생생하다.

Gee, Henry, *In Search of Deep Time*(New York: The Free Press, 1999), 영국에서는 *Deep Time*(London: Fourth Estate, 2000). 지금 여러분이 들고 있는 이 책의 내용처럼 불완전한 화석 기록으로 하나의 이야기를 만드는 일에 관해서 경고하는 책이다. 그 대신 그 기록으로 더 많은 가능성을 상상해볼 수 있는데, 그중 일부는 여러분이 아는 이야기보다 훨씬 더 흥미로울 것이다.

Gee, Henry, *The Accidental Species*(Chicago: University of Chicago Press, 2013). 인류의 기원과 진화 연구에 관한 안내서. 몇 가지 근거 없는 믿음을 바로잡으며 인류를 드높은 왕좌에서 끌어내린다.

Gee, Henry, *Across the Bridge*(Chicago: University of Chicago Press, 2018). 우리가 속해 있는 동물군인 척추동물의 기원에 관한 안내서이다.

Gee, Henry, and Rey, Luis V., *A Field Guide to Dinosaurs*(London: Aurum, 2003). 공룡의 세계로 떠나는 여행자들을 위한 안내서. 루이스 레이의 멋진 그림만으로도 볼 가치가 있다.

Gibbons, Ann, *The First Human*(New York: Anchor, 2006)(『최초의 인류 : 인류의 기원을 찾아나선 140년의 대탐사』, 뿌리와이파리, 2008). 인류의 기원 연구에 관한 이야기를 이 분야 최고의 저술가가 들려준다.

Lane, Nick, *The Vital Question*(London: Profile, 2015)(『바이털 퀘스천 :생명은 어떻게 탄생했는가』, 까치글방, 2016). 열정적인 저자가 들려주는 생

명의 시작에 관한 이야기이다.

Lieberman, Daniel, *The Story of the Human Body*(London: Allen Lane, 2013)(『우리 몸 연대기 : 유인원에서 도시인까지, 몸과 문명의 진화 이야기』, 웅진지식하우스, 2018). 인류의 진화, 그리고 왜 현대적인 생활 방식이 우리가 물려받은 특성과 맞지 않는지를 다룬다.

McGhee, George R., Jr, *Carboniferous Giants and Mass Extinction*(New York: Columbia University Press, 2018). 석탄기와 페름기를 생생하게 묘사한 책이다.

Nield, Ted, *Supercontinent*(London: Granta, 2007). 대륙 이동과 5억 년 주기로 형성되는 초대륙에 관한 이야기이다.

Prothero, Donald R., *The Princeton Guide to Prehistoric Mammals* (Princeton: Princeton University Press). 타이니오돈트, 틸로돈트, 판토돈트, 디노케라타테스가 헷갈린다면 이 책을 읽어야 한다. 메리 퍼시스 윌리엄스의 멋진 그림을 볼 수 있다.

Shubin, Neil, *Your Inner Fish*(London: Penguin, 2009)(『내 안의 물고기 : 물고기에서 인간까지, 35억 년 진화의 비밀』, 김영사, 2009). 오늘날 인간에게서 찾을 수 있는 어류의 흔적에 관한 책이다.

Stringer, Chris, *The Origin Of Our Species*(London: Allen Lane, 2011). 호모 사피엔스가 지금의 모습이 되기까지의 이야기를 다룬다.

Stuart, Anthony J., *Vanished Giants*(Chicago: University of Chicago Press, 2021). 플라이스토세 말, 몸집이 큰 동물들이 대부분 멸종했던 사건에 관해서 상세하면서도 쉽게 설명한 책. '어제의 낙타'라는 이름의 종이 있을 줄 누가 알았겠는가?

Thewissen, J. G. M. 'Hans', *The Walking Whales*(Oakland: University of California Press, 2014)(『걷는 고래 : 그 발굽에서 지느러미까지, 고래의 진화 800만 년의 드라마』, 뿌리와이파리, 2016). 일군의 육상동물이 바다로 돌아와 단 800만 년 만에 완전한 해양동물이 된 사건에 관한 놀라운 이야기이다.

Ward, Peter, and Brownlee, Donald, *The Life and Death of Planet Earth*(New York: Henry Holt, 2002)(『지구의 삶과 죽음 : 지구와 인류의

미래로 떠나는 흥미진진한 탐험』, 지식의숲, 2006). 지구 생명의 미래에 관한 우울한 예언서이다.
Wilson, Edward O., *The Social Conquest of Earth*(New York: Liveright, 2012)(『지구의 정복자 : 우리는 어디서 왔는가, 우리는 무엇인가, 우리는 어디로 가는가?』, 사이언스북스, 2013). 사회생물학의 창시자가 쓴 책. 진화가 어떻게 개미나 인간 같은 초개체를 만들어냈는지에 관한 뜨거운 논쟁이 실려 있다.

감사의 말

『다리를 건너서(*Across the Bridge*)』 이후에 나는 다시는 책을 쓰지 않겠다고 맹세했다.

"다시는 책 안 쓸 거야." 직장 동료인 데이비드 애덤에게도 그렇게 외쳤다. 당시 데이비드는 「네이처」지의 리포터이자 시니어 라이터였는데 나는 툭하면 그의 일을 방해하며 함께 책에 관한 수다를 떨었다. 데이비드는 이미 두 권의 책, 『멈출 수 없는 남자(*The Man Who Couldn't Stop*)』와 『나는 천재일 수 있다(*The Genius Within*)』를 쓴 뒤였다.

내 말은 들은 척도 하지 않고 데이비드는 내가 오랫동안 「네이처」에서 일하면서 접할 수 있었던 놀라운 화석 연구들에 관한 책을 써보라고 제안했다.

다시는 책을 쓰지 않겠다고 계속 항변하면서도 결국 나는 그 책을 썼다.

대중 과학서라기보다는 거침없는 폭로서에 가까웠던 그 책의 제목은 『렉스에 관해 이야기해보자 : 지구 생명의 사적인 역사(*Let's Talk About Rex: A Personal History of Life on Earth*)』였다. 나의 에이전트인 질 그린버그 리터러리 매니지먼트의 질 그린버그는 빨리 책 내용을 알고 싶어했지만, 나는 아무 제약도 없이 모든 것을 속속들이 공개하는 이 책의 특성상 일단 집필을 끝낸 후에 책 속에 언급된 사람들 모두에게 보여주고 허락을 받아야 공개할 수 있다고 말했다. 질은 동의했고, 그래서 나는 그렇게 했다.

처음으로 우려를 표시한 사람은 나의 부모님이었다. 부모님은 말씀하셨다. "얘야, 다 좋은데 책 속에 언급된 사람들 말고는 누가 신경이나 쓰겠니?" 질은 나에게 좀더 직접적인 서술방식을 택하라고 조언했다. 그로부터 몇 달 동안 여러 편의 초고와 어마어마한 양의 이메일, 한밤중의 통화 몇 번을 주고받은 끝에 최종 버전이 완성되었다.

이 책은 애초에 데이비드 애덤의 아이디어였으므로 가장 먼저 그에게 감사를 표해야겠다. 이 책이 여러분 마음에 들지 않는다면 그 친구를 탓하기를 바란다. 우리의 동료인 헬렌 피어슨도 책의 집필에 도움을 주었다.

많은 사람들이 책의 일부를 먼저 읽었고, 유용한 조언을 해준 이들도 있었다. 물론 실수는 온전히 나의 책임이며, 공상에 가까운 수많은 추측도 마찬가지이다. 현명한 조언을 아끼지 않은 페르 에릭 알버그, 마이클 브루넷, 브라이언 클레그, 사이먼 콘웨이 모리스, 빅토리아 헤리지, 필리프 장비에르, 미브 리키, 올레그 레베데프, 댄 리버먼, 저시 뤄, 한나케 메이에르, 마크 노렐, 리처드 '버트' 로버츠, 더간 수, 닐 슈빈, 막달레나

스키퍼, 프레드 스푸어, 크리스 스트링거, 토니 스튜어트, 팀 화이트, 싱 쉬에게 감사한다. 특히 제니 클랙은 세상을 떠나기 전 병석에서도 의견을 보내주었다. 이 책을 제니에게 바친다.

스티브 브루사테(『완전히 새로운 공룡의 역사』의 저자)도 도움이 되는 많은 조언을 해주었고 그에게 원고를 받아 읽은 여러 학생들도 친절하게 피드백을 보내주었다. 그러므로 매슈 번, 에일리 캠벨, 알렉시안 채런, 니컬 도널드, 리사 엘리엇, 카렌 헬리에센, 로슬린 하우로이드, 세베린 흐린, 에일리 커크, 조이 키니고풀루, 파나요티스 루카, 대니얼 피로스카, 한스 퓌셀, 루하니 살린스, 알리나 산다우에르, 루비 스티븐스, 스트루언 스티븐슨, 미케일라 투란스키, 가비자 바실리아우스카이테, 그리고 익명을 택한 한 학생에게 감사 인사를 전하고 싶다.

혹시 이 목록에 이름이 포함되어야 하는데 내가 실수로 빠뜨린 분이 있다면 사과드린다.

질은 지난 세기부터 나의 에이전트로 일하면서 많은 일을 나와 함께 겪었다. 질이 나의 첫 대중서인 『심원한 시간을 찾아서(*In Search of Deep Time*)』의 계약에 성공했을 때, 나는 오로지 그녀에게 저녁을 대접하기 위해 뉴욕으로 날아가기도 했다. 그러니 기사도의 시대가 끝났다는 말은 하지 말자. 질의 도움으로 품위 없는 회고록에 지나지 않았던 책이 지금 여러분이 들고 있는 책이 되었으며, 덕분에 아주 어려운 시기(코비드 팬데믹이 한창 진행 중이던 2020-2021년)였는데도 피카도르의 라빈드라 미르칸다니와 세인트 마틴스 출판사의 조지 위트가 이 프로젝트를 맡아주었다. 질과 질 그린버그 리터러리 매니지먼트의 직원 여러분께 감사드린다.

이 책의 출간은 내가 1987년 12월 11일 금요일, 지금은 고인이 된 존 매독스로부터 과학 저널인 「네이처」에서 일하는 행운을 제안받지 못했다면 불가능했을 것이다. 그 덕분에 나는 과학의 역사에서 아마도 가장 흥미진진하다고 할 수 있을 시기에 펼쳐진 발견의 퍼레이드를 가까이에서 지켜볼 수 있었다.

그리고 무엇보다 격려를 아끼지 않은 가족들에게 고마움을 전한다. 그중에서도 가장 고마운 사람은 내가 다시는 책을 쓰지 않을 거라고 외칠 때마다 다 안다는 듯한 미소를 보여주었던 나의 아내 페니이다.

금요일과 토요일만 빼고 매일 밤 7시부터 9시까지 차 한 잔, 다이제스티브 비스킷 두 개, 그리고 충실한 개 룰루와 함께 나를 서재에 가둬둔 사람도 페니였다.

이들의 도움이 없었다면 이 책을 완성하지 못했을 것이다.

주

제1장
불과 얼음의 노래

1. 다음을 참조하라. R. M. Canup and E. Asphaug, "Origin of the Moon in a giant impact near the end of the Earth's formation", *Nature* 412, 708–712, 2001; J. Melosh, "A new model Moon", *Nature* 412, 694–695, 2001.
2. 이 사실로 지구와 달의 조성이 비슷한 이유, 그리고 달이 약간 특별한 이유를 설명할 수 있다. 태양계의 다른 위성들과 비교하면, 달은 자신이 돌고 있는 천체(지구)에 비해서 그 크기가 매우 크다. Mastrobuono-Battisti *et al.*, "A primordial origin for the compo-sitional similarity between the Earth and the Moon", *Nature* 520, 212–215, 2012.
3. 지구의 움직임이 오늘날까지도 얼마나 활발한지를 보여주는 예가 있다. 오스트레일리아가 놓여 있는 지각판은 북쪽으로 밀고 올라가면서 울런공 대학교의 버트 로버츠 교수의 손톱이 자라는 것보다 두 배나 빠른 속도로 인도네시아를 찌그러뜨리고 있다(버트의 말대로 손톱이 자라는 속도는 사람마다 다를 수도 있지만). 이러한 움직임은 사소해 보일지 몰라도 시간이 지날수록 누적된다. 오스트레일리아가 북쪽으로 밀고 올라간 결과, 자바 섬의 북쪽 가장자리가 아래로 휘어지면서 가라앉고 있다. 여러분도 나처럼 자바 섬 북쪽 해안의 상공을 비행해보았다면 자카르타의 최북단 지역들이 바닷속으로 점점 사라지고 있다는 사실을 알 수 있을 것이다. 그리고 버트는 앞으로도 계속 손톱을 깎아야 한다.

4. 나는 이 부분을 과학적인 저술보다는 이야기에 가깝게 쓰고 있지만, 앞으로 나올 내용들 중에는 뒷받침할 증거가 좀더 많은 사실들도 있을 것이다. 이 책 제12장의 대부분을 제외하면, 생명의 기원은 내가 이 책에서 논할 그 어떤 소재보다도 알려진 바가 적은 영역이다. 이런 부분을 쓰는 것은 이야기를 지어내는 일에 가까워진다. 또다른 문제는 생명 그 자체를 정의하기가 매우 힘들다는 점이다. 이 문제는 칼 짐머가 자신의 책 『생명의 경계(*Life's Edge*)』에서 다루었다.
5. 특히 막은 전하를 축적하고 그것을 소모하면서 화학반응을 일으키는 등의 유용한 일을 할 수 있다. 이것은 배터리의 작동방식과 같다. 지금과 마찬가지로 그 당시에도 생물의 동력은 전기였다. 이 힘은 놀라울 정도로 강력하다. 세포의 내부와 외부 사이의 거리는 현미경으로 측정해야 할 수준이지만 전위차는 40–80mV(밀리볼트) 정도로 매우 큰 편이다. 생명의 기원에서 전하의 역할에 관한 생생한 기록을 보고 싶다면, 닉 레인의 책 『바이털 퀘스천(*The Vital Question*)』을 참고하라.
6. 주변의 질서를 무너뜨리면서 이해심과 분별력을 키워가는 십대 청소년들을 생각해보라.
7. 지구 초창기에 만들어져서 현재까지 남아 있는 가장 오래된 암석은 약 40억–38억 년 전에 형성된 것이다. 그러나 44억 년 이상 된 것으로 알려진 작지만 매우 단단한 지르콘 결정은 그보다 더 이른 시기에 형성되었다가 완전히 침식되어 사라진 암석에서 떨어져나온 조각이다. 이 오래된 지르콘의 일부에, 비록 그림자가 얼핏 스쳐 지나간 듯한 흔적에 지나지 않지만, 약 40억 년 전에 생물이 스쳐간 흔적이 남아 있다. 생물은 주로 탄소 원자와 관련된 독특한 화학적 성질을 지닌다. 탄소 원자의 대부분은 탄소–12라는 동위원소가 차지한다. 그리고 탄소 원자 중 극소수인 탄소–13은 탄소–12보다 아주 조금 더 무겁다. 생물 내부에서 일어나는 격렬한 화학반응에는 무거운 탄소–13이 사용되지 않기 때문에 무기 환경에 비해서 탄소–12가 더 풍부해지는데, 우리는 그 차이를 측정할 수 있다. 아주 오래된 암석에 탄소가 포함되어 있지만, 탄소–12 대비 탄소–13의 비율이 조금 낮다는 것은 비록 물리적인 흔적은 사라졌지만 한때 생물이 존재했음을 보여주는 증거일지도 모른다. 희미하게 남아

있는 미소를 보고 체셔 고양이가 그곳에 있었음을 추측할 수 있는 것과 마찬가지이다. 적어도 41억 년 전, 지구상에 생명이 존재했다는 주장은 이러한 증거를 바탕으로 한 것이다. 지르콘 결정 안에 탄소-12가 더 풍부한 탄소 성분 흑연이 포함되어 있다는 사실은 지구상의 생명이 가장 오래된 암석보다도 먼저 시작되었을 가능성을 암시한다. Wilde *et al.*, "Evidence from detrital zircons for the existence of continental crust and oceans on the Earth 4.4 Gyr ago", *Nature* 409, 175-178, 2001 참조.

8. 아주 오래된 화석을 해석하는 일의 문제점에 관한 유익한 조언을 원한다면, E. Javaux, "Challenges in evidencing the earliest traces of life", *Nature* 572, 451-460, 2019을 참고할 것.
9. 이 책을 쓸 당시에는 지구상에서 가장 오래된 생명의 흔적을 오스트레일리아의 스트렐리 풀 처트(Strelley Pool Chert)라는 암석체에서 찾을 수 있다는 것이 일반적으로 인정받는 주장이었다. 이곳에는 한두 개의 화석이 아니라 약 34억3,000만 년 전, 햇빛이 비치는 따뜻한 바다에서 번성했던 초(礁) 생태계 전체가 보존되어 있다. Allwood *et al.*, "Stromatolite reef from the Early Archaean era of Australia", *Nature* 441, 714-718, 2006 참조. 그 연대가 40억 년 이전까지 거슬러올라간다는 주장도 있지만, 여기에는 논란의 여지가 있다.
10. 이들을 뜯어먹는 동물이 진화하기 전까지는 그랬다. 오늘날 스트로마톨라이트는 동물이 접근할 수 없는 아주 한정된 장소에서만 산다. 그 중 한 곳이 오스트레일리아 서부의 샤크 만으로, 이곳은 물의 염도가 너무 높아서 다른 생물이 살지 못한다.
11. 이것은 이상한 일이다. 왜냐하면 당시의 태양은 지금만큼 밝지 않았기 때문이다. 이것을 "희미한 젊은 태양의 역설(Faint Young Sun Paradox)"이라고 한다. 태양이 희미했다면, 그 당시의 지구는 하나의 얼음 덩어리였어야 하기 때문이다. 하지만 지구 초기의 대기에는 메테인 같은 온실 기체가 풍부했기 때문에 높은 온도가 유지될 수 있었다.
12. 대산화 사건의 원인에 대해서는 여전히 많은 논의가 이루어지고 있다. 증거를 통해서 추측하면 지구 깊숙한 곳에 있던 기체들이 지표면으로 올라오는 활동이 증가했던 시기가 있었을 가능성이 있다. Lyons *et al.*,

"The rise of oxygen in the Earth"s early ocean and atmosphere", *Nature* 506, 307–315, 2014; Marty *et al.*, "Geochemical evidence for high volatile fluxes from the mantle at the end of the Archaean", *Nature* 575, 485–488, 2019; and J. Eguchi *et al.*, "Great Oxidation and Lomagundi events linked by deep cycling and enhanced degassing of carbon", Nature Geoscience doi:10.1038/s41561-019-0492-6, 2019.

13. 조니 미첼은 이렇게 노래했다. "우드스탁에 도착할 무렵 우리는 무려 50만 명이었지". 그리고 축제로 지친 한 음악 저널리스트는 이렇게 회상했다. "……그리고 30만 명이나 되는 사람들이 화장실을 찾고 있었다."
14. Vreeland *et al.*, "Isolation of a 250 million-year-old halo-tolerant bacterium from a primary salt crystal", *Nature* 407, 897–900, 2000; J. Parkes, "A case of bacterial immortality?" *Nature* 407, 844–845, 2000 참조.
15. 대산화 사건의 여파가 이런 경향의 원동력이 되었을 가능성이 있다.
16. 엄밀히 말하면 세균(bacteria)과 고세균(archaea)은 전혀 다른 생물이다. 하지만 모두 크기가 작고, 조직화된 정도가 같기 때문에 여기에서는 "세균"을 두 종류 모두를 포괄하는 친숙한 용어로 사용했다.
17. Martijn *et al.*, "Deep mitochondrial origin outside sampled alpha-proteobacteria", *Nature* 557, 101–105, 2018 참조.
18. 융합 현상을 연구하는 일종의 분자 고고학 분야에서 서로 다른 종류의 세균과 고세균이 융합하여 진핵세포가 된 과정을 추적해왔다(M. C. Rivera and J. A. Lake, "The Ring of Life provides evidence for a genome fusion origin of eukaryotes", *Nature* 431, 152–155, 2004; W. Martin and T. M. Embley, "Early evolution comes full circle", *Nature* 431, 134–137, 2004). 핵을 형성한 고세균의 정체성은 모호했다. 단백질 섬유로 이루어진 골격과 같은 진핵세포의 특징도 가지고 있어야 하는데 이런 특징을 가진 고세균은 없었기 때문이다. 그런데 해저의 퇴적물 속에서 그런 특징을 가진 고세균이 발견되었다(Spang *et al.*, "Complex archaea that bridge the gap between prokaryotes and eukaryotes", *Nature* 521, 173–179, 2015; T. M. Embley and T. A. Williams, "Steps on the road to eukaryotes", *Nature* 521, 169–170, 2015;

Zaremba-Niedzwiedska *et al*., "Asgard archaea illuminate the origin of eukaryote cellular complexity", *Nature* 541, 353−358, 2017; J. O. McInerney and M. J. O"Connell, "Mind the gaps in cellular evolution", *Nature* 541, 297−299, 2017; Eme *et al*., "Archaea and the origin of eukaryotes", *Nature Reviews Microbiology* 15, 711−723, 2017). 엄청난 노력 끝에 이 세균의 세포가 실험실에서 배양되었다(Imachi *et al*., "Isolation of an archaeon at the prokaryote-eukaryote interface", *Nature* 577, 519−525, 2020; C. Schleper and F. L. Sousa, "Meet the relatives of our cellular ancestor", *Nature* 577, 478−479). 흥미롭게도 이 세포들은 크기가 아주 작지만 바깥쪽으로 긴 돌기를 뻗어 주변의 세균을 감싼다. 그중 일부는 이들의 생존에 꼭 필요한 존재이다. 이것이 진핵세포 형성의 전 단계일 가능성 수도 있다(Dey *et al*., "On the archaeal origins of eukaryotes and the challenges of inferring phenotype from genotype", *Trends in Cell Biology* 26, 476−485, 2016).

19. 오늘날에도 대부분의 진핵생물은 단세포 형태로 살아간다. 단세포 진핵생물에는 어느 정원의 연못에서나 발견되는 아메바와 짚신벌레, 그리고 말라리아, 수면병, 리슈만편모충증과 같은 질병을 일으키는 여러 생물들이 포함된다. 많은 세포들이 하나로 합쳐져 이루어진 진핵생물에는 동물, 식물, 균류, 그리고 해초와 같은 여러 조류가 포함된다. 그러나 다세포 진핵생물도 생애 주기 중 일부는 단세포 형태로 보낸다. 독자 여러분도 단세포에서 시작되었다.

20. 성(sex)과 성별(gender)은 전혀 다른 개념이다. 처음에는 모두가 거의 비슷한 크기의 생식세포를 만들었다. 그러다가 하나의 교배형(mating type)은 우리가 난자라고 부르는 더 큰 생식세포를 적은 수로 만들고, 또다른 교배형은 우리가 정자라고 부르는 아주 작은 생식세포를 많은 수로 만들면서 "성별"이 등장했다. 정자 생산자는 최대한 많은 난자를 수정시키려고 하지만 이것은 난자 생산자의 이해관계와 충돌한다. 난자 생산자는 한정된 개수의 난자를 수정시키는 정자의 질을 좀더 까다롭게 따지게 된다. 이렇게 해서 남녀 간의 전쟁이 시작되었다.

21. 다세포 생물은 여러 번 독립적으로 진화했다(Sebé-Pedros *et al*., "The

origin of Metazoa: a unicellular perspective", *Nature Reviews Genetics* 18, 498–512, 2017 참조). 동물 외에도 식물, 식물의 가까운 친척인 녹조류, 다양한 종류의 홍조류와 갈조류, 그리고 여러 진균류가 여기에 포함된다. 그러나 대부분의 진핵생물은 여전히 단세포 형태이다. 인간의 정자와 난자를 포함하여 모든 진핵생물의 생식세포도 마찬가지이다. 그러므로 어떻게 보면 다세포성은 생식세포를 더 효율적으로 공급하게 해주는 지원 체계일 수도 있다.

22. 지질학자들—당장 세상을 뒤흔드는 지각 변동으로 인한 대재앙의 조짐이 보이지 않는 한 보통 침대에 누워 있는 사람들—은 지구 역사의 이 시기를 다소 폄하하여 "지루한 10억 년"이라고 부른다.
23. 원생생물(protist)은 한때 원생동물(protozoa)로 분류되었던 대단히 다양한 단세포 진핵생물들로 이루어져 있다. 아메바와 짚신벌레처럼 우리에게 익숙한 연못 생물뿐 아니라 적조 현상을 일으키는 와편모충류, 정교하고 아름다운 광물 성분의 껍질을 만드는 유공충류나 석회비늘편모류처럼 지구 생태계에 중요한 생물들, 말라리아 원충이나 수면병을 일으키는 파동편모충류처럼 의학 분야에 중요한 생물들, 그리고 와편모충류의 하나로 각막과 비슷한 층, 수정체, 망막을 갖춘 완벽한 형태의 눈을 가지고 있는 네마토디니움(*Nematodinium*)처럼 호기심과 경탄을 불러일으키는 생물들까지 다양하다(G. S. Gavelis, "Eye-like ocelloids are built from different endosymbiotically acquired components", *Nature* 523, 204–207, 2015 참조). 원생생물도 잭 러셀 테리어와 비슷하다. 다만 크기가 작을 뿐인데 그 점은 개성으로 보충할 수 있다.
24. Strother *et al.*, "Earth's earliest non-marine eukaryotes", *Nature* 473, 505–509, 2011 참조.
25. 지의류는 조류와 균류가 너무 긴밀하게 결합되어 아예 다른 종류로 분류할 수 있는 생물들이다. 지의류에 관한 흥미로운 글을 읽고 싶다면 멀린 셸드레이크(Merlin Sheldrake)의 *Entangled Life: How Fungi Make Our Worlds, Change Our Minds, and Shape Our Futures*(London: The Bodley Head, 2020) 참조.

26. N. J. Butterfield, "Bangiomorpha pubescens n. gen. n. sp.: implications for the evolution of sex, multicellularity, and the Mesoproterozoic/Neoproterozoic radiation of eukaryotes", *Paleobiology* 26, 386–404, 2000 참조.
27. C. Loron *et al.*, "Early fungi from the Proterozoic era in Arctic Canada", *Nature* 570, 232–235, 2019 참조.
28. El Albani *et al.*, "Large colonial organisms with coordinated growth in oxygenated environments 2.1 Gyr ago", *Nature* 466, 100–104, 2010 참조.
29. 지각판은 숨을 쉬고 있다. 몇억 년에 한 번씩 대륙들이 합쳐져서 하나의 초대륙이 되었다가 지구 깊숙한 곳의 마그마 기둥이 지각을 뚫고 올라오면 다시 분열되어 여러 대륙으로 나뉜다. 가장 최근의 초대륙인 판게아의 크기가 가장 컸던 시기는 약 2억5,000만 년 전이다. 판게아 전의 초대륙은 로디니아였고, 그 전의 초대륙은 컬럼비아(Columbia)였다. 그 전의 다른 초대륙들이 존재했다는 증거도 있다. 여러분이 판구조론에 관해서 알아야 할 모든 것은 나의 친구인 테드 닐드(Ted Nield)가 쓴 *Supercontinent*(London: Granta, 2007)를 읽으면 알 수 있을 것이다. 어떤 사람들은 골반저근 운동에 관한 책일 거라고 짐작했을지도 모르지만, 테드의 말로는 절대 아니라고 한다.

제2장
동물의 출현

1. 이 장의 많은 부분은 Lenton *et al.*, "Co-evolution of eukaryotes and ocean oxygenation in the Neoproterozoic era", *Nature Geoscience* 7, 257–265, 2014에서 가져왔다.
2. 해면이 진화한 시기에 관해서는 논란이 많다. 해면의 골격을 이루는 광물화된 골편(骨片)은 캄브리아기 이전에는 매우 드물게 나타났다. 해면의 흔적으로 여겨졌던 "분자" 화석은 어쩌면 원생생물이 만들어 낸 것일지도 모른다. Zumberge *et al.*, "Demosponge steroid biomarker 26-methylstigmastane provides evidence for Neoproterozoic animals", *Nature Ecology & Evolution* 2, 1709–1714, 2018; J. P. Botting and B. J.

Nettersheim, "Searching for sponge origins", *Nature Ecology & Evolution* 2, 1685–1686, 2018; Nettersheim *et al*., "Putative sponge biomarkers in unicellular Rhizaria question an early rise of animals", *Nature Ecology & Evolution* 3, 577–581, 2019 참조.

3. Tatzel *et al*., "Late Neoproterozoic seawater oxygenation by siliceous sponges", *Nature Communications* 8, 621, 2017 참조. 다윈의 마지막 저서로, 이 위대한 인물이 죽기 얼마 전인 1881년에 출판된 『지렁이의 활동과 분변토의 형성(*The Formation of Vegetable Mound through the Action of Worms*)』을 떠올리지 않을 수 없다. 이렇게 기억하기 쉽지 않은 제목의 책을 찾는 데에는 많은 노력이 필요했을 것이다. 그러고 보니 나도 『네이처』에 리뷰를 보내기 위해서 받은 책들이 꽂혀 있는 책장에서 *Activated Sludge*(활성 슬러지)라는 제목의 아주 크고 두꺼운 책을 발견한 적이 있다. 이야기가 잠깐 딴 길로 샜다. 다윈 전문가들 사이에서 『지렁이』라고 불리는 이 책은 흙을 갈아엎는 지렁이의 활동이 아주 오랜 시간 동안 지속되면 지형을 바꿀 수도 있다는 사실을 보여준다. 다윈의 삶을 지배한, 시간과 변화라는 커다란 주제가 이 작은 책 안에 누구나 이해할 수 있는 수준으로 압축되어 있다는 점을 생각하면 『지렁이』야말로 그의 천재성의 정점이라고 할 수 있다. 다윈은 지렁이가 흙을 갈아엎는 습성으로 인해서 자신의 집 뒤뜰에 놓인 돌이 땅속에 묻히는 데 걸리는 시간을 기록함으로써 지렁이가 미치는 영향을 측정했다.
4. 엄밀히 말하면 플랑크톤은 바닷속에 사는 생물이 아니라 바다의 한 부분을 가리키는 용어이다. 플랑크톤은 햇빛이 비치는 바다의 표층을 뜻한다. 이 층에는 광합성을 하는 조류가 생산한 산소가 풍부하고, 조류나 다른 동물들을 먹고 사는 동물들의 군집이 많다. 성체가 되면 해저에서 살아가는 동물들(해면도 여기에 포함된다)도 유생 시절은 플랑크톤 형태로 보내는 경우가 많다.
5. Logan *et al*., "Terminal Proterozoic reorganization of biogeochemical cycles", *Nature* 376, 53–56, 1995 참조.
6. Brocks *et al*., "The rise of algae in Cryogenic oceans and the emergence of animals", *Nature* 548, 578–581, 2017 참조.

7. "에디아카라 동물군"이라는 명칭은 그 당시의 화석이 처음 발견된 오스트레일리아 남부의 산지에서 그 이름을 따온 것이다. 그후로 에디아카라기의 화석은 얼어붙은 러시아의 북극권, 강한 바람이 부는 뉴펀들랜드, 나미비아의 사막에서부터 상대적으로 온화한 환경인 잉글랜드 중부에 이르기까지 세계 곳곳에서 산발적으로 발견되었다.
8. 디킨소니아는 일종의 동물이었던 것으로 추정되지만 어떤 종류였는지는 분명하지 않다. Bobrovskiy *et al.*, "Ancient steroids establish the Ediacaran fossil Dickinsonia as one of the earliest animals", *Science* 361, 1246–1249, 2018 참조.
9. Fedonkin and Waggoner, "The Late Precambrian fossil Kimberella is a mollusc-like bilaterian organism", *Nature* 388, 868–871, 1997 참조.
10. Mitchell *et al.*, "Reconstructing the reproductive mode of an Ediacaran macro-organism", *Nature* 524, 343–346, 2015 참조.
11. 그레고리 레탈락(Gregory Retallack)은 에디아카라기 동물들 중 일부가 육지에서 살았다고 주장했는데, 이 주장에 관해서는 논란이 아주 많다. G. J. Retallack, "Ediacaran life on land", *Nature* 493, 89–92, 2013; S. Xiao and L. P. Knauth, "Fossils come in to land", *Nature* 493, 28–29, 2013 참조.
12. Chen *et al.*, "Death march of a segmented and trilobate bilaterian elucidates early animal evolution", *Nature* 573, 412–415, 2019 참조.
13. 동물의 몸에서 단단한 부분은 언제나 칼슘 화합물로 이루어져 있다. 조개는 탄산칼슘, 물고기나 인간 같은 척추동물은 인산칼슘이다. S. E. Peters and R. R. Gaines, "Formation of the 'Great Unconformity' as a trigger for the Cambrian Explosion", *Nature* 484, 363–366, 2012 참조.
14. 클로우디나라고 불리는 아이스크림 콘을 포개놓은 것처럼 생긴 화석이 어떤 동물의 뼈인지를 알아내기는 매우 어려웠다. 부드러운 조직이 보존되는 일이 드물다는 사실은 이 화석이 입과 항문을 연결하는 소화관을 가진 벌레 비슷한 동물의 뼈였음을 시사한다. Schiffbauer *et al.*, "Discovery of bilaterian-type through-guts in cloudinomorphs from the terminal Ediacaran Period", *Nature Communications* 11, 205, 2020 참조.

15. S. Bengtson and Y. Zhao, "Predatorial borings in Late Precambrian mineralized exoskeletons", *Science* 257, 367–369, 1992 참조.
16. 절지동물은 현재 가장 번성하고 있는 동물군이다. 여기에는 곤충과 바다에 사는 곤충의 친척인 갑각류, 노래기, 지네, 거미, 전갈, 진드기뿐 아니라 우리에게 잘 알려지지 않은 바다거미, 투구게, 그리고 광익류처럼 멸종한 종류도 포함된다. 물론 삼엽충도 여기에 속한다. 절지동물과 가까운 친척으로는 특이하게 생긴 유조동물 또는 우단벌레가 있다. 오늘날에 이들은 열대림의 바닥에 쌓인 낙엽 속에서 사는 보잘것없는 동물이지만, 한때는 바닷속에서 당당하게 살아가던 역사도 가지고 있다. 절지동물의 또다른 친척인 완보동물(Tardigrades)은 이끼 속에서 살아가는 작은 동물로 곰벌레라고도 불린다. 특이하고 귀엽게 생겼지만 끓는 물, 얼음 속, 우주의 진공 상태에서도 살 수 있는 사실상 천하무적의 동물이다. 마블이나 DC코믹스의 누군가가 이 책을 읽고 있다면, "타디그레이드 맨"이라는 캐릭터를 만들지 않은 것은 실수라고 말해주고 싶다. 자, 이 이름을 공짜로 써도 좋다.
17. 아노말로카리스의 친척인 타미시오카리스(*Tamisiocaris*)는 좀더 평화적인 동물이었던 것 같다. 집게발처럼 생긴 이들의 앞쪽 부속지에는 털이 빗처럼 촘촘하게 붙어 있어 마치 고래의 수염이나 돌묵상어의 아가미갈퀴처럼 플랑크톤을 쓸어 담기에 적합했다(Vinther *et al*., "A suspension-feeding anomalocarid from the Early Cambrian", *Nature* 507, 496–499, 2014). 캄브리아기의 많은 생물들과 달리 아노말로카리스류는 오르도비스기까지 살아남았다. 이 시기에 여과 섭식을 하는 종은 2미터나 되는 거대한 크기로 자라났다(Van Roy *et al*., "Anomalocaridid trunk limb homology revealed by a giant filter-feeder with paired flaps", *Nature* 522, 77–80, 2015).
18. 아마 지금보다 스티븐 제이 굴드가 버제스 셰일을 다룬 책『원더풀 라이프(*Wonderful Life*)』를 집필 중이던 1980년대에는 이 말이 진실에 더 가까웠을 것이다. 이 책 덕분에 지구 초기의 해양생물들에 대한 이러한 시각이 대중의 주목을 받았다. 굴드는 버제스 셰일의 동물들 중 다수는 현생동물 중에 가까운 친척이 없다고 주장했다.

19. Zhang *et al.*, "New reconstruction of the Wiwaxia scleritome, with data from Chengjiang juveniles", *Scientific Reports* 5, 14810, 2015 참조.
20. Caron *et al.*, "A soft-bodied mollusc with radula from the Middle Cambrian Burgess Shales", *Nature* 442, 159–163, 2006; S. Bengtson, "A ghost with a bite", *Nature* 442, 146–147, 2006 참조.
21. M. R. Smith and J.-B. Caron, "Primitive soft-bodied cephalopods from the Cambrian", *Nature* 465, 469–472, 2010; S. Bengtson, "A little Kraken wakes", *Nature* 465, 427–428, 2010 참조.
22. 예를 들면, 다음을 참조하라. Ma *et al.*, "Complex brain and optic lobes in an early Cambrian arthropod", *Nature* 490, 258–261, 2012. 물론 이와 관련된 논란도 많다. 어떤 연구자들은 푹시안후이아의 재구성된 신경계가 실제보다 더 뚜렷하며, 내부 장기가 부패할 때 남겨진 세균의 흔적이라고 주장한다. Liu *et al.*, "Microbial decay analysis challenges interpretation of putative organ systems in Cambrian fuxianhuiids", *Proceedings of the Royal Society of London B*, 285: 20180051. http://dx.doi.org/10.1098/rspb.2018.005 참조.
23. 에디아카라기에서 캄브리아기로의 전환에 대해서 더 자세히 알고 싶다면, 다음을 참조하라. Wood *et al.*, "Integrated records of environmental change and evolution challenge the Cambrian Explosion", *Nature Ecology & Evolution* 3, 528–538, 2019.
24. 다만 오늘날 알려진 동물들 중에는 남아 있는 화석 기록이 미미하거나 아예 존재하지 않는 종류도 많다는 점을 덧붙여야 할 것이다. 그중 다수는 부드러운 몸을 가진 기생충이었을 것이다. 선충이나 회충의 화석 기록은 거의(완전히는 아니다) 백지이다. 화석으로 남은 촌충의 흔적은 아예 없다.

제3장
척추동물의 출현

1. Han *et al.*, "Meiofaunal deuterostomes from the basal Cambrian of Shaanxi (China)", *Nature* 542, 228–231, 2017 참조. 사코르히투스가 존

재한 것은 사실이지만 여기에서 묘사한 내부 구조는 순전히 추측일 뿐이며 척추동물의 초기 역사의 대부분은 여전히 논의의 대상이다. 가장 논란이 많은 쟁점은 고충동물이라고 불리는 특이한 동물—이 동물에 대해서는 조금 뒤에서 다룰 것이다—에게 척삭이 있었는지의 여부이다. 더 자세히 알고 싶다면 내가 쓴 다음 책을 읽어보기를 권한다. *Across The Bridge: Understanding the Origin of the Vertebrates*(Chicago: University of Chicago Press, 2018).

2. Shu *et al*., "Primitive deuterostomes from the Chengjiang Lagerstätte (Lower Cambrian, China)", *Nature* 414, 419–424, 2001 참조. 내가 쓴 해설도 함께 실려 있다. H. Gee, "On being vetulicolian", *Nature* 414, 407–409, 2001.
3. 나는 중국 남부의 캄브리아기 청지앙 생물군을 재현해놓은 상하이 자연사 박물관의 애니메이션 3D 디오라마(diorama) 속에서 아름답게 되살아난 이들의 모습을 보았다. 다른 훌륭한 부분도 많지만, 특히 바닷속을 헤엄쳐 다니는 고충동물 무리의 모습을 볼 수 있다.
4. 이러한 설명을 지지하는 글이 Chen *et al*. "A possible early Cambrian chordate", *Nature* 377, 720–722, 1995; "An early Cambrian craniate-like chordate", *Nature* 402, 518–522, 1999이다. 다만 다른 방식으로 설명하는 것도 가능하다. 기이한 고대의 화석을 연구할 때는 흔히 있는 일이다. Shu *et al*., "Reinterpretation of *Yunnanozoon* as the earliest known hemichordate", *Nature* 380, 428–430, 1996.
5. S. Conway Morris and J.-B. Caron, "*Pikaia gracilens* Walcott, a stem-group chordate from the Middle Cambrian of British Columbia", *Biological Reviews*, 87, 480–512, 2012 참조.
6. Shu *et al*., "A Pikaia-like chordate from the Lower Cambrian of China", *Nature* 384, 157–158, 1996.
7. 척추동물의 형태는 기본적으로 두 개의 서로 다른 부위, 즉 섭식을 위한 인두와 이동을 위한 꼬리가 맺은 불편한 동맹이었다. 앨프리드 셔우드 로머(Alfred Sherwood Romer)는 어렵기는 하지만 통찰력 있는 다음의 논문에 그러한 주장을 담았다. "The vertebrate as a dual animal—

somatic and visceral", *Evolutionary Biology* 6, 121–156, 1972.

8. Chen *et al.*, "The first tunicate from the Early Cambrian of China", *Proceedings of the National Academy of Sciences of the United States of America* 100, 8314–8318, 2003. 피낭동물은 별 주목은 받지 못하지만, 오늘날까지도 매우 번성하고 있는 동물군이다. 그중 일부는 이 책에서 설명한 생애 주기를 변화시켜 다른 방향으로 나아갔다. 어떤 종은 성체가 된 후에도 여전히 이동이 가능하다. 이런 특징을 지닌 살파류와 유형류는 바닷속 생태계에서 중요한 존재가 되었다. 유형류는 크기는 작지만 각 개체가 점액으로 된 복잡한 "집"을 짓는다. 이 놀랍도록 복잡한 구조물이 대양의 탄소 주기에서 중요한 부분을 차지한다. 먼 바닷속에 살고 워낙 연약하기 때문에 그 구조를 파악하기가 대단히 어려웠는데, 최근에야 그것이 가능해졌다(Katija *et al.*, "Revealing enigmatic mucus structures in the deep sea using DeepPIV", *Nature* 583, 78–82, 2020 참조). 군체 생물이 된 피낭동물도 있다. 수십만 마리의 개체가 합쳐져 하나의 초개체를 이루고, 한곳에 정착하거나 물속을 떠다닌다. 불우렁쉥이(Pyrosome)는 나팔 모양의 거대한 군체를 형성하여 바닷속을 떠다닌다. 각 개체는 작지만 군체는 잠수부들이 그 안에서 헤엄쳐 다닐 수 있을 정도로 크다. 일부 피낭동물은 유성생식을 하지 않고 출아법(出芽法)으로 번식한다. 또다른 피낭동물은 아주 복잡한 성생활을 한다. 피낭동물의 생태계는 자유분방한 바닷속의 에덴 동산이나 다름없다.
9. 예외도 있다. 일부 피낭동물은 육식동물이 되었다. 우리가 보기에는 어울리지 않아 보여도 이 생활방식에 매력을 느끼는 생물들이 있다. 육식을 하는 식물의 존재는 모두 알 것이다. 여러분이 목욕할 때만큼은 안전하다고 여길지 몰라도 이 세상에는 육식을 하는 해면도 있다(J. Vacelet and N. Boury-Esnault, "Carnivorous sponges", *Nature* 373, 333–335, 1995).
10. 고양이는 예외이다.
11. 물고기(즉, 수생 척추동물)에게는 측선(側線)이 이러한 기관이다. 육상 척추동물(즉, 네발동물)의 경우는 이것이 내이의 전정계로 축소되어, 이 기관의 움직임을 통해서 위아래를 구분하고 주변 환경 안에서 자신

의 위치를 가늠한다.

12. S. Conway Morris & J.-B. Caron, "A primitive fish from the Cambrian of North America", *Nature* 512, 419–422, 2014.
13. Shu *et al.*, "Lower Cambrian vertebrates from south China", *Nature* 402, 42–46, 1999.
14. 여과 섭식을 하는 인두에서 아가미로의 변화는 사실 무척 극단적인 변화이다. 그러나 오늘날에도 한 척추동물이 이러한 변화를 이루어냈다. 암모코에테(ammocoete)라고 불리는 칠성장어의 유생은 창고기처럼 꼬리부터 먼저 퇴적물 속에 묻힌 상태로 어린 시절을 보낸다. 그러다가 형태가 변화하면서 여과 섭식을 하는 인두가 포식을 하는 성체의 인두로 바뀐다. 칠성장어와 이들의 사촌인 먹장어(지금까지 알려진 바로는 이들에게는 여과 섭식을 하는 유생 단계가 없다)는 부드러운 몸을 유연한 척삭이 지탱하고 있고, 턱이 없다는 점이 초기 어류와 비슷하다. 이들의 입 속에는 단단한 물질로 이루어진 이빨이 늘어서 있다. 칠성장어와 먹장어는 악명 높은 포식자로, 턱이 없어도 사냥꾼으로 사는 데는 아무 지장이 없음을 보여준다.
15. 척추동물이 어떤 메커니즘으로 그렇게 커질 수 있었는지는 여전히 미스터리이다. 두 개의 해답이 있을 수 있는데, 서로 배타적인 주장은 아니다. 첫 번째는 척추동물의 계통에서 어느 시점에 유전체(유전물질의 총체)가 복제되고 또 복제되었다는 것이다. 복제된 유전자의 다수는 나중에 소실되었음에도 불구하고, 척추동물의 유전자 수는 무척추동물의 두 배 이상이다. 두 번째, 척추동물의 배아에는 "신경능(neural crest)"이라는 조직이 있다. 이것을 이루는 세포 집단들이 발달 중인 중앙 신경계로부터 몸 전체로 퍼져나가면서 마치 요정의 마법 가루를 뿌리듯이 별 특징이 없던 신체 부위들을 새로운 형태로 바꿔놓는다. 신경능이 없다면 척추동물에게는 피부도, 얼굴도, 눈도, 귀도 없을 것이다. 신경능은 또한 부신(副腎)에서부터 심장의 일부분에 이르기까지 다양한 부분을 형성하는 역할도 한다. 신경능으로 인해서 복잡성이 증가하면서 몸집이 커졌을 가능성도 있다(Green *et al.*, "Evolution of vertebrates as viewed from the crest", *Nature* 520, 474–482, 2015). 창

고기에게는 신경능이 없는 것으로 알려져 있지만, 피낭동물의 몸속에 서는 그 흔적을 찾을 수 있다(Horie *et al.*, "Shared evolutionary origin of vertebrate neural crest and cranial placodes", *Nature* 560, 228–232, 2018; Abitua *et al.*, "Identification of a rudimentary neural crest in a non-vertebrate chordate", *Nature* 492, 104–107, 2012 참조).

16. 지금까지 알려진 가장 큰 무척추동물은 남극하트지느러미오징어(*Mesonychoteuthis hamiltoni*)이다. 이들의 몸무게는 약 750킬로그램으로 커다란 곰과 비슷하다. 몸길이가 가장 짧은 척추동물은 뉴기니에 사는 개구리인 파이도프리네 아마우엔시스(*Paedophryne amauensis*)일 것이다. 이 개구리의 몸길이는 7.7밀리미터이고, 몸무게는 알려져 있지 않다. 몸무게가 가장 적게 나가는 포유류는 사비왜소땃쥐(*Suncus etruscus*)(2.6그램 이하)와 뒤영벌박쥐(*Craseonycteris thonglongyai*)(2그램 이하)이다. 뒤영벌 박쥐 37만5,000마리가 있어야 남극하트지느러미오징어와 무게가 같아진다.

17. 초기 척추동물의 화석 기록에 관한 기초적인 지식을 얻고 싶다면 P. Janvier, "Facts and fancies about early fossil chordates and vertebrates", *Nature* 520, 483–489, 2015을 추천한다.

18. 예외도 있다. 조개처럼 생긴 완족류라는 동물의 껍질은 인산칼슘으로 이루어져 있다. 오늘날에도 척추동물의 일부 조직은 탄산칼슘으로 강화되어 있다. 물고기나 여러분의 내이 속에서 균형 감각을 담당하는 이석(耳石)이 그런 부분이다.

19. 왜 척추동물이 탄산칼슘 대신 인산칼슘을 선택했는지는 아직 모른다. 그러나 인산염은 필수적인 영양분으로 어디에나 흔히 있는 탄산염과는 달리 바닷속에서 찾기 힘든 성분이다. 따라서 척추동물은 방어 수단뿐 아니라 인산염의 저장소로서 인산칼슘을 활용했을 수도 있다. 인산은 유전물질인 DNA의 핵심 성분이다. 척추동물과 같이 몸집이 크고 대사 속도가 빠른 동물은 몸집이 작고 대사 속도가 느린 동물보다 인산이 더 많이 필요하다. 그렇기 때문에 갑옷이 아닌 저장소로서 인산칼슘을 이용하게 되었을지도 모른다.

20. A. S. Romer, "Eurypterid influence on vertebrate history", *Science* 78,

114–117, 1933 참조.

21. Braddy *et al.*, "Giant claw reveals the largest ever arthropod", *Biology Letters* 4, doi/10.1098/rsbl.2007.0491, 2007 참조. 야이켈롭테루스류가 그 기이한 시대에 가끔 해변으로 올라와 캄캄해진 숲속을 돌아다녔다고 생각하면 정신이 번쩍 든다. M. Whyte, "A gigantic fossil arthropod trackway", *Nature* 438, 576, 2005 참조.
22. M. V. H. Wilson and M. W. Caldwell, "New Silurian and Devonian fork-tailed 'thelodonts' are jawless vertebrates with stomachs and deep bodies", *Nature* 361, 442–444, 1993 참조.
23. 단안증(cyclopia)이라는 희귀한 선천성 기형이 있다. 이 기형을 가진 태아는 얼굴 중앙에 눈이 하나뿐이고 코가 없고 뇌는 좌우 반구로 나뉘어 있지 않다. 이 경우 거의 대부분은 사산되며, 그렇지 않더라도 몇 시간 이상 생존하지 못한다. 이런 기형은 뇌가 둘로 나뉘지 않아서 얼굴이 좌우로 넓어지지 않기 때문에 생긴다. 이것은 얼굴 진화의 초기 단계의 흔적일 수도 있다.
24. Gai *et al.*, "Fossil jawless fish from China foreshadows early jawed vertebrate anatomy", *Nature* 476, 324–327, 2011.
25. 유악 척추동물의 초기 진화에 관한 유용한 안내서를 원한다면 다음을 참조하라. M. D. Brazeau and M. Friedman, "The origin and early phylogenetic history of jawed vertebrates", *Nature* 520, 490–497, 2015.
26. 따라서 당시의 유악 척추동물은 두 개의 지느러미 두 쌍, 즉 네 개를 가지고 있었다. 이것이 우리가 가진 팔과 다리의 기원이다. 왜 우리가 세 쌍이나 네 쌍, 혹은 아예 없는 것이 아니라 하필 두 쌍을 가지게 되었는지는 아직 모른다. 많은 물고기들은 등지느러미, 뒷지느러미, 꼬리지느러미처럼 중앙에 하나만 있는 지느러미와 쌍지느러미가 함께 있는 형태이다.
27. 이빨은 없었을지 몰라도 잠자리에 서툰 동물들은 아니었다. 판피류가 체내수정을 했으며 심지어 오늘날의 일부 상어들처럼 새끼를 낳았을 가능성까지 보여주는 화석 증거가 많이 남아 있다. 다음을 참조하라. J. A. Long *et al.*, "Copulation in antiarch placoderms and the origin of

gnathostome internal fertilization", *Nature* 517, 196–199, 2015.

28. 진화가 역방향으로 일어났다는 뜻이 아니라 판피류의 역사에서 알려지지 않은 부분이 그 정도로 많다는 뜻이다. 아직 많은 부분이 초기 실루리아기의 암석 속에 묻혀 있을 것이다. 중국 남부의 실루리아기 매장지에서 발견된 초기 경골어류도 마찬가지이다. 엔텔로그나투스에 대해서 더 자세히 알고 싶다면 다음을 참조하라. M. Zhu *et al*., "A Silurian placoderm with osteichthyan-like marginal jaw bones", *Nature* 502, 188–193, 2013; M. Friedman and M. D. Brazeau, "A jaw-dropping fossil fish", *Nature* 502, 175–177, 2013.
29. 예외도 있다. 실러캔스처럼 발달된 경골어류도 칠성장어나 먹장어처럼 평생 척삭을 가지고 살기도 한다.
30. 연골로 이루어진 극어류의 뇌실은 보존되어 있는 경우가 극히 드물다. 하지만 데본기의 극어류인 프토마칸투스(*Ptomacanthus*)와 페름기의 극어류인 아칸토데스(*Acanthodes*)의 두개골 화석만으로도 상어와의 관계를 추측하기에는 충분하다(M. D. Brazeau, "The braincase and jaws of a Devonian 'acanthodian' and modern gnathostome origins", *Nature* 457, 305–308, 2009; S. P. Davis *et al*., "Acanthodes and shark-like conditions in the last common ancestor of modern gnathostomes", *Nature* 486, 247–250, 2012).
31. Zhu *et al*., "The oldest articulated osteichthyan reveals mosaic gnathostome characters", *Nature* 458, 469–474, 2009.

제4장
육지로 올라오다

1. Strother *et al*., "Earth's earliest non-marine eukaryotes", *Nature* 473, 505–509, 2011 참조.
2. G. Retallack, "Ediacaran life on land", *Nature* 493, 89–92, 2013 참조.
3. 현재의 북아메리카 동부 지역에서 일어났다.
4. 클리막티크니테스(*Climactichnites*)라고 불리는 이 흔적을 만든 것은 아마도 거대한 민달팽이처럼 생긴 동물이었을 것이다. P. R. Getty and

J. W. Hagadorn, "Palaeobiology of the *Climactichnites* tracemaker", *Palaeontology* 52, 753–778, 2009 참조.

5. 육상 생물의 초기 역사를 개관하려면 다음을 읽어보기 바란다. W. A. Shear, "The early development of terrestrial ecosystems"(*Nature* 351, 283–289, 1991).
6. 이것이 바로 GOBE라고도 불리는 오르도비스기 대생물 다양화 사건(Great Ordovician Biodiversification Event)이다. 생명의 역사에서 이 풍요로웠던 시기에 대해서 더 알고 싶다면 다음을 참조하라. T. Servais and D. A. T. Harper, "The Great Ordovician Biodiversification Event (GOBE): definition, concept and duration", *Lethaia* 51, 151–164, 2018.
7. Simon *et al*., "Origin and diversification of endomycorrhizal fungi and coincidence with vascular land plants", *Nature* 363, 67–69, 1993 참조.
8. 초기 숲속의 식물들에 관한 아주 훌륭하고도 상세한 기록을 다음에서 볼 수 있다. George R. McGhee, Jr, *Carboniferous Giants and Mass Extinction: The Late Paleozoic Ice Age World*(New York: Columbia University Press, 2018).
9. Stein *et al*., "Giant cladoxylopsid trees resolve the enigma of the Earth's earliest forest stumps at Gilboa", *Nature* 446, 904–907, 2007 참조.
10. 이것은 순전히 추측이다. 하지만 발달한 판피류와 현생 어류군에 속하는 동물들까지 실루리아기에 등장했던 것을 보면 지나친 억측은 아닐지도 모른다.
11. Zhu *et al*., "Earliest known coelacanth skull extends the range of anatomically modern coelacanths to the Early Devonian", *Nature Communications* 3, 772, 2012 참조.
12. P. L. Forey, "Golden jubilee for the coelacanth *Latimeria chalumnae*", *Nature* 336, 727–732, 1988 참조.
13. Erdmann *et al*., "Indonesian 'king of the sea' discovered", *Nature* 395, 335, 1998 참조.
14. 오스트레일리아 폐어는 지금까지 알려진 동물들 중에서 유전체가 가장 크다. 인간 유전체의 14배나 되는 크기로, 네발동물의 유전체와 비

슷하지만 기나긴 진화의 역사 동안에 추가된 정크 DNA로 가득하다. Meyer *et al*., "Giant lungfish genome elucidates the conquest of the land by vertebrates", *Nature* 590, 284–289, 2021 참조.

15. Daeschler *et al*., "A Devonian tetrapod–like fish and the evolution of the tetrapod body plan", *Nature* 440, 757–763, 2006 참조.
16. Cloutier *et al*., "*Elpistostege* and the origin of the vertebrate hand", *Nature* 579, 549–554, 2020 참조.
17. Niedzwiedzki *et al*., "Tetrapod trackways from the early Middle Devonian period of Poland", *Nature* 463, 43–48, 2010 참조.
18. 또는 영화 「007 살인번호」의 어설라 안드레스처럼.
19. Goedert *et al*., "Euryhaline ecology of early tetrapods revealed by stable isotopes", *Nature* 558, 68–72, 2018 참조. 사실상 양서류였던 초기 네발동물이 바다에서 나왔다고 생각하면 매우 이상하게 느껴진다. 우리에게 익숙한 양서류 대부분이 민물에서 산다는 사실을 생각하면 더욱 그렇다. 하지만 오늘날에도 맹그로브 늪처럼 염도가 높은 서식지에서 사는 양서류들이 꽤 있다.
20. C. W. Stearn, "Effect of the Frasnian-Famennian extinction event on the stromatoporoids", *Geology* 15, 677–679, 1987 참조.
21. P. E. Ahlberg, "Potential stem-tetrapod remains from the Devonian of Scat Craig, Morayshire, Scotland", *Zoological Journal of the Linnean Society of London* 122, 99–141, 2008 참조.
22. Ahlberg *et al*., "*Ventastega curonica* and the origin of tetrapod morphology", *Nature* 453, 1199–1204, 2008 참조.
23. O. A. Lebedev, [The first find of a Devonian tetrapod in USSR] *Doklady Akad. Nauk*. SSSR. 278: 1407–1413, 1984 (in Russian) 참조.
24. Beznosov *et al*., "Morphology of the earliest reconstructable tetrapod *Parmastega aelidae*", *Nature* 574, 527–531, 2019; N. B. Fröbisch and F. Witzmann, "Early tetrapods had an eye on the land", *Nature* 574, 494–495, 2019 참조
25. Ahlberg *et al*., "The axial skeleton of the Devonian tetrapod

Ichthyostega", *Nature* 437, 137–140, 2005 참조.

26. M. I. Coates and J. A. Clack, "Fish-like gills and breathing in the earliest known tetrapod", *Nature* 352, 234–236, 1991 참조.
27. Daeschler *et al.*, "A Devonian Tetrapod from North America", *Science* 265, 639–642, 1994 참조.
28. M. I. Coates and J. A. Clack, "Polydactyly in the earliest known tetrapod limbs", *Nature* 347, 66–69, 1990 참조.
29. Clack *et al.*, "Phylogenetic and environmental context of a Tournaisian tetrapod fauna", *Nature Ecology & Evolution* 1, 0002, 2016 참조.
30. J. A. Clack, "A new Early Carboniferous tetrapod with a *mélange* of crown-group characters", *Nature* 394, 66–69, 1998 참조.
31. T. R. Smithson, "The earliest known reptile", *Nature* 342, 676–678, 1989; T. R. Smithson and W. D. I. Rolfe, "*Westlothiana* gen. nov.: naming the earliest known reptile", *Scottish Journal of Geology* 26, 137–138, 1990 참조.

제5장
양막류의 등장

1. Yao *et al.*, "Global microbial carbonate proliferation after the end-Devonian mass extinction: mainly controlled by demise of skeletal bioconstructors", *Scientific Reports* 6, 39694, 2016 참조.
2. J. A. Clack, "An early tetrapod from 'Romer's Gap'", *Nature* 418, 72–76, 2002 참조.
3. Clack *et al.*, "Phylogenetic and environmental context of a Tournaisian tetrapod fauna", *Nature Ecology & Evolution* 1, 0002, 2016 참조.
4. Smithson *et al.*, "Earliest Carboniferous tetrapod and arthropod faunas from Scotland populate Romer's Gap", *Proceedings of the National Academy of Science of the United States of America*, 109, 4532–4537, 2012 참조.
5. Pardo *et al.*, "Hidden morphological diversity among early tetrapods", *Nature* 546, 642–645, 2017 참조.

6. 이 속도는 대단히 느렸다. 몇 년씩 걸렸을지도 모른다.
7. 날개가 한 쌍만 있는 것처럼 보이는 곤충들은 나머지 한 쌍의 형태가 변형된 것이다. 딱정벌레의 경우, 앞쪽에 있는 한 쌍의 날개가 진화하여 단단한 겉날개가 되었다. 파리의 두 번째 쌍 날개는 빠르게 회전하면서 자이로스코프 역할을 하는 한 쌍의 작은 기관이 되었다. 이들의 놀라운 기동력은 바로 이 기관 덕분이며, 여러분이 둘둘 말은 신문으로 후려쳐서 파리를 잡기가 그토록 어려운 이유이기도 하다.
8. A. Ross, "Insect Evolution: the Origin of Wings", *Current Biology* 27, R103–R122, 2016 참조. 고망시류는 안타깝게도 더 이상 우리와 함께하지 않는다. 그들은 페름기 말에 그들을 키운 숲과 함께 종말을 맞았다.
9. 나는 거대한 석탄 숲속의 모습을 생생하고 자세하게 묘사하기 위해서 다음의 책을 참고했다. George McGhee, Jr, *Carboniferous Giants and Mass Extinction*(Columbia University Press, 2018).
10. 석탄기 초, 거대한 초기 석탄 숲속에 살던 생물들의 모습은 스코틀랜드의 에든버러 근처에 있는 이스트 커크턴의 석회석 채석장에서 나온 화석들을 통해서 엿볼 수 있다. 약 3억3,000만 년 전, 적도 부근에 있었던 이 지역에서 초기 양서류와 양막류(그리고 그들의 가까운 친척들), 노래기나 전갈 같은 절지동물, 가장 오래된 장님거미, 거대한 광익류의 파편들이 대규모로 발견되었다. 이 화석들은 흔치 않은 지질학적 조건의 산물이었다. 지각 활동이 활발하던 이 지역에는 온천들이 있었는데, 이것들은 물에 사는 생물들에게는 불리한 조건이었을 것이다. 그리고 근처에는 때때로 모든 것을 뜨거운 재 속에 묻어버리는 활화산들이 있었다. 또한 검고 부드럽고 산소가 없는 진흙이 풍부해서 생물들이 거의 온전한 상태로 그 안에 보존될 수 있었다. 그렇지만 물고기는 없었다. 지질학적 정보와 개략적인 설명을 원한다면 다음을 참조하라. Wood *et al.*, "A terrestrial fauna from the Scottish Lower Carboniferous", *Nature* 314, 355–356, 1985; A. R. Milner, "Scottish window on terrestrial life in the early Carboniferous", *Nature* 314, 320–321, 1985. 이스트 커크턴에서는 양막류에 가까운 웨스틀로티아나와 그밖의 여러 형태 외에 양막류도 양서류도 아닌 바페티드(baphetid)에 속하는 동물의 화석도 발견

되었다. 이 화석은 그 당시에 겉모습만 보아서는 어떤 생물이 어떤 분류군에 속하는지를 알아내는 일이 얼마나 어려웠을지를 짐작하게 해준다. 또한 우리는 어떤 생물이 어떤 종류의 알을 낳았는지, 혹은 양서류의 알과 양막류의 알 사이에 어떤 중간 단계가 있었는지도 모른다. 이 동물에게는 발견된 환경을 고려하여 "검은 늪의 괴물"이라는 뜻의 에우크리타 멜라노림네테스(*Eucritta melanolimnetes*)라는 이름이 붙었다(J. A. Clack, "A new early Carboniferous tetrapod with a mélange of crown-group characters", *Nature* 394, 66–69, 1998).

11. 이 부분은 추측에 불과하지만 실제로 현생 양서류는 이러한 전략을 모두 채택했다. 따라서 멸종한 그들의 친척들도 같은 방법을 썼으리라고 추측할 수 있다.
12. 인간은 알을 낳지 않지만, 양막을 포함하는 여러 가지 막들은 여전히 가지고 있으며, 그 막에 싸인 주머니 안에서 태아가 발달한다. 산모의 "양수가 터졌다"는 이야기는 이 양막낭이 터졌다는 뜻이다. 양막낭이 터지면 알의 부화, 인간의 경우에는 출산이 이어지게 된다.
13. 공룡 알의 껍질도 가죽과 비슷했다. 지금까지 발견된 가장 큰 알의 화석으로, 해양 파충류가 낳은 것으로 추측되는 알도 마찬가지였다. Norell *et al*., "The first dinosaur egg was soft", *Nature* doi.org/10.1038/s41586-020-2412-8, 2020; Legendre *et al*., "A giant soft-shelled egg from the Late Cretaceous of Antarctica", *Nature* doi.org/10.1038/s41586-020-2377-7, 2020; J. Lindgren and B. P. Kear, "Hard evidence from soft fossil eggs", *Nature* doi.org/10.1038/d41586-020-01732-8, 2020 참조.
14. 판게아의 형성과 그 결과, 특히 페름기 말에 거의 모든 생물이 멸종된 사건에 대해 더 자세히 알고 싶다면, 테드 닐드의 책인 *Supercontinent*와 마이클 벤턴(Michael J. Benton)의 *When Life Nearly Died*(London: Thames & Hudson, 2003)를 찾아보라.
15. Sahney *et al*., "Rainforest Collapse triggered Carboniferous tetrapod diversification in Euramerica", *Geology* 38, 1079–1082, 2010 참조.
16. M. Laurin and R. Reisz, "Tetraceratops is the earliest known therapsid", *Nature* 345, 249–250, 1990 참조.

17. Therapsid(수궁류)와 Theropsid(수형류)를 헷갈리면 안 된다. Therapist(치료사)는 말할 것도 없다.
18. 마그마 기둥의 상승은 대륙 이동의 일반적인 움직임과는 다르다. 마그마 기둥은 지구의 맨틀과 핵이 만나는 깊은 곳에서 만들어지며, 지역적인 기온 이상이 발생하면 마그마가 지표면까지 상승하여 지각을 녹이기도 한다. 현재 지구상에서 눈에 띄는 몇몇 지형, 예를 들면 아이슬란드(해저의 발산 경계와 마그마 기둥이 만나는 위치)와 하와이(마그마 기둥이 지각판의 중심에서 지표면으로 분출되는 위치) 같은 곳이 마그마 기둥에 의해서 만들어졌다. 마그마 기둥은 수백만 년 동안 유지되지만, 항상 활동 중인 것은 아니다. 움직이는 지각판 아래에 멈춰 있는 마그마 기둥으로 인해서 생성 연대가 다른 섬들이 연속적으로 만들어질 수 있다는 뜻이다. 재봉틀의 바늘이 움직이는 옷감 위에 연속적인 바늘땀을 만들어내는 것과 비슷하다. 예를 들어 태평양판이 북서쪽으로 서서히 이동하면서 그 아래의 맨틀 기둥을 지나칠 때에 섬들이 연속적으로 만들어졌다. 이때 열점으로부터 거리가 멀수록 더 오래된 섬이다. 이렇게 해서 형성된 하와이 제도의 남동쪽에 있는 하와이 섬은 현재 마그마 기둥 위에 있으며 화산 활동이 여전히 활발하다는 뜻이다. 마우이와 오아후처럼 북서쪽에 있는 섬의 화산들은 휴화산이거나 사화산이며, 북서쪽으로 갈수록 섬들은 점점 작아지고 더 많이 침식되어 결국 맨 끝의 섬들은 레이산과 미드웨이처럼 작은 환초가 되었다. 마지막에 있는 이 섬들은 한때 하와이 섬만큼이나 크고 화려했지만, 지각판이 마그마 기둥과 만났다가 멀어진 이후 시간과 풍화 작용에 의해서 그때의 흔적이 지워지고 말았다. 지각판이 북서쪽으로 계속 이동하면 하와이 섬도 서서히 쇠퇴하고, 화산 활동은 상승 중인 로이히 해산(海山)에서 집중적으로 일어나게 될 것이다. 이 산은 하와이 섬 남동쪽 연안의 해저 약 975미터에 있다.
19. "산호의 백화(coral bleaching)"라고 불리는 현상으로, 오늘날에도 대기 중의 이산화탄소 농도의 증가로 발생하는 것을 볼 수 있다.
20. 오늘날의 모든 산호초는 트라이아스기에 진화한 다른 종류의 돌산호로 이루어져 있다. 다양한 사방산호와 판상산호, 이들에 의존해서 살

아가던 또다른 다양한 생물들도 이제는 화석으로만 남은 기억에 지나지 않는다.

21. Grasby *et al.*, “Toxic mercury pulses into late Permian terrestrial and marine environments”, *Geology* doi.org/10.1130/G47295.1, 2020.
22. 갯고사리는 독립적인 생활을 하는 바다나리의 일종으로 요즘은 주로 깊은 물속에서 발견된다.
23. 성게의 마지막 속(屬)인 미오키다리스(*Miocidaris*)에 관해서는 다음을 참조하라. Erwin, in “The Permo-Triassic Extinction”, *Nature* 367, 231–236, 1994.

제6장
트라이아스기 공원

1. 선사시대의 생물에 관한 어떤 논의에서든 가장 많이 언급되는 것은 트라이아스기 말에 진화한 공룡들인데, 이것은 사실 안타까운 일이다. 트라이아스기에 살았던 다양한 파충류들도 그 크기만 제외하면 다양성 면에서, 그리고 우리 눈에 비치는 기이함 면에서 공룡들과 다를 바가 없기 때문이다. 공룡에 관한 책은 흔하지만 트라이아스기에 관한 책은 훨씬 보기 드물다는 사실에 이런 불공평한 현실이 반영되어 있다. 나는 여기에서 더글러스 헨더슨(Douglas Henderson)이 내부 삽화를 맡은 니컬러스 프레이저(Nicholas Fraser)의 훌륭한 저서를 특별히 언급하고 싶다. 매우 구하기 힘든 이 책의 원래 제목은 『트라이아스기의 생물들(*Life in the Triassic*)』이지만, 이것은 부제로 밀려나고 대신 『공룡의 시작(*Dawn of the Dinosaur*)』이라는 새로운 제목이 붙었다. 나는 중고로 이 책을 구했는데, 플로리다 파이넬러스파크의 공립 도서관에서 폐기된 책이었다. 하지만 그 도서관에서 공룡에 관한 책들이 꽂힌 서가는 여전히 꽉 차 있을 것이다.
2. Li *et al.*, “An ancestral turtle from the Late Triassic of southwestern China”, *Nature* 456, 497–501, 2008; Reisz and Head, “Turtle origins out to sea”, *Nature* 456, 450–451, 2008 참조.
3. R. Schoch and H.-D. Sues, “A Middle Triassic stem-turtle and the

evolution of the turtle body plan", *Nature* 523, 584–587, 2015을 참조하라. 최근에는 파포켈리스가 바다에서 헤엄을 치는 동물이 아니라 육지에서 굴을 파는 동물이었을 가능성이 높다는 주장이 재평가를 받고 있다. Schoch *et al.*, "Microanatomy of the stem-turtle *Pappochelys rosinae* indicates a predominantly fossorial mode of life and clarifies early steps in the evolution of the shell", *Scientific Reports* 9, 10430, 2019 참조.

4. Li *et al.*, "A Triassic stem turtle with an edentulous beak", *Nature* 560, 476–479, 2018 참조.
5. Neenan *et al.*, "European origin of placodont marine reptiles and the evolution of crushing dentition in Placodontia", *Nature Communications* 4, 1621, 2013 참조.
6. 여러분이 내가 이 이야기를 지어냈다고 생각했다면, 절반만 맞았다. 드레파노사우루스의 해부학적 구조는 정확히 설명하기가 불가능하다. 이들은 헤엄을 치는 동물로도, 움켜쥐는 능력이 있는 꼬리로 나무를 기어오르는 동물로도, 굴을 파는 동물로도, 그리고 기이할 정도로 새와 비슷한 두개골을 가지고 있는 조류의 옛 친척으로도 알려져 있다.
7. 예를 들면 다음을 참조하라. Chen *et al.*, "A small short-necked hupehsuchian from the Lower Triassic of Hubei Province, China", *PLoS ONE* 9, e115244, 2014.
8. E. L. Nicholls and M. Manabe, "Giant ichthyosaurs of the Triassic—a new species of Shonisaurus from the Pardonet Formation (Norian: Late Triassic) of British Columbia", *Journal of Vertebrate Paleontology* 24, 838–849, 2004 참조.
9. Simões *et al.*, "The origin of squamates revealed by a Middle Triassic lizard from the Italian Alps", *Nature* 557, 706–709, 2018 참조.
10. Caldwell *et al.*, "The oldest known snakes from the Middle Jurassic-Lower Cretaceous provide insights on snake evolution", *Nature Communications* 6, 5996, 2015 참조.
11. M. W. Caldwell and M. S. Y. Lee, "A snake with legs from the marine Cretaceous of the Middle East", *Nature* 386, 705–709, 1997 참조.

12. S. Apesteguía and H. Zaher, “A Cretaceous terrestrial snake with robust hindlimbs and a sacrum”, *Nature* 440, 1037−1040, 2006 참조.
13. 공룡과 익룡의 공통 조상은 몸집이 작은 동물이었을지도 모른다. 그렇다면 두 종류 모두 온혈동물이고 몸이 깃털로 덮여 있는 이유가 설명이 된다. Kammerer *et al.*, “A tiny ornithodiran archosaur from the Triassic of Madagascar and the role of miniaturization in dinosaur and pterosaur ancestry”, *Proceedings of the National Academy of Sciences of the United States of America* doi.org/10.1073/pnas.1916631117, 2020 참조. 그러나 익룡 계통의 뿌리를 찾는 일은 쉽지 않았다. 초기 익룡은 완전히 발달된 형태로 화석 기록에 등장한다. 그러나 라게르페티드(Lagerpetid)라는 작고 이족보행을 하는 지배파충류의 화석에서 익룡의 혈통에 대한 단서를 찾을 수 있게 되었다. 라게르페티드는 날지는 못했지만, 뇌의 세부와 앞쪽 발목의 구조가 익룡과 일치하는데, 이것은 이들이 다른 동물보다 익룡과 특히 더 가까운 관계였을 가능성을 보여준다. Ezcurra *et al.*, “Enigmatic dinosaur precursors bridge the gap to the origin of Pterosauria”, *Nature* 588, 445−449, 2020; and K. Padian, “Closest relatives found for pterosaurs, the first flying vertebrates”, *Nature* 588, 400−401, 2020 참조.
14. 모두 다음의 훌륭한 논문에 설명되어 있다. C. D. Bramwell and G. R. Whitfield entitled “Biomechanics of Pteranodon”, originally published in 1984 in *Philosophical Transactions of the Royal Society of London B*, 267, http://doi.org/10.1098/rstb.1974.0007. 내가 1980년대 초, 리즈 대학교에 다닐 무렵 나의 지도 교수인 로버트 맥닐 알렉산더(Robert McNeil Alexander)는 날아다니는 파충류에 관한 프로젝트에 나를 참여시켰다. 알렉산더는 동물의 움직임을 연구하는 생체역학 분야의 손꼽히는 전문가였고, 그래서 나의 논문도 양력, 항력, 활공 극곡선, 슬로프 소어링(Slope Soaring), 지면 효과 같은 공기역학 용어들로 가득해졌다. 나에게 위의 논문을 추천해준 분도 알렉산더였다.
15. 박쥐는 현존하는 포유류 중 유일하게 활공이 아니라 비행을 할 수 있지만, 새처럼 용골돌기가 있는 가슴뼈는 가지고 있지 않다.

16. S. J. Nesbitt *et al.*, "The earliest bird-line archosaurs and the assembly of the dinosaur body plan", *Nature* 544, 484–487, 2017.
17. 가장 오래된 실레사우루스는 트라이아스기 중기에 탄자니아에서 살았던 아실리사우루스(*Asilisaurus*)이다. Nesbitt *et al.*, "Ecologically distinct dinosaurian sister group shows early diversification of Ornithodira", *Nature* 464, 95–98, 2010 참조.
18. Sereno *et al.*, "Primitive dinosaur skeleton from Argentina and the early evolution of Dinosauria", *Nature* 361, 64–66, 1993 참조.

제7장
날아다니는 공룡

1. 이족보행에서 비행으로의 전환에 관하여 생체역학적으로 더 상세한 설명을 원한다면 다음을 참조하라. Allen *et al.*, "Linking the evolution of body shape and locomotor biomechanics in bird-line archosaurs", *Nature* 497, 104–107, 2013.
2. J. F. Bonaparte and R. A. Coria, "Un nuevo y gigantesco sauropodo titanosaurio de la Formacion Rio Limay (Albiano-Cenomaniano) de la Provincio del Neuquen, Argentina", *Ameghiniana* 30, 271–282, 1993 참조.
3. R. A. Coria and L. Salgado, "A new giant carnivorous dinosaur from the Cretaceous of Patagonia", *Nature* 377, 224–226, 1995 참조하라.
4. 티라노사우루스 렉스가 느릿느릿 걷는 것 이상의 속도로 움직이려면 불가능할 정도로 큰 뒷다리가 필요했을 것이고, 다리의 신근(extensor), 그것도 다리 양쪽이 아닌 **한쪽**의 무게가 몸무게의 99퍼센트를 차지해야 했을 것이다. J. R. Hutchinson and M. Garcia, "*Tyrannosaurus* was not a fast runner", *Nature* 415, 1018–1021, 2002 참조.
5. Erickson *et al.*, "Bite-force estimation for *Tyrannosaurus rex* from tooth-marked bones", *Nature* 382, 706–708, 1996; P. M. Gignac and G. M. Erickson, "The biomechanics behind extreme osteophagy in *Tyrannosaurus rex*", *Scientific Reports* 7, 2012, 2017 참조.
6. 티라노사우루스 렉스일 가능성이 높은 거대한 육식 공룡의 배설물 화

석인 분석(coprolite)이 발견되었는데 한 덩이의 길이가 44센티미터, 너비가 13센티미터, 높이가 16센티미터로 무게는 7킬로그램이 넘고 최대 50퍼센트 정도가 뼈의 파편으로 이루어져 있었다. 다음을 보라. Chin *et al.*, "A king-sized theropod coprolite", *Nature* 393, 680–682, 1998.

7. Schachner *et al.*, "Unidirectional pulmonary airflow patterns in the savannah monitor lizard", *Nature* 506, 367–370, 2014 참조.
8. 예를 들면 다음을 참조하라. P. O'Connor and L. Claessens, "Basic avian pulmonary design and flow-through ventilation in non-avian theropod dinosaurs", *Nature* 436, 253–256, 2005. 이 글은 지금의 마다가스카르 지역에서 살았던 육식 공룡인 마준가톨루스 아토푸스(*Majungatholus atopus*)의 장골에 기낭이 어떻게 침투해 있었는지를 설명해준다.
9. 한 모서리의 길이가 1센티미터인 정육면체 형태의 각설탕을 상상해보라. 그 부피는 1 × 1 × 1 = 1세제곱센티미터이다. 정육면체는 같은 면적의 면 6개로 이루어져 있으므로 각설탕의 표면적은 6 × 1 × 1 = 6제곱센티미터이고, 표면적 대 부피의 비율은 6 대 1이다. 이제 각 모서리가 2센티미터인 각설탕을 상상해보자. 부피는 2 × 2 × 2 = 8세제곱센티미터이지만, 표면적은 6 × 2 × 2 = 24제곱센티미터로 표면적 대 부피의 비율이 24 대 8, 즉 3 대 1이 되었다. 간단히 말해서 각설탕의 단위 크기가 두 배가 되면 표면적 대 부피의 비율은 절반으로 줄어든다.
10. 인체의 외부 표면적은 1.5–2제곱미터인데, 폐 한 쌍의 표면적은 50–75제곱미터라는 점을 생각해보라.
11. 그동안 이렇게 덩치가 큰 동물이 비교적 높은 체온을 쉽게 유지하는 현상을 이용해서 몸무게가 900킬로그램이 넘기도 하는 장수거북 같은 냉혈동물이 차가운 바다에서 헤엄을 칠 때도 체온이 내려가지 않는 이유를 설명해왔다. Paladino *et al.*, "Metabolism of leatherback turtles, gigantothermy, and thermoregulation of dinosaurs", *Nature* 344, 858–860, 1990 참조.
12. 이 주제에 대한 통찰력 있는 논의가 다음에 실려 있다. Sander *et al.*, "Biology of the sauropod dinosaurs: the evolution of gigantism", *Biological Reviews of the Cambridge Philosophical Society* 86, 117–155, 2011.

13. 익룡의 몸을 뒤덮은 털은 사실 깃털의 한 종류일지도 모른다. Yang *et al.*, "Pterosaur integumentary structures with complex feather-like branching", *Nature Ecology & Evolution* 3, 24–30, 2019 참조.
14. 바닷속에서 헤엄치며 살아야 하는 동물들은 깃털이나 털이 아닌 지방을 이용한다. 고래나 물개 같은 해양 포유류는 두꺼운 지방층을 두르고 있어 심부의 온도를 유지하고 울퉁불퉁한 표면을 줄여 몸의 형태를 공기역학적으로 만든다. 이크티오사우루스라고 불리는 멸종된 해양 파충류는 오늘날의 돌고래와 매우 비슷하게 생겼는데 같은 이유로 지방층을 두르고 있었던 것으로 알려져 있다. Lindgren *et al.*, "Soft-tissue evidence for homeothermy and crypsis in a Jurassic ichthyosaur", *Nature* 564, 359–365, 2018 참조.
15. Zhang *et al.*, "Fossilized melanosomes and the colour of Cretaceous dinosaurs and birds", *Nature* 463, 1075–1078, 2010; Xu *et al.*, "Exceptional dinosaur fossils show ontogenetic development of early feathers", *Nature* 464, 1338–1341, 2010; Li *et al.*, "Melanosome evolution indicates a key physiological shift within feathered dinosaurs", *Nature* 507, 350–353, 2014; Hu *et al.*, "A bony-crested Jurassic dinosaur with evidence of iridescent plumage highlights complexity in early paravian evolution", *Nature Communications* 9, 217, 2018 참조.
16. 바다에서는 사정이 다르다. 물 덕분에 육지에서보다 더 큰 몸집을 지탱할 수 있기 때문에 새끼를 출산하는 쪽이 더 선호된다. 거북처럼 해안으로 돌아와 알을 낳는 방법의 위험이 너무 크기 때문이다. 그래서 판피류 같은 초기 유악 척추동물들이 새끼를 낳았는지도 모른다. 이러한 습성은 상어와 같은 여러 물고기들에서도 볼 수 있다. 트라이아스기에 바다로 돌아간 양막류인 이크티오사우루스는 고래와 매우 비슷한 모습으로 진화하여 새끼를 낳았다. 물론 고래도 대부분의 포유류와 마찬가지로 새끼를 낳으며, 가장 큰 공룡조차 무색할 정도로 몸집을 키워서 지금까지 알려진 가장 큰 동물이 되었다.
17. 쥐라기 초기에 애리조나 지역에서 살았던 카이엔타테리움(*Kayentatherium*)은 비록 포유류가 되지는 못했지만, 포유류에 아주 가깝

게 진화했던 후기 수궁류인 트리틸로돈트(*Tritylodon*)에 속했다. 이들의 몸은 털에 덮여 있었을 가능성이 높지만, 알을 낳았던 것이 거의 확실하다. 한 마리가 38마리 이상의 새끼를 가졌는데 이것은 그 어떤 포유류의 새끼 수보다도 많았다. Hoffman and Rowe, "Jurassic stem-mammal preinates and the origin of mammalian reproduction and growth", *Nature* 561, 104−108 (2018) 참조.

18. Schweitzer *et al.*, "Gender-specific reproductive tissue in ratites and *Tyrannosaurus rex*", *Science* 308, 1456−1460, 2005; Schweitzer *et al.*, "Chemistry supports the identification of gender-specific reproductive tissue in *Tyrannosaurus rex*", *Scientific Reports* 6, 23099, 2016 참조.
19. G. E. Erickson *et al.*, "Gigantism and comparative life history parameters of tyrannosaurid dinosaurs", *Nature* 430, 772−775 (2004) 참조.
20. 새끼를 낳는 방식은 새들의 비행에 커다란 장애물이었을 것이다. 공룡의 날아다니는 사촌인 익룡 역시 알을 낳은 것은 아마 우연이 아닐 것이다(Ji *et al.*, "Pterosaur egg with a leathery shell", *Nature* 432, 572, 2004 참조). 익룡 역시 깃털과 비슷한 단열재와 매우 가벼워서 날기 좋은 몸을 진화시켰다.
21. 백조나 거위 같은 기러기류가 이렇게 난다. 이들이 들이는 수고를 고려해보면 새들의 몸집이 조금만 더 커져도 이런 식으로는 하늘로 날아오를 수 없다는 것을 알 수 있을 것이다. 비행기는 날개를 퍼덕이지 않고도 날아간다. 그래서 커다란 여객기에는 어마어마한 추력을 낼 수 있는 거대한 엔진이 달려 있는 것이다. 점보제트기 한 대를 띄우는 데에는 엄청난 에너지가 소모된다. 물론 우리는 하늘을 나는 비행기를 볼 때마다 그 어떤 물리학적 원리로도 저렇게 거대한 구조물을 하늘에 띄울 수는 없다는 것을 깨닫는다. 비행기가 나는 것은 우리가 그것이 가능하다고 믿기 때문이다. 만약 우리가 믿지 않게 되면 비행기는 바로 하늘에서 추락할 것이다. 나는 정말로 그렇게 생각한다. 하지만 이 사실은 아무에게도 말하지 않기를 바란다. 우리만의 작은 비밀이다. 오케이?
22. 팀 화이트(Tim White)는 내게 날개가 없는 일부 개미들이, 비록 너무 작아서 그냥 떠다니는 부유 생물로 보일지 몰라도, 어느 정

도는 활공할 수 있다는 사실을 상기시켜주었다. Yanoviak *et al*., "Aerial manoeuvrability in wingless gliding ants (*Cephalotes atratus*)", *Proceedings of the Royal Society of London B*, 277, 2010, https://doi.org/10.1098/rspb.2010.0170 참조.

23. Meng *et al*., "A Mesozoic gliding mammal from northeastern China", *Nature* 444, 889–893, 2006 참조.
24. 그러나 아주 작은 낙하산 비행사들은 날개처럼 생긴 막이 아니라 미세한 실과 짧은 털을 사용해서 난다. 긴 실을 이용해서 공중에서 이동하는 거미, 또는 옛날부터 사랑에 빠진 젊은이들이 훅 불어서 날리곤 했던, 짧은 털들이 붙어 있는 민들레 씨앗이 그 예이다. 긴 줄기 끝에 굴뚝 청소부가 쓰는 솔처럼 생긴 털다발이 붙어 있는 민들레 씨앗은 몇 킬로미터 떨어진 곳까지도 날아갈 수 있다. 이 털은 아래쪽의 공기를 가두기보다는 공기의 대부분을 그냥 통과시키는데, 바로 이것이 마법의 비결이다. 털 사이를 통과하는 기류는 그 위쪽에 고리 모양의 흐름을 형성한다. 양쪽에서 눌러놓은 도넛처럼 생긴 이 고리 부분은 압력이 낮기 때문에, 작은 폭풍의 눈을 가진 초소형 사이클론이 되고, 이것이 털을 위쪽으로 빨아들여 바닥으로 떨어지는 것을 늦춰준다. Cummins *et al*., "A separated vortex ring underlies the flight of the dandelion", *Nature* 562, 414–418, 2018 참조.
25. 이 오래된 낙하 습성의 초기 단계를 오늘날 가장 현대적인 야생동물 서식지인 맨해튼에 사는 고양이들에게서 엿볼 수 있다. 뉴욕의 수의사들은 고양이들에게 자주 발생하는 고소 추락 증후군(high-rise syndrome)에 익숙하다. 이것은 모험심이 강해서 높은 창문에서 뛰어내리는 고양이들이 겪는 질환이다. 뉴욕의 수의사들은 고양이들이 떨어지는 높이에 따른 부상의 심각성을 정리해놓았는데, 높은 곳에서 떨어질수록 부상의 정도는 심해지지만 어느 높이 이상에서 떨어지면 고양이의 부상이 오히려 가벼워진다. 32층에서 떨어진 고양이가 가슴과 이빨, 그리고 자존심에만 가벼운 상처를 입었을 뿐 무사했던 경우도 있었다. 고양이는 목숨 아홉 개라는 속담은 괜히 있는 것이 아니다. 이것은 아마도 고양이가 떨어질 때 근육이 이완되고 네 발이 양옆으로

펴지면서 일종의 낙하산 형태를 이루기 때문인 것으로 보인다. 그러면 턱과 흉부에 부상을 입더라도 목숨은 건질 가능성이 있다. W. O. Whitney and C. J. Mehlhaff, "High-rise syndrome in cats", *Journal of the American Veterinary Medical Association*, 192, p. 542, 1988 참조.

26. F. E. Novas and P. F. Puertat, "New evidence concerning avian origins from the Late Cretaceous of Patagonia", *Nature* 387, 390–392, 1997 참조.
27. Norell *et al.*, "A nesting dinosaur", *Nature* 378, 774–776, 1995 참조.
28. 예를 들면, Xu *et al.*, "A therizinosauroid dinosaur with integumentary structures from China", *Nature* 399, 350–354, 1999를 참조하라. 이 글은 아주 기묘한 공룡인 테리지노사우루스(*Therizinosaurus*)에 속하는 베이피아오사우루스(*Beipaisoaurus*)의 깃털처럼 보이는 흔적에 대해서 설명한다. 이들은 초식동물로 진화한, 기묘하고 볼품없는 수각류였으며 하늘을 나는 일과는 거리가 멀었을 것이다. 몸길이 8미터, 몸길이 1,400킬로그램의 괴물이었으며, 그렇지 않았다면 유연하고 새와 비슷한 생김새의 오비랍토르에 속했을 기간토랍토르(*Gigantoraptor*)에 관해서는 Xu *et al.*, "A gigantic bird-like dinosaur from the Late Cretaceous of China", *Nature* 447, 844–847, 2007을 참조하라. 이 생물은 날지 못했던 것이 분명하며, 깃털이 있었는지 여부는 확실하지 않다.
29. 몬태나 대학교의 켄 다이얼(Ken Dial)은 추카(*Chukar*)라고 불리는 자고새의 한 종류의, 날개를 이용해서 아주 가파른 비탈을 뛰어오르는, "날개 보조 경사 주행"이라는 습성을 연구했다. 이것은 작고 방어 수단이 없는 동물이 포식자로부터 도망치기에 유용한 방법일 것이다. Dial *et al.*, "A fundamental avian wing-stroke provides a new perspective on the evolution of flight", *Nature* 451, 985–989, 2008 참조.
30. Xu *et al.*, "The smallest known non-avian theropod dinosaur", *Nature* 408, 705–708, 2000; Dyke *et al.*, "Aerodynamic performance of the feathered dinosaur *Microraptor* and the evolution of feathered flight", *Nature Communications* 4, 2489, 2013.
31. Hu *et al.*, "A pre-*Archaeopteryx* troödontid theropod from China with long feathers on the metatarsus", *Nature* 461, 640–643, 2009.

32. F. Zhang *et al.*, "A bizarre Jurassic maniraptoran from China with elongate, ribbon-like feathers", *Nature* 455, 1105–1108, 2008 참조.
33. Xu *et al.*, "A bizarre Jurassic maniraptoran theropod with preserved evidence of membranous wings", *Nature* 521, 70–73, 2015; and Wang *et al.*, "A new Jurassic scansoriopterygid and the loss of membranous wings in theropod dinosaurs", *Nature* 569, 256–259, 2019 참조.
34. 확실히 하자면, 뉴질랜드의 짧은꼬리박쥐류가 대부분의 삶을 지상에서 보내기는 하지만 날지 않는 방향으로 진화한 박쥐는 없다. 어느 거대한 익룡을 날지 못하는 형태로 복원해놓았을 가능성을 제외한다면, 날지 않는 방향으로 진화한 익룡도 없었다.
35. Field *et al.*, "Complete Ichthyornis skull illuminates mosaic assembly of the avian head", *Nature* 557, 96–100, 2018 참조.
36. 이 특이한 공룡들 중에서 처음으로 발견된 종인 모노니쿠스(*Mononykus*)에 관해서는 Altangerel *et al.*, "Flightless bird from the Cretaceous of Mongolia", *Nature* 362, 623–626, 1993을 참조하라. 첫 번째 발견이 요행이 아니었음을 증명하듯이 또다시 나타난 종인 슈부우이아(*Shuvuuia*)의 발견에 관해서는 Chiappe *et al.*, "The skull of a relative of the stem-group bird *Mononykus*", *Nature* 392, 275–278, 1998을 참조하라.
37. Field *et al.*, "Late Cretaceous neornithine from Europe illuminates the origins of crown birds", *Nature* 579, 397–401, 2020을 참조하라. 그리고 함께 실린 해설인 K. Padian, "Poultry through time", *Nature* 579, 351–352, 2020도 보라. 백악기의 또다른 새로 남극에서 살았던 베가비스(*Vegavis*)는 기러기류의 또다른 친척일지도 모른다. Clarke *et al.*, "Definitive fossil evidence for the extant avian radiation in the Cretaceous", *Nature* 433, 305–308, 2005 참조. 베가비스에게는 잘 발달된 울대(syrinx)가 있었다(Clarke *et al.*, "Fossil evidence of the avian vocal organ from the Mesozoic", *Nature* 538, 502–505, 2016; P. M. O'Connor, "Ancient avian aria from Antarctica", *Nature* 538, 468–469, 2016). 울대는 거위의 꽥꽥거림부터 천사가 리츠 호텔에서 식사를 할 때만 버클리 스퀘어에서 들을 수 있다는 전설이 있는 나이팅게일의 지

저귐까지 온갖 소리를 내는 새들의 독특한 발성 기관이다.
38. "거의 언제나"라고 쓴 것에 주목하라. 생물학에서는 예외가 중요하기 때문이다. 유럽에서 발견된 각룡류의 화석 기록이 적어도 하나 이상 존재한다. 예를 들면 Ösi *et al.*, "A Late Cretaceous ceratopsian dinosaur from Europe with Asian affinities", *Nature* 465, 466–468, 2010; Xu, "Horned dinosaurs venture abroad", *Nature* 465, 431–432, 2010을 보라.
39. Sander *et al.*, "Bone histology indicates insular dwarfism in a new Late Jurassic sauropod dinosaur", *Nature* 441, 739–741, 2006 참조.
40. Buckley *et al.*, "A pug-nosed crocodyliform from the Late Cretaceous of Madagascar", *Nature* 405, 941–944, 2000 참조.
41. M. W. Frohlich and M. W. Chase, "After a dozen years of progress the origin of angiosperms is still a great mystery", *Nature* 450, 1184–1189, 2007 참조.
42. 예를 들면, Rosenstiel *et al.*, "Sex-specific volatile compounds influence microarthropod-mediated fertilization of moss", *Nature* 489, 431–433, 2012를 참조하라.
43. 이오와 유로파는 둘 다 목성의 위성이지만 서로 많이 다르다. 이오의 표면은 화산 활동으로 끊임없이 변화하고 유로파의 표면은 지각 아래의 바다에서 올라오는 얼음 때문에 끊임없이 바뀐다.
44. Bottke *et al.*, "An asteroid breakup 160 Myr ago as the probable source of the K/T impactor", *Nature* 449, 48–53, 2007; P. Claeys and S. Goderis, "Lethal billiards", *Nature* 449, 30–31, 2007 참조.
45. Collins *et al.*, "A steeply inclined trajectory for the Chicxulub impact", *Nature Communications* 11, 1480, 2020 참조.
46. 마지막 어룡은 이미 수백만 년 전에 절멸하여 재앙으로 인한 이 모든 소란을 피할 수 있었다.
47. Lowery *et al.*, "Rapid recovery of life at ground zero of the end–Cretaceous mass extinction", *Nature* 558, 288–291, 2018 참조.

제8장
위대한 포유류

1. J. A. Clack, "Discovery of the earliest-known tetrapod stapes", *Nature* 342, 425–427, 1989; A. L. Panchen, "Ears and vertebrate evolution", *Nature* 342, 342–343, 1989; J. A. Clack, "Earliest known tetrapod braincase and the evolution of the stapes and fenestra ovalis", *Nature* 369, 392–394, 1994 참조. 아칸토스테가의 친척인 이크티오스테가의 중이는 진화의 역사에서 비슷한 예를 찾을 수 없는 독특한 수중 청각 기관으로 변형되었던 것으로 보인다(Clack *et al.*, "A uniquely specialized ear in a very early tetrapod", *Nature* 425, 65–69, 2003).
2. 숨구멍이 물을 들여보내고 내보내며 외부 구강 사이를 연결했다면, 고막은 하나의 벽으로서 중이의 바깥쪽 경계가 되었다. 그러나 중이는 여전히 구강과 연결되어 있다. 침을 삼킬 때마다 그 사실 느낄 수 있다. 침을 삼키면 유스타키오 관이라고 불리는 연결관이 중이와 외부의 압력이 균형을 이루도록 조절한다. 그래서 코감기에 걸리면 소리가 먹먹하게 들리는 것이다. 유스타키오 관에 점액이 꽉 차 있으면 압력을 조절하기 힘들어서 고막의 효율이 떨어지기 때문이다. 비행기를 타고 상승하거나 하강할 때에 고통스러운 것도 이 때문이다. 설사 여압실 안에 있다고 해도 기압이 갑자기 변화하면 고막에 압박이 가해진다. 이럴 때는 침을 삼켜서 유스타키오 관에 공기를 집어넣음으로써 막힌 곳을 뚫어주는 것이 좋다. 코를 푸는 것도 같은 효과가 있다. 성인의 유스타키오 관은 중이에서부터 목 뒤쪽까지 아래로 휘어져 있어서 점액이 자연스럽게 빠져나간다. 그러나 어린이의 유스타키오 관은 수평 형태에 가깝다. 그래서 그 귀여운 전염병 매개체들이 코감기에 걸려 유스타키오 관에 점액이 꽉 차면 삼출성 중이염이라는 질환에 걸릴 수 있다. 이 질환은 고막에 작은 구멍을 뚫어 치료할 수 있고, 아이가 성장하면 자연스럽게 치유된다.
3. 브라질 아마존의 흰방울새(*Procnias albus*) 수컷은 참새목의 새들 중에서 가장 큰 소리를 내는데, 이는 암컷이 가까이 있을 때에 구애하기 위함이다. 그러면 운 나쁜 암컷은 125데시벨의 음압을 경험하게 된다(J.

Podos and M. Cohn-Haft, "Extremely loud mating songs at close range in white bellbirds", *Current Biology* doi.org/10.1016/j.cub.2019.09.028, 2019). 이것은 인간에게는 고통스러울 정도로 시끄러운 소리이다. 기네스북에 따르면 내가 가장 좋아하는 밴드인 딥 퍼플이 1972년 런던의 레인보 극장에서 콘서트를 할 때 117데시벨의 음압을 기록했고, 공연 도중 관객 3명이 기절했다고 한다. 이 기록은 그후에 깨진 것으로 알려져 있으나, 기네스북에서 더 이상 그 분야의 기록을 남기지 않아서 이후의 기록들(예를 들면 2009년 오타와에서 열린 "키스"의 콘서트에서는 136데시벨을 기록했다고 한다)은 비공식적인 것이다. 하지만 데시벨이 기하급수적으로 증가한다는 점을 고려할 때 방울새의 울음소리는 딥 퍼플의 귀를 찢는 듯한 공연보다 거의 세 배는 더 시끄러울 것이다. 암컷이 왜 그런 시끄러운 소리를 견디는 것인지 의아하기도 하다.

4. 참고로 피아노에서 건반 중심의 "도"보다 위에 있는 "라" 음은 보통 440Hz의 주파수로 조율된다. 주파수는 매 옥타브마다 두 배가 되므로, 한 옥타브 위의 "라"는 880Hz, 두 옥타브 위의 "라"는 1,760HZ(1.76kHz), 세 옥타브 위의 "라"는 3,520Hz(3.52kHz)가 된다. 일반적인 피아노 건반은 그 위의 "라"가 없는데 만약 하나 더 있다면 7,040Hz(7.04kHz)일 것이다. 이것은 새들 대부분이 보통 들을 수 있는 가장 높은 음보다 더 높다. 인간 어린이는 최대 20Hz의 음을 들을 수 있지만, 주파수에 대한 감도는 성장하면서 낮아진다. 어린 시절에 딥 퍼플을 들으며 자란 사람들은 특히 더 그렇다.

5. 이 뼈들에 붙은 소박한 이름은 토머스 하디의 소설에 나오는 단단한 손을 가진 대장장이를 연상시킨다. 인간의 귓속에 있는 등골은 말 안장에 다는 등자와 매우 비슷하게 생겼다. 우선 평평한 발판처럼 생긴 부위가 내이의 입구인 "타원형의 창문"과 연결되어 있다. 그리고 이 발판에 소원을 빌 때 쓰는 V자형 뼈처럼, 혹은 이름 그대로 등자처럼 두 갈래로 갈라졌다가 다시 하나로 합쳐지는 뼈가 연결되어 있다. 이 두 갈래의 뼈 사이에 있는 구멍으로는 등골 동맥이라는 혈관이 통과한다. 등자라는 이름의 뼈가 있다면 다른 뼈에는 망치와 모루라는 이름을 붙이는 것이 자연스러울 것이다. 비록 쇠 냄새가 나는 그 이름들에 걸맞게 생긴

뼈가 아니라고 해도 말이다. 등골은 인체에서 가장 작은 뼈이다. 추골(망치뼈)과 침골(모루뼈)도 그다지 크지 않다. 이 세 개의 작은 뼈가 모여 중이의 귓속뼈를 이룬다.

6. 적어도 어릴 때는 그렇다. 고주파수에 대한 감도는 나이가 들면서 감소하는데 어린 시절에, 글쎄, 뭐, 딥 퍼플을 듣고 자란 사람들은 특히 그렇다.
7. H. Heffner, "Hearing in large and small dogs (*Canis familiaris*)", *Journal of the Acoustical Society of America* 60, S88, 1976 참조.
8. R. S. Heffner, "Primate hearing from a mammalian perspective", *The Anatomical Record* 281A, 1111–1122, 2004 참조.
9. K. Ralls, "Auditory sensitivity in mice: Peromyscus and Mus musculus", *Animal Behaviour* 15, 123–128, 1967 참조.
10. R. S. Heffner and H. E. Heffner, "Hearing range of the domestic cat", *Hearing Research* 19, 85–88, 1985.
11. Kastelein *et al.*, "Audiogram of a striped dolphin (Stenella coeruleoalba)", *Journal of the Acoustical Society of America* 113, 1130, 2003 참조.
12. 이 놀라운 변화에 대한 최근의 연구 결과와 포유류의 초기 역사에 관해서 더 자세히 알고 싶다면 다음을 참고하라. Z.–X. Luo, "Transformation and diversification in early mammal evolution", *Nature* 450, 1011–1019, 2007.
13. Lautenschlager *et al.*, "The role of miniaturization in the evolution of the mammalian jaw and middle ear", *Nature* 561, 533–537, 2018 참조.
14. 수염이 있었던 것은 거의 확실하지만 털이 있었다는 것은 추측이다.
15. Jones *et al.*, "Regionalization of the axial skeleton predates functional adaptation in the forerunners of mammals", *Nature Ecology & Evolution* 4, 470–478, 2020 참조.
16. 모르가누코돈의 귀를 복원한 결과 최고 10kHz의 소리를 들을 수 있었던 것으로 추정된다. J. J. Rosowski and A. Graybeal, "What did Morganucodon hear?", *Zoological Journal of the Linnean Society* 101, 131–168, 2008 참조.
17. Gill *et al.*, "Dietary specializations and diversity in feeding ecology of the

earliest stem mammals", *Nature* 512, 303–305, 2014 참조.

18. E. A. Hoffman and T. B. Rowe, "Jurassic stem-mammal perinates and the origin of mammalian reproduction", *Nature* 561, 104–108, 2018 참조.
19. Hu *et al.*, "Large Mesozoic mammals fed on young dinosaurs", *Nature* 433, 149–152, 2005; A. Weil, "Living large in the Cretaceous", *Nature* 433, 116–117, 2005 참조.
20. Meng *et al.*, "A Mesozoic gliding mammal from northeastern China", *Nature* 444, 889–893, 2006 참조. 이러한 동물 중의 하나로, 쥐라기 후기에 내몽골 지역에서 살았던 볼라티코테리움(*Volaticotherium*)은 나중에 트리코노돈트에 속하는 것으로 밝혀졌다. 역시 하늘을 날았던 고대 포유류군인 하라미이드와는 다른 종류였다. Meng *et al.*, "New gliding mammaliaforms from the Jurassic", *Nature* 548, 291–296, 2017; Han *et al.*, "A Jurassic gliding euharamiyidan mammal with an ear of five auditory bones", *Nature* 551, 451–456, 2017 참조.
21. Ji *et al.*, "A swimming mammaliaform from the Middle Jurassic and ecomorphological diversification of early mammals", *Science* 311, 1123–1127, 2006 참조.
22. Krause *et al.*, "First cranial remains of a gondwanatherian mammal reveal remarkable mosaicism", *Nature* 515, 512–517, 2014; A. Weil, "A beast of the southern wild", *Nature* 515, 495–496, 2014; Krause *et al.*, "Skeleton of a Cretaceous mammal from Madagascar reflects long-term insularity", *Nature* 581, 421–427, 2020 참조.
23. 예를 들면 다음을 참조하라. Luo *et al.*, "Dual origin of tribosphenic mammals", *Nature* 409, 53–57, 2001; A. Weil, "Relationships to chew over", *Nature* 409, 28–31, 2001; Rauhut *et al.*, "A Jurassic mammal from South America", *Nature* 416, 165–168, 2002.
24. Bi *et al.*, "An early Cretaceous eutherian and the placental-marsupial dichotomy", *Nature* 558, 390–395, 2018; Luo *et al.*, "A Jurassic eutherian mammal and divergence of marsupials and placentals", *Nature* 476, 442–445, 2011; Ji *et al.*, "The earliest known eutherian mammal",

Nature 416, 816–822, 2002 참조.

25. Luo *et al*., "An Early Cretaceous tribosphenic mammal and metatherian evolution", *Science* 302, 1934–1940, 2003 참조.

26. 판토돈트와 디노케라테스가 암블리포드(amblypod)라는 하나의 분류군으로 묶이던 시절이 있었다. 대학 학부생 시절, 이 사실을 처음 알게 된 나는 그 이름이 너무 흥미로워서 바로 그날 어머니에게 전화해서 그 이야기를 전했다(휴대전화가 널리 보급되지 않았을 때여서 공중전화로 한 통화였다). 내가 한때 코뿔소나 하마와 비슷한, 몸집이 크고 느릿느릿 움직이는 초식동물들을 암블리포드라고 불렀다고 이야기하자, 어머니는 이렇게 대답하셨다. "그거 재밌구나, 얘야. 걔들이 무리(pod)를 이끌고 느릿느릿 걸어가는 게(amble) 상상이 된다."

27. 포유류의 진화에 관한 훌륭한 안내서를 원한다면 다음을 참조하라. D. R. Prothero, *The Princeton Field Guide to Prehistoric Mammals* (Princeton: Princeton University Press, 2017).

28. Head *et al*., "Giant boid snake from the Palaeocene neotropics reveals hotter past equatorial temperatures", *Nature* 457, 715–717, 2009; M. Huber, "Snakes tell a torrid tale", *Nature* 457, 669–671, 2009 참조.

29. Thewissen *et al*., "Skeletons of terrestrial cetaceans and the relationship of whales to artiodactyls", *Nature* 413, 277–281, 2001; C. de Muizon, "Walking with Whales", *Nature* 413, 259–260, 2001 참조.

30. Thewissen *et al*., "Fossil evidence for the origin of aquatic locomotion in archaeocete whales", *Science* 263, 210–212, 1994 참조.

31. Gingerich *et al*., "Hind limbs of Eocene Basilosaurus: evidence of feet in whales", *Science* 249, 154–157, 1990 참조.

32. 고래의 진화에 관해서 더 알고 싶다면, J. G. M. "Hans" Thewissen, *The Walking Whales: From Land to Water in Eight Million Years*(Oakland: University of California Press, 2014)를 읽어보기 바란다.

33. Madsen *et al*., "Parallel adaptive radiations in two major clades of placental mammals", *Nature* 409, 610–614, 2001 참조.

제9장
유인원의 세상

1. 가장 원시적인 영장류인 원원류(原猿類)에는 오늘날의 여우원숭이(마다카스카르에서만 사는 종이다)와 부시베이비, 안경원숭이 등이 포함된다. 지금까지 알려진 가장 오래된 안경원숭이의 화석은 약 5,500만 년 전의 것이다. 이 사실은 원숭이, 유인원, 인간을 포함하는 진원류(眞猿類)도 비슷한 시기에 존재했음을 암시한다(Ni *et al.*, "The oldest known primate skeleton and early haplorhine evolution", *Nature* 498, 60−63, 2013 참조). 지금까지 알려진 가장 오래된 진원류의 화석들도 에오세의 것이며, 이미 다양한 형태로 분화되어 있었던 것을 보면 그 역사가 길었음을 알 수 있다(Gebo *et al.*, "The oldest known anthropoid postcranial fossils and the early evolution of higher primates", *Nature* 404, 276−278, 2000; Jaeger *et al.*, "Late middle Eocene epoch of Libya yields earliest known radiation of African anthropoids", *Nature* 467, 1095−1098, 2010 참조). 진원류는 적어도 2,500만 년 전인 올리고세에 원숭이와 유인원으로 분화했다(Stevens *et al.*, "Oligocene divergence between Old World monkeys and apes", *Nature* 497, 611−614, 2013 참조).
2. 열대 지방의 일부 풀들은 생화학자들이 C4 경로라고 부르는, 그 전까지는 거의 사용되지 않던 광합성 방식을 이용했다. 거의 사용되지 않았던 이유는 대부분의 식물이 사용하는 C3 경로보다 더 복잡하기 때문이다. 하지만 C4 경로는 이산화탄소를 더 효율적으로 이용한다. 대기 중에 이산화탄소가 많을 때는 C4 경로를 이용해도 별 이점이 없다. 그러나 그 식물들은 지구 대기 중의 이산화탄소가 장기적으로 천천히 감소하고 있다는 것을 감지했던 모양이다. C. P. Osborne and L. Sack, "Evolution of C4 plants: a new hypothesis for an interaction of CO_2 and water relations mediated by plant hydraulics", *Philosophical Transactions of the Royal Society of London* B 367, 583−600, 2012 참조.
3. De Bonis *et al.*, "New hominid skull material from the late Miocene of Macedonia in Northern Greece", *Nature* 345, 712−714, 1990.
4. Alpagut *et al.*, "A new specimen of Ankarapithecus meteai from the Sinap

Formation of central Anatolia", *Nature* 382, 349–351, 1996 참조.

5. Suwa *et al.*, "A new species of great ape from the late Miocene epoch in Ethiopia", *Nature* 448, 921–924, 2007 참조.
6. Chaimanee *et al.*, "A new orang–utan relative from the Late Miocene of Thailand", *Nature* 427, 439–441, 2004 참조.
7. 지구상에 존재했던 가장 큰 유인원은 플라이스토세에 동남아시아에서 살았던 기간토피테쿠스일 것이다. 고릴라의 두 배 크기였을 것으로 추측되지만 이빨과 턱뼈의 파편만으로 정확히 추정하기는 어렵다. 이빨에 포함된 에나멜 단백질을 연구한 결과 이들은 오랑우탄의 친척이었던 것으로 밝혀졌다. Welker *et al.*, "Enamel proteome shows that Gigantopithecus was an early diverging pongine", *Nature* 576, 262–265, 2019 참조.
8. Böhme *et al.*, "A new Miocene ape and locomotion in the ancestor of great apes and humans", *Nature* 575, 489–493, 2019, 그리고 그 해설인 Tracy L. Kivell, "Fossil ape hints and how walking on two feet evolved", *Nature* 575, 445–446, 2019를 참조하라.
9. Rook *et al.*, "*Oreopithecus* was a bipedal ape after all: evidence from the iliac cancellous architecture", *Proceedings of the National Academy of Sciences of the United States of America* 96, 8795–8799, 1999 참조.
10. 아메리카에는 유인원이 없었다. 유인원은 구세계의 원숭이들로부터 진화했다. 신세계의 원숭이들은 먼 친척일 뿐이고, 이들은 에오세에 아프리카에서 아메리카로 왔던 이민자들로부터 진화했을 가능성이 있다(Bond *et al.*, "Eocene primates of South America and the African origins of New World monkeys", *Nature* 520, 538–541, 2015). 이들이 구세계의 사촌들과 다른 점은 뭔가를 움켜쥘 수 있고, 다섯 번째 다리처럼 사용할 수 있는 긴 꼬리를 계속 가지고 있다는 점이다. 바로 이런 특징 때문에 아메리카의 원숭이들은 유인원류 혹은 꼬리가 거의 사라진 구세계의 마카크처럼 땅 위에서 사는 형태로 진화하지 않고 원숭이로 남은 것일지도 모른다.
11. 호미닌(Hominin)과 호미니드(Hominid)를 혼동하지 않도록 설명을 덧

붙여야겠다. "호미니드"라는 용어는 사람과(Hominidae)에 속하는 동물들을 통틀어 일컫던 말이다. 여기에는 현생 인류, 대형 유인원과 더 가까운 관계가 아니었던 모든 멸종 인류, 그리고 오랑우탄아과(Pongidae)에 속하는 유인원이 모두 포함된다. 오랑우탄아과가 "자연적인" 분류군이 아니라는 사실이 명확해진 것은 최근의 일이다. 자연적이라는 것은 모든 구성원이 그 무리만의 공통 조상을 가진다는 뜻이다. 알고 보니 인간은 고릴라보다 침팬지와 더 가까운 관계이고, 오랑우탄과는 더 먼 관계라는 것이 밝혀졌다. 이것은 오랑우탄아과의 동물들이 사람과의 조상을 포함하지 않는 공통 조상을 가질 수 없다는 뜻이다. 이 문제를 해결하기 위해서 사람과의 정의가 인간뿐 아니라 모든 대형 유인원까지 포함하도록 확장되었다. 그리고 호미닌(사람아과의 사람족의 사람아족의 일원)이라는 명칭은 현생 인류, 침팬지와 더 가까운 관계가 아니었던 모든 멸종 인류를 가리키는 용어로 사용된다. 나도 이 책에서 그러한 용법을 택했다. 이로써 문제는 더 복잡해졌다. 일부 연구자들은 이제 이런 의미로 "호미닌"이라는 용어를 쓰고, 또다른 연구자들은 계속 "호미니드"라는 용어를 쓴다. 시간이 지나면서 생각이 바뀌는 사람들도 있기 때문에 내가 언급하는 글들을 읽을 때 다소 헷갈릴 수밖에 없다.

12. Brunet *et al*., "A new hominid from the Upper Miocene of Chad, Central Africa", *Nature* 418, 145–151, 2002; and Vignaud *et al*., "Geology and palaeontology of the Upper Miocene Toros–Menalla hominid locality, Chad", *Nature* 418, 152–155, 2002 참조. 그리고 버나드 우드(Bernard Wood)가 쓴 해설인 "Hominid revelations from Chad", *Nature* 418, 133–135, 2002를 참조.
13. 사헬란트로푸스의 두개골을 발견한 사람들은 "투마이(Toumaï)"라는 이름을 붙였다. 척박한 지역에서 힘겹게 살아가는 차드인들의 언어로 "삶의 희망"이라는 뜻이다.
14. Haile–Selassie *et al*., "Late Miocene hominids from the Middle Awash, Ethiopia", *Nature* 412, 178–181, 2001 참조.
15. Pickford *et al*., "Bipedalism in Orrorin tugenensis revealed by its

femora", *Comptes Rendus Palevol* 1, 191–203, 2002.

16. 약 500만 년 전부터 이후 인류가 진화해온 역사에서 대부분의 발견은 남쪽의 말라위부터 북쪽으로 탄자니아, 케냐, 에티오피아까지 이어지는 아프리카의 좁고 긴 지대에서 이루어졌다. 대지구대(Great Rift Valley)라고 불리는 이곳은 손톱이 자라는 속도보다 빠른 지각판의 이동으로 지각이 양쪽으로 갈라지면서 생긴 틈이 천천히 넓어지고 있는 곳이다. 열곡의 양쪽에서 커다란 덩어리들이 떨어져 나와 점점 넓어지는 골짜기 안으로 쏟아져 내리고, 이것이 비와 햇빛에 의해서 침식되어 퇴적물이 된다. 지각판이 분리될 때에는 그 아래에서 마그마가 끓어올라 화산들이 형성된다. 열곡의 바닥에서는 강과 호수가 끊임없이 형성되고, 합쳐지고, 넓어지고, 줄어든다. 퇴적 작용, 호수, 화산의 조합은 화석화에 이상적인 조건이다. 케냐, 탄자니아, 에티오피아 열곡의 호숫가 퇴적물들 속에서 인류 진화의 가장 중요한 증거물들이 발견되었다. 나머지는 대부분 "인류의 요람"이라고 불리는 남아프리카의 작은 유적지에 있는 오래된 석회암 동굴들에서 나왔다. 동굴의 퇴적물은 연대를 측정하기 어렵기로 악명이 높지만 그래도 제법 진전이 있었다. 그 예로 다음을 참조하라. Pickering *et al.*, "U-Pb-dated flowstones restrict South African early hominin record to dry climate phases", *Nature* 565, 226–229, 2019. 지구는 과거에도 움직이고 있었고, 지금도 움직이고 있고 앞으로도 계속 움직일 것이다. 수백만 년이 지나면 대지구대 동쪽의 아프리카는 부모 대륙으로부터 떨어져 나갈 것이고, 바다가 그 틈을 채울 것이다. 대지구대는 새로운 대양 탄생의 중간 단계이다. 트라이아스기에 북아메리카 동부의 열곡에서 대서양이 탄생한 것과 비슷하다. 다만 그때만큼 요란하지 않을 뿐이다.
17. 아기들은 여전히 이 자세로 다닌다.
18. Whitcome *et al.*, "Fetal load and the evolution of lumbar lordosis in bipedal hominins", *Nature* 450, 1075–1078, 2007 참조.
19. 예를 들면 다음을 참조하라. Wilson *et al.*, "Biomechanics of predator-prey arms race in lion, zebra, cheetah and impala", *Nature* 554, 183–188, 2018. 그리고 함께 실린 해설인 Biewener, "Evolutionary race as

predators hunt prey", *Nature* 554, 176–178, 2018도 참조하라.

20. 또다른 이족보행 포유류로는 캥거루, 그리고 뛰는쥐류처럼 깡충깡충 뛰어다니는 설치류들이 있다. 하지만 캥거루는 긴 꼬리의 도움으로 직립 자세를 지탱하고, 깡충깡충 뛰어다니는 설치류들은 두 발을 한꺼번에 사용하여 뛴다.
21. 나도 2018년 8월에서 집에서 작은 사고로 발목이 부러지면서 이 사실을 깨달은 적이 있다. 사고를 당한 나는 아무것도 할 수 없었다. 상태가 나아진 것은 국민 보건 서비스라는 헤아릴 수 없을 정도로 복잡하고 광범위한 제도의 도움을 즉시 받았기 때문이다. 이 서비스에는 구급차, 각종 장비를 갖춘 의과대학 부속병원, 구급대원, 간호사, 마취과 의사, 외과 의사, 그리고 수많은 보조 인력이 포함되었다. 그리고 퇴원 후에는 물리치료사, 적십자에서 대여한 휠체어, 무엇보다 참을성 있는 아내의 간호가 필요했다. 그 경험에서 어느 정도 용기를 얻은 아내는 간호학 학위 과정에도 등록했는데 전공은 학습 장애 환자 간호이다(대체 왜일까). 국립 보건 서비스는 영국뿐 아니라 유럽 전역을 통틀어 가장 많은 인원이 고용된 조직이며, 영국의 공공지출의 상당 부분이 여기에 투입된다. 이러한 지원을 받지 못하는 아프리카 사바나에서 발목이 부러졌던 초기 호미닌은 아마 죽임을 당하고 잡아먹혔을 것이다.
22. White *et al*., "*Australopithecus ramidus*, a new species of early hominid from Aramis, Ethiopia", *Nature* 371, 306–312, 1994 참조.
23. A. Gibbons, "A rare 4.4-million-year-old skeleton has drawn back the curtain of time to reveal the surprising body plan and ecology of our earliest ancestors", *Science* 326, 1598–1599, 2009 참조.
24. Leakey *et al*., "New four-million-year-old hominid species from Kanapoi and Allia Bay, Kenya", *Nature* 376, 565–571 (1995); Haile-Selassie *et al*., "A 3.8-million-year-old hominin cranium from Woranso-Mille, Ethiopia", *Nature* 573, 214–219, 2019; F. Spoor, "Elusive cranium of early hominin found", *Nature* 573, 200–202, 2019 참조.
25. Johanson *et al*., "A new species of the genus *Australopithecus* (Primates, Hominidae) from the Pliocene of Eastern Africa", *Kirtlandia* 28, 1–14,

1978. 같은 시기에 이 지역에서 살았던 다른 종이 최소한 2종 이상이었던 것으로 알려져 있다. Haile-Selassie *et al.*, "New species from Ethiopia further expands Middle Pliocene hominin diversity", *Nature* 521, 483–488, 2015; F. Spoor, "The Middle Pliocene gets crowded", *Nature* 521, 432–433, 2015; Leakey *et al.*, "New hominin genus from eastern Africa shows diverse middle Pliocene lineages", *Nature* 410, 433–440, 2001; D. Lieberman, "Another face in our family tree", *Nature* 410, 419–420, 2001 참조.

26. 이곳에서 이들과 아주 비슷한 인류에게 오스트랄로피테쿠스 바흐렐그하잘리(*Australopithecus bahrelghazali*)라는 이름이 붙었다. Brunet *et al.*, "The first australopithecine 2,500 kilometres west of the Rift Valley (Chad)", *Nature* 378, 273–275, 1995.
27. 탄자니아의 라에톨리에서 젖은 화산재에 찍혀 보존된 발자국들이 그 사실을 증명해준다. 서로 다른 두 지역에서 호미닌의 발자국이 발견되었는데 한 지역에서는 혼자 걸었고 다른 지역에서는 아마도 어른을 따라다니는 어린이와 함께였던 것으로 보인다. M. D. Leakey and R. L. Hay, "Pliocene footprints in the Laetolil Beds and Laetoli, northern Tanzania", *Nature* 278, 317–323, 1979 참조.
28. 거의 완벽한 상태로 발굴된 "루시"라고 불리는 유명한 인류 화석에서 골절이 발견되었는데, 이것은 루시가 나무에서 떨어져서 입은 부상으로 죽었을 가능성이 있다는 뜻이다. Kappelman *et al.*, "Perimortem fractures in Lucy suggest mortality from fall out of a tree", *Nature* 537, 503–507, 2016 참조.
29. Cerling *et al.*, "Woody cover and hominin environments in the past 6 million years", *Nature* 476, 51–56, 2011; C. S. Feibel, "Shades of the savannah", *Nature* 476, 39–40, 2011 참조.
30. Haile-Selassie *et al.*, "A new hominin foot from Ethiopia shows multiple Pliocene bipedal adaptations", *Nature* 483, 565–569, 2012; D. Lieberman, "Those feet in ancient times", *Nature* 483, 550–551, 2012.
31. 여기에는 오스트랄로피테쿠스와 사람속의 여러 종이 포함된다. 예

를 들면 오스트랄라로피테쿠스 가르히(Asfaw *et al.*, "*Australopithecus garhi*: a new species of early hominid from Ethiopia", *Science* 284, 629−635, 1999 참조), 오스트랄로피테쿠스 세디바(Berger *et al.*, "*Australopithecus sediba*: a new species of Homo-like australopith from South Africa", *Science* 328, 195−204, 2010 참조), 호모 하빌리스, 호모 루돌펜시스(Spoor *et al.*, "Reconstructed *Homo habilis* type OH7 suggests deep−rooted species diversity in early *Homo*", *Nature* 519, 83−86, 2015 참조), 그리고 호모 날레디(Berger *et al.*, "*Homo naledi*, a new species of the genus *Homo* from the Dinaledi Chamber, South Africa", *eLife* 2015; 4: e09560 참조) 등이다. 이 모든 동물들의 관계에 대해서는 논란이 많다. 호모(*Homo*)라는 명칭은 원래 더 큰 뇌와 기술적인 능력을 의미했지만(L. S. B. Leakey, "A New Fossil Skull from Olduvai", *Nature* 184, 491−493, 1959; Leakey *et al.*, "A New Species of the Genus Homo from Olduvai Gorge", *Nature* 202, 7−9, 1964 참조), 가장 오래된 호모 종의 등장보다 한참 앞선 약 330만 년 전의 석기가 발견되면서 그러한 구분도 의심스러워졌다. 실제로 가장 오래된 호모 종은 오스트랄피테쿠스와 크게 다르지 않았다는 설득력 있는 주장이 제기되었다. B. Wood and M. Collard, "The Human Genus", *Science* 284, 65−71, 1999 참조.

32. Harmand *et al.*, "3.3-million-year-old stone tools from Lomekwi 3, West Turkana, Kenya", *Nature* 521, 310−315, 2015; E. Hovers, "Tools go back in time", *Nature* 521, 294−295, 2015; McPherron *et al.*, "Evidence for stone−tool−assisted consumption of animal tissues before 3.39 million years ago at Dikika, Ethiopia", *Nature* 466, 857−860, 2010; D. Braun, "Australopithecine butchers", *Nature* 466, 828, 2010.

33. 최초의 도구는 오늘날 침팬지들이 사용하는 도구보다 그다지 더 정교할 것도 없었다. 그래서 자연적으로 깎여나간 돌들과 구분하기가 매우 어렵다. 실제로 호미닌 외에 영장류의 몇몇 종도 조약돌을 골라서 다른 곳으로 가져가서 사용한다고 알려져 있다. 이런 도구의 일부는 초기 호미닌들의 도구와 구분하기 어렵다. Haslam *et al.*, "Primate archaeology

evolves", *Nature Ecology & Evolution* 1, 1431–1437, 2017 참조.

34. K. D. Zink and D. E. Lieberman, "Impact of meat and Lower Palaeolithic food processing techniques on chewing in humans", *Nature* 531, 500–503, 2016 참조.

제10장
전 세계로 퍼져나가다

1. 극점으로부터의 각도는 23.5도라는 뜻이다. 두 값을 더하면 언제나 90도가 된다.
2. 남반구의 별도 마찬가지이다. 그러나 남극 지방의 하늘은 특히 지루하고 재미가 없어서 그다지 추천할 별이 없다. 북극성처럼 눈에 띄는 별이 극점의 위치를 알려주지도 않는다.
3. 밀루틴 밀란코비치(Milutin Milankovic)(1879–1958)라는 수학자가 이 모든 것을 컴퓨터 없이 계산해냈다. 한번 상상해보라.
4. 이것은 내가 해낸 몇 안 되는 훌륭한 발견들 중의 하나로 아무도 읽지 않는 나의 박사논문에 기록되어 있다.
5. 내가 영국인이고, 박사논문 주제로 영국의 빙하시대 동물상을 연구했다는 사실 외에도 브리튼 섬을 예로 든 이유는 많다. 브리튼 섬은 넓은 대륙의 서쪽 끝에 있는 섬으로, 이 시기에 아주 극단적인 기후 변화의 희생물이 되었던 곳이므로 훌륭한 예시가 된다. 나는 앞으로도 이렇게 우길 생각이다.
6. G. A. Jones, "A stop-start ocean conveyer", *Nature* 349, 364–365, 1991.
7. 이렇게 분리된 빙하가 갑자기 증가하는 현상을 하인리히 이벤트(Heinrich event)라고 부른다. Bassis *et al*., "Heinrich events triggered by ocean forcing and modulated by iostatic adjustment", *Nature* 542, 332–334, 2017; A. Vieli, "Pulsating ice sheet", *Nature* 542, 298–299, 2017 참조.
8. 이 사건의 흔적이 놀랍게도 지상에 보존되어 있다. 이러한 변화가 일어났던 지역인 에티오피아의 화석층을 살펴보면 오스트랄로피테쿠스류처럼 삼림 지대를 좋아하는 종들이 뚜렷하게 감소하고, 말이나 낙타, 그리고 호모류처럼 평원에 사는 종들이 증가했음을 알 수 있다.

Alemseged *et al*., "Fossils from Mille-Logya, Afar, Ethiopia, elucidate the link between Pliocene environmental change and *Homo* origins", *Nature Communications* 11, 2480 (2020) 참조.

9. D. Bramble and D. Lieberman, "Endurance running and the evolution of *Homo*", *Nature* 432, 345–352, 2004는 인류의 역사에서 장거리 달리기가 가지는 중요성에 관한 설득력 있는 글이다. 다만 해부학적 구조에 관한 해설은 호모 에렉투스보다 호모 사피엔스에 초점을 맞추고 있다. 그러니까 내가 내용을 약간 바꾼 것이다. 그러나 호모 에렉투스는 현생 인류와 체형이 매우 비슷한 호미닌이었다.
10. 여기에서 "무리"는 친족 관계와 전통으로 결합되어, 대개 같은 장소에서 살아가며, 문화적으로, 그리고 유전적으로도 거의 확실히 다른 집단과 구별되는 집단을 뜻한다.
11. 포유류의 폭력으로 인한 사망률과 비교해보면, 호미닌과 영장류가 일반적으로 포유류보다 더 폭력적이라는 사실을 알 수 있다. Gómez *et al*., "The phylogenetic roots of human lethal violence", *Nature* 538, 233–237, 2016 참조. 함께 실린 해설인 Pagel, "Lethal violence deep in the human lineage", *Nature* 538, 180–181, 2016도 보라.
12. 그리고 이들의 수컷은 성기가 작다. 고릴라 수컷의 발기한 성기는 약 3센티미터이다. 평범한 인간 남성도 그것보다 10센티미터는 더 길다. M. Maslin, "Why did humans evolve big penises but small testicles?" *The Conversation*, 25 January 2017, accessed 1 April 2021; Veale *et al*., "Am I normal? A systemic review and construction of nomograms for flaccid and erect penis length and circumference in up to 15,521 men", *BJU International* 115, 978–986, 2015 참조.
13. S. Eliassen and C. Jørgensen, "Extra–pair mating and evolution of cooperative neighbourhoods", *PLoS ONE* doi.org/10.1371./journal.pone.0099878, 2014; B. C. Sheldon and M. Mangel, "Love thy neighbour", *Nature* 512, 381–382, 2014 참조.
14. 앨런 워커와 팻 시프먼의 통찰력 있는 저서인 *The Wisdom of Bones*(Vintage, 1997)에서 호모 에렉투스를 이렇게 묘사한다.

15. Dean *et al.*, "Growth processes in teeth distinguish modern humans from Homo erectus and earlier hominins", *Nature* 414, 628–631, 2001, 그리고 함께 실린 해설인 Moggi-Cecchi, "Questions of growth", *Nature* 414, 595–597, 2001도 보라.
16. 지금까지 알려진 가장 오래된 아슐리안 석기는 아프리카에서 발견되었다(예를 들면 Asfaw *et al.*, "The earliest Acheulean from Konso-Gardula", *Nature* 360, 732–735, 1992 참조). 그러나 아슐 문화라는 이름 자체는 이 문화의 존재가 처음으로 알려진 프랑스의 고고학 유적지 생 아슐에서 따온 것이다.
17. © The Atlantic Monthly, 1975.
18. Joordens *et al.*, "*Homo erectus* at Trinil on Java used shells for tool production and engraving", *Nature* 518, 228–231, 2015 참조.
19. 사람들은 인간이 침팬지, 고릴라, 오랑우탄과 아주 가까운 관계라는 사실을 알면 항상 놀란다. 종교적인 문제를 떠나서 생각해보더라도 인간은 이 동물들과 놀라울 정도로 다르다. 인간은 유인원과 공유하는 공통 조상과 굉장히 많이 달라진 반면, 유인원들은 별로 달라지지 않았기 때문이다.
20. 호모 에렉투스의 것으로 보이는 화석 중 가장 오래된 것은 남아프리카의 드리몰렌 동굴에서 발견된 약 200만 년 전의 두개골 일부이다. Herries *et al.*, "Contemporaneity of *Australopithecus, Paranthropus* and early Homo erectus in South Africa", *Science* 368 doi: 10.1126/science.aaw7293, 2020 참조. 아프리카 호모 에렉투스의 가장 완전한 화석은 케냐에서 발견된 한 어린이의 골격이다. Brown *et al.*, "Early *Homo erectus* skeleton from west Lake Turkana', Kenya", *Nature* 316, 788–792, 1985 참조. 키가 크고 팔다리가 긴 이 골격의 형태는 초기 호미닌의 땅딸막한 골격과 뚜렷한 대조를 이룬다.
21. Zhu *et al.*, "Hominin occupation of the Chinese Loess Plateau since about 2.1 million years ago", *Nature* 559, 608–612, 2018 참조.
22. Shen *et al.*, "Age of Zhoukoudian Homo erectus determined with 26Al/10Be burial dating", *Nature* 458, 198–200, 2009, 그리고 함께 실

린 해설인 Ciochon and Bettis, "Asian Homo erectus converges in time", *Nature* 458, 153–154, 2009도 보라.

23. 호모 에렉투스의 분류학적 다양성에 관한 설득력 있는 주장으로는 다음을 보라. J. Schwartz, "Why constrain hominid taxic diversity?", *Nature Ecology & Evolution*, 5 August 2019, https://doi.org/10.1038/s41559-019-0959-2.
24. 모든 종명은 속명(호모)과 종소명(사피엔스)으로 이루어지고 경우에 따라서 여기에 아종명(예를 들면 사피엔스, 즉 호모 사피엔스 사피엔스가 된다)이 붙는 반면에, 이 고대 인류에게는 최근에 네 단어로 이루어진 호모 에렉투스 에르가스테르 게오르기쿠스(*Homo erectus ergaster georgicus*)라는 이름이 붙었다. 영국 왕실의 구성원이 아닌 이상 이런 식의 명명은 대단히 특별한 일인데, 이는 호모 에렉투스의 구성원이 얼마나 다양했는지를 보여준다. 이 놀라운 이름에 대해서, 그리고 여러 화석들을 다양성의 정도가 알려지지 않은 하나의 종으로 묶는 일의 아주 현실적인 문제점에 대해서 더 알고 싶다면 다음을 참고하라. L. Gabunia and A. Vekua, "A Plio-Pleistocene hominid from Dmanisi, East Georgia, Caucasus", *Nature* 373, 509–512, 1995; Lordkipanidze *et al*., "A complete skull from Dmanisi, Georgia, and the evolutionary biology of early *Homo*", *Science* 342, 326–331 (2013).
25. Rizal *et al*., "Last appearance of Homo erectus at Ngandong, Java, 117,000–108,000 years ago", *Nature* 577, 381–385, 2020.
26. Swisher *et al*., "Latest *Homo erectus* of Java: potential contemporaneity with *Homo sapiens* in Southeast Asia", *Science* 274, 1870–1874, 1996 참조.
27. Ingicco *et al*., "Earliest known hominin activity in the Philippines by 709 thousand years ago", *Nature* 557, 233–237, 2018 참조.
28. Détroit *et al*., "A new species of *Homo* from the Late Pleistocene of the Philippines", *Nature* 568, 181–186, 2019, 그리고 함께 실린 해설인 Tocheri, "Previously unknown human species found in Asia raises questions about early hominin dispersals from Africa", *Nature* 568, 176–

178, 2019 참조.

29. Brown *et al.*, "A new small-bodied hominin from the Late Pleistocene of Flores, Indonesia", *Nature* 431, 1055−1061, 2004, 그리고 함께 실린 해설인 Mirazón Lahr and Foley, "Human evolution writ small", *Nature* 431, 1043−1044, 2004; Morwood *et al.*, "Further evidence for small-bodied hominins from the Late Pleistocene of Flores, Indonesia", *Nature* 437, 1012−1017, 2005, 온라인 컬렉션 "The Hobbit at 10", https://www.nature.com/collections/baiecchdeh 참조.

30. Sutikna *et al.*, "Revised stratigraphy and chronology for *Homo floresiensis* at Liang Bua in Indonesia", *Nature* 532, 366−369, 2016; van den Bergh *et al.*, "*Homo floresiensis*-like fossils from the early Middle Pleistocene of Flores", *Nature* 534, 245−248, 2016; Brumm *et al.*, "Early stone technology on Flores and its implications for *Homo floresiensis*", *Nature* 441, 624−628, 2006.

31. 이런 쥐들은 요즘도 있다. 중간 크기의 쥐와 작은 쥐도 있다. 호모 플로레시엔시스의 화석이 처음으로 발견된 플로레스의 리앙 부아 동굴을 방문했을 때, 나는 한나케 메이에르(Hannake Meijer) 박사가 수백 개의 쥐 뼈, 수백 개의 박쥐 뼈, 그리고 수는 더 적지만 한나케가 특별히 관심을 두고 있는 조류의 뼈를 크기에 따라 분리하는 일을 도우며 아주 행복한 하루를 보냈다. 땅에서 파낸 퇴적물 속에서 뼈를 꺼내어 힘들게 닦아낸 후, 발견 위치의 좌표를 정확하게 표시한 자루 속에 넣었다. 일꾼들이 이 무거운 자루를 언덕 아래로 가지고 내려가 논에서 체로 뼈를 걸러내고, 우리가 연구할 수 있도록 다시 가지고 올라왔다. 어떤 종류의 발굴이든 국제 저널에 대대적으로 소개되는 중요한 발견에는 보이지 않는 곳에서 허리가 휘도록 일하는 많은 이들의 공이 이루 말할 수 없이 크다.

32. 빅토리아 헤리지(Victoria Herridge)는 나에게 난쟁이코끼리를 특별히 언급하라고 말했다. 나는 코끼리와 사람들이 작아지고 또 작아져서 마치 영화 「놀랍도록 줄어든 사나이」의 주인공처럼 눈에 보이지 않을 정도가 되는 모습을 자꾸만 상상하게 된다.

33. Bermúdez de Castro *et al.*, "A hominid from the lower Pleistocene of Atapuerca, Spain: possible ancestor to Neandertals and modern humans", *Science* 276, 1392−1395, 1997; Parfitt *et al.*, "Early Pleistocene human occupation at the edge of the boreal zone in northwest Europe", *Nature* 466, 229−233, 2010, 그리고 함께 실린 해설인 Roberts and Grün, "Early human northerners", *Nature* 466, 189−190, 2010; Ashton *et al.*, "Hominin footprints from Early Pleistocene Deposits at Happisburgh, UK", *PLoS ONE* https://doi.org/10.1371/journal.pone.0088329, 2014 참조.
34. Welker *et al.*, "The dental proteome of Homo antecessor", *Nature* 580, 235−238, 2020 참조.
35. H. Thieme, "Lower Palaeolithic hunting spears from Germany", *Nature* 385, 807−810, 1997 참조.
36. Roberts *et al.*, "A hominid tibia from Middle Pleistocene sediments at Boxgrove, UK", *Nature* 369, 311−313, 1994 참조.
37. Arsuaga *et al.*, "Three new human skulls from the Sima de los Huesos Middle Pleistocene site in Sierra de Atapuerca, Spain", *Nature* 362, 534−537, 1993 참조.
38. 핵 DNA의 분석 결과, 아타푸에르카의 인류는 다른 호미닌보다 네안데르탈인과 더 가까운 관계였다. Meyer *et al.*, "Nuclear DNA sequences from the Middle Pleistocene Sima de los Huesos hominins", *Nature* 531, 504−507, 2016 참조.
39. Jaubert *et al.*, "Early Neanderthal constructions deep in Bruniquel Cave in southwestern France", *Nature* 534, 111−114, 2016, 그리고 함께 실린 해설인 Soressi, "Neanderthals built underground", *Nature* 534, 43−44, 2016 참조.
40. 데니소바인이라는 명칭은 이들의 화석이 처음으로 발견된 시베리아 남부 알타이 산맥의 동굴 이름에서 따온 것이다. 그러나 아직 정식 학명은 없다.
41. Chen *et al.*, "A late Middle Pleistocene Denisovan mandible from the Tibetan Plateau", *Nature* 569, 409−412, 2019 참조.

42. 만약 그랬다면 아주 조심스럽게 진출했던 모양이다. 캘리포니아 남부에서 약 12만5,000년 전의 마스토돈 화석이 발견되었는데, 논란이 아주 많기는 하지만 이 마스토돈을 죽인 것이 인류였다는 주장이 있다. 이것이 사실이라면 초기 인류가 아메리카에 진출한 시기를 가장 이르게 잡는 사람들이 주장하는 약 3만 년 전보다도 훨씬 더 이른 시기이다. Holen *et al*., "A 130,000-year-old archaeological site in southern California, USA", *Nature* 544, 479–483, 2017 참조.
43. 데니소바인이라는 명칭은 이들의 화석이 처음 발견된 시베리아 남부 알타이 산맥의 동굴 이름에서 따온 것이다. Reich *et al*., "Genetic history of an archaic hominin group from Denisova Cave in Siberia", *Nature* 468, 1053–1060, 2010, 그리고 함께 실린 해설인 Bustamante and Henn, "Shadows of early migrations", *Nature* 468, 1044–1045, 2010 참조.

제11장
선사시대의 끝

1. Navarrete *et al*., "Energetics and the evolution of human brain size", *Nature* 480, 91–93, 2011; R. Potts, "Big brains explained", *Nature* 480, 43–44, 2011 참조.
2. 또한 남성들도 자연선택에 의해서 더 풍만한 여성을 선호하게 되었다. D. W. Yu and G. H. Shepard, Jr, "Is beauty in the eye of the beholder?", *Nature* 396, 321–322, 1998.
3. K. Hawkes, "Grandmothers and the evolution of human longevity", *American Journal of Human Biology* 15, 380–400, 2003 참조. 물론 인류의 진화사에 관한 다른 모든 가설들과 마찬가지로 할머니 가설 역시 논란이 많지만 내가 보기에는 신빙성이 아주 높다.
4. 남성에게 유두가 있는 것도 같은 이유로 설명할 수 있다. 여성에게 유방과 유두가 있기 때문에 남성도 유두가 있지만 대신 크기가 작고 아무 기능도 없다. 여기에는 대가도 따른다. 드물기는 하지만 남성도 여성처럼 유방암에 걸리는 것이다. 역설적이게도 배우자를 선택할 때 선

호되는 여성의 특징이 남성에게는 위험한 특징이 된다. P. Muralidhar, "Mating preferences of selfish sex chromosomes", *Nature* 570, 376−379; M. Kirkpatrick, "Sex chromosomes manipulate mate choice", *Nature* 570, 311−312, 2019 참조.

5. 이러한 통찰을 얻게 해준 사이먼 콘웨이 모리스에게 감사를 전한다.
6. 재레드 다이아몬드는 특히 얼마 전까지 생존을 위한 최소한의 식사만 하며 살아왔던 사람들 사이에서 제2형 당뇨병이 많이 발생하는 것은 굶주림에서 벗어나 갑자기 서구적인 생활을 하면서 당분이 많은 음식을 과하게 먹게 된 결과라고 추측한다. Diamond, "The double puzzle of diabetes", *Nature* 423, 599−602, 2003 참조.
7. 약 30만 년 전 중앙아프리카에는 호모 헤이델베르겐시스와 비슷한 종인 호모 로데시엔시스(*Homo rhodesiensis*)가 살았다(Grün *et al*., "Dating the skull from Broken Hill, Zambia, and its position in human evolution", *Nature* 580, 372−375, 2020). 그러나 이들만 살았던 것은 아니다. 놀랍도록 오래된 형태의 두개골을 가진 호미닌 종도 약 1만1,000년 전까지 나이지리아에서 살았다(Harvati *et al*., "The Later Stone Age calvaria from Iwo Eleru, Nigeria: morphology and chronology", *PLoS ONE* https://doi.org/10.1371/journal.pone.0024024, 2011). 아프리카에서 살았던 더 오래된 종의 증거는 현생 인류의 DNA 파편 안에 보존되어 있다. 체셔 고양이가 사라진 자리에 미소만 남아 있는 것과 마찬가지이다(예를 들면 Hsieh *et al*., "Model−based analyses of whole-genome data reveal a complex evolutionary history involving archaic introgression in Central African Pygmies", *Genome Research* 26, 291−300, 2016 참조).
8. 호모 사피엔스 출현의 가장 오래된 증거는 약 31만5,000년 전의 화석으로 모로코에서 발견되었다(Hublin *et al*., "New fossils from Jebel Irhoud, Morocco, and the pan-African origin of *Homo sapiens*", *Nature* 546 289−292, 2017; Richter *et al*., "The age of the hominin fossils from Jebel Irhoud, Morocco, and the origins of the Middle Stone Age", *Nature* 546, 293−296, 2017; Stringer and Galway-Witham, "On the origin of our species", *Nature* 546, 212−214, 2017 참조). 호모 사피엔스의 또다른 초

기 화석으로는 에티오피아 키비시에서 발견된 약 19만5,000년 전의 화석이 있다(McDougall *et al.*, "Stratigraphic placement and age of modern humans from Kibish, Ethiopia", *Nature* 433, 733–736, 2005 참조). 에티오피아의 미들 아와시에서도 발견되었다(White *et al.*, "Pleistocene Homo sapiens from Middle Awash, Ethiopia", *Nature* 423, 742–747, 2003; Stringer, "Out of Ethiopia", *Nature* 423, 693–695, 2003 참조).

9. Harvati *et al.*, "Apidima Cave fossils provide earliest evidence of Homo sapiens in Eurasia", *Nature* 571, 500–504, 2019; McDermott *et al.*, "Mass-spectrometric U-series dates for Israeli Neanderthal/early modern hominid sites", *Nature* 363, 252–255, 1993; Hershkovitz *et al.*, "The earliest modern humans outside Africa", *Science* 359, 456–459, 2018.
10. Chan *et al.*, "Human origins in a southern African palaeo-wetland and first migrations", *Nature* 575, 185–189, 2019 참조.
11. Henshilwood *et al.*, "A 100,000-year-old Ochre-Processing Workshop at Blombos Cave, South Africa", *Science* 334, 219–222, 2011 참조.
12. Henshilwood *et al.*, "An abstract drawing from the 73,000-year-old levels at Blombos Cave, South Africa", *Nature* 562, 115–118, 2018 참조.
13. Brown *et al.*, "An early and enduring advanced technology originating 71,000 years ago in South Africa", *Nature* 491, 590–593 참조.
14. Rito *et al.*, "A dispersal of Homo sapiens from southern to eastern Africa immediately preceded the out-of-Africa migration", *Scientific Reports* 9, 4728, 2019 참조.
15. 토바 화산 폭발의 규모는 1815년, 역시 인도네시아에서 일어난 탐보라 화산 폭발보다도 훨씬 컸다. 탐보라 화산 폭발의 여파로 다음 해에는 소위 "여름 없는 해"가 찾아왔다. 1816년, 제네바 호숫가에 여름 휴가를 즐기러 온 한 무리의 급진주의자들은 별장에 틀어박혀 있다가 재미 삼아 무서운 이야기를 써보기로 했다. 이렇게 해서 그중 한 명인 십대의 소녀 메리 셸리가 『프랑켄슈타인: 현대의 프로메테우스(*Frankenstein or The Modern Prometheus*)』라는 소설을 집필했다.
19. 오스트랄로피테쿠스의 치아 에나멜 속 미량 원소를 화학적으로 분석

해본 결과, 여성이었을 것으로 추정되는 몸집이 작은 개체가 남성보다 더 멀리까지 이동했음을 알 수 있었다. Copeland *et al.*, "Strontium isotope evidence for landscape use by early hominins", *Nature* 474, 76–78, 2011; M. J. Schoeninger, "In search of the australopithecines", *Nature* 474, 43–45, 2011 참조.

20. A. Timmermann and T. Friedrich, "Late Pleistocene climate drivers of early human migration". *Nature* 538, 92–95, 2016 참조.
21. Clarkson *et al.*, "Human occupation of northern Australia by 65,000 years ago", *Nature* 547, 306–310, 2017.
22. 예를 들어 다음을 보라. F. A. Villanea and J. G. Schraiber, "Multiple episodes of interbreeding between Neanderthals and modern humans", *Nature Ecology & Evolution* 3, 39–44, 2019, 그리고 함께 실린 해설 F. Mafessoni, "Encounters with archaic hominins", *Nature Ecology & Evolution* 3, 14–15, 2019도 보라; Sankararaman *et al.*, "The genomic landscape of Neanderthal ancestry in present-day humans", *Nature* 507, 354–357, 2014 참조.
23. Huerta-Sánchez *et al.*, "Altitude adaptation in Tibetans caused by introgression of Denisovan-like DNA", *Nature* 512, 194–197, 2014.
24. Hublin *et al.*, "Initial Upper Palaeolithic Homo sapiens from Bacho Kiro Cave, Bulgaria", *Nature* 581, 299–302, 2020, 그리고 함께 실린 보고서 Fewlass *et al.*, "A 14C chronology for the Middle to Upper Palaeolithic transition at Bacho Kiro Cave, Bulgaria", *Nature Ecology & Evolution* 4, 794–801, 2020과 해설 Banks, "Puzzling out the Middle-to-Upper Palaeolithic transition", *Nature Ecology & Evolution* 4, 775–776, 2020도 보라. M. Cortés-Sanchéz *et al.*, "An early Aurignacian arrival in south-western Europe", *Nature Ecology & Evolution* 3, 207–212, 2019; Benazzi *et al.*, "Early dispersal of modern humans in Europe and implications for Neanderthal behaviour", *Nature* 479, 525–528, 2011도 참조하라.
25. Higham *et al.*, "The timing and spatiotemporal patterning of Neanderthal

disappearance", *Nature* 512, 306–309, 2014, 그리고 함께 실린 해설 W. Davies, "The time of the last Neanderthals", Nature 512, 260–261, 2014도 보라.

26. "성교를 했단 말인가요?" 런던 왕립학회가 주최한 고대 DNA에 관한 회의에서 발표자가 이 민감한 주제를 언급하자, 나이 지긋한 관객 한 명이 믿을 수 없다는 듯이 이렇게 물었다. 뒤쪽에 앉아 있던 나는 자리에서 일어나서 그 관객과 비슷하게 고압적인 말투로 이렇게 대답하고 싶은 충동을 느꼈다. "성교만 한 게 아니라 그 성교로 자식이 생겼다고요!" 그러나 나는 자리에 앉아 있었다.
27. Koldony and Feldman, "A parsimonious neutral model suggests Neanderthal replacement was determined by migration and random species drift", *Nature Communications* 8, 1040, 2017; C. Stringer and C. Gamble, *In Search of the Neanderthals* (London: Thames & Hudson, 1994) 참조. 비슷한 현상이 다른 종에게서도 관찰되었다. 예를 들면 동부회색청서는 18세기에 영국에 유입되었는데, 그로부터 200년 후 이들이 토종 청서를 완전히 몰아냈다. 더 빠른 번식 속도와 더 적극적으로 영역을 지키는 태도 덕분이었다. Okubo *et al.*, "On the spatial spread of the grey squirrel in Britain", *Proceedings of the Royal Society of London B*, 238, 113–125, 1989 참조.
28. Zilhão *et al.*, "Precise dating of the Middle-to-Upper Paleolithic transition in Murcia (Spain) supports late Neandertal persistence in Iberia", *Heliyon* 3, e00435, 2017 참조.
29. Slimak *et al.*, "Late Mousterian persistence near the Arctic Circle", *Science* 332, 841–845, 2011.
30. Vaesen *et al.*, "Inbreeding, Allee effects and stochasticity might be sufficient to account for Neanderthal extinction", *PLoS ONE* 14, e0225117, 2019.
31. J. Diamond, "The last people alive", *Nature* 370, 331–332, 1994.
32. Fu *et al.*, "An early modern human from Romania with a recent Neanderthal ancestor", *Nature* 524, 216–219.

33. Conard *et al*., "New flutes document the earliest musical tradition in southwestern Germany", *Nature* 460, 737–740, 2009.

34. Conard, "Palaeolithic ivory sculptures from southwestern Germany and the origins of figurative art", *Nature* 426, 830–832, 2003.

35. Aubert *et al*., "Pleistocene cave art from Sulawesi, Indonesia", *Nature* 514, 223–227, 2014; Aubert *et al*., "Palaeolithic cave art in Borneo", *Nature* 564, 254–257, 2018 참조.

36. Lubman, "Did Paleolithic cave artists intentionally paint at resonant cave locations?", *Journal of the Acoustical Society of America*, 141, 3999, 2017.

제12장
미래의 과거

1. 나는 이것을 "카레니나 원칙(The Karenina Principle)"이라고 부른다. 뭐, 고마울 것까지는 없다.

2. 크리스 베켓(Chris Beckett)의 소설 『다크 에덴(*Dark Eden*)』은 머나먼 행성에 고립된 두 우주비행사가 남긴 532명의 후손 중 1명인 존 레드랜턴의 이야기를 다룬다. 근친상간으로 인한 선천성 기형을 극복하고 살아남으려고 애쓰는 작은 공동체의 절박한 노력을 다룬 가슴 아픈 이야기이다.

3. 모하비 사막에서만 살던 관목인 데데케라 에우레켄시스(*Dedeckera eurekensis*)의 비극적인 이야기가 떠오른다. 더 온화한 환경에서 진화한 이 식물은 적응에 실패했고 결국 유전적 기형의 발생으로 번식을 하지 못하게 되었다. Wiens *et al*., "Developmental failure and loss of reproductive capacity in the rare palaeoendemic shrub *Dedeckera eurekensis*", *Nature* 338, 65–67, 1989 참조.

4. A. Sang *et al*., "Indirect evidence for an extinction debt of grassland butterflies half century after habitat loss", *Biological Conservation* 143, 1405–1413, 2010 참조.

5. Tilman *et al*., "Habitat destruction and the extinction debt", *Nature* 371,

65–66, 1994 참조.

6. 플라이스토세 말의 멸종에 대한 포괄적이고 쉽게 읽히는 해설서로는 다음을 참조하라. A. J. Stuart, *Vanished Giants*(Chicago: University of Chicago Press, 2020).
7. Stuart *et al.*, "Pleistocene to Holocene extinction dynamics in giant deer and woolly mammoth", *Nature* 431, 684–689, 2004 참조.
8. 예를 들면 출판도 하지 않았고 아무도 읽지 않은 나의 박사 논문인 *Bovidae from the Pleistocene of Britain*(Fitzwilliam College, University of Cambridge, 1991)에서 나는 가장 최근의 빙기 중반에는 브리튼 섬에 작고 강인한 들소 종이 흔했으나 빙기가 계속 진행되면서 더 큰 종으로 대체되었다는 사실을 밝혔다. 그보다 앞선 입스위치 간빙기에도 들소가 흔했으나 이들은 몸집이 더 큰 종류였으며 잉글랜드의 템스 계곡 외곽에서 살았다. 그 시절 런던은 오록스의 천국이었다. 그 이전의 혹슨 간빙기에는 오록스가 흔했으나 들소는 어디에서도 찾아볼 수 없었다. 그리고 그 이전의 크로러 간빙기에는 오록스는 없었지만, 들소는 있었다. 다만 다른 종류의 들소였다. 브리튼 섬의 플라이스토세 퇴적물은 흔하고 연대순으로 정리하기가 (상대적으로) 쉽다. 페름기의 퇴적물이었다면 이런 식의 연구가 불가능했을 것이다.
9. 오랫동안 인류가 아메리카 대륙에 진출한 시기는 약 1만5,000년 전인 것으로 여겨져왔다. 그러나 새로운 고고학 연구와 연대 측정법의 개선을 통해서 인류가 약 3만 년 전, 혹은 더 이른 시기에도 드물게나마 아메리카에 있었다는 사실이 밝혀졌다. L. Becerra-Valdivia and T. Higham, "The timing and effect of the earliest human arrivals in North America", doi.org/10.1038/s41586-020-2491-6, 2020; Ardelean *et al.*, "Evidence for human occupation in Mexico around the Last Glacial Maximum", *Nature* 584, 87–92, 2020 참조.
10. 달에도 진출하게 될 것이다. 그러나 이 책은 지구의 생명에 관한 이야기이므로 그 분야는 다루지 않기로 한다.
11. Piperno *et al.*, "Processing of wild cereal grains in the Upper Palaeolithic revealed by starch grain analysis", *Nature* 430, 670–673, 2004 참조.

12. J. Diamond, "Evolution, consequences and future of plant and animal domestication", *Nature* 418, 700–707, 2002 참조.
13. Krausmann *et al.*, "Global human appropriation of net primary production doubled in the 20th century", *Proceedings of the National Academy of Sciences of the United States of America* 110, 10324–10329, 2013 참조.
14. 참고로 나는 1962년생이다. 그해에는 엘비스 프레슬리의 "굿 럭 참(Good Luck Charm)"이 "빌보드 핫 100" 1위와 영국 "탑 오브 더 팝스" 1위를 차지했다.
15. 현재 합계 출산율(Total Fertility Rate, TFR)은 2.1명이다. 즉 출생율이 사망률보다 높으려면 여성 1명이 2.1명의 아이를 낳아야 한다. 2.0이 아니고 2.1인 이유는 아이가 일찍 죽는 경우, 그리고 남자 어린이의 사망률이 여자 어린이보다 높은 점을 고려한 것이다. 2100년경에는 (연구가 이루어진 195개국 중에서) 183개국의 TFR이 지금보다 감소하고 세계 인구는 지금보다 줄어 있을 것이다. 스페인, 태국, 일본 같은 일부 국가의 인구는 그 무렵이 되면 절반으로 감소할 것이다. Vollset *et al.*, "Fertility, mortality, migration and population scenarios for 195 countries and territories from 2017 to 2100: a forecasting analysis for the Global Burden of Disease Study", *The Lancet* doi.org/10.1016/S0140-6736(20)20677-2, 2020 참조.
16. Kaessmann *et al.*, "Great ape DNA sequences reveal a reduced diversity and an expansion in humans", *Nature Genetics* 27, 155–156, 2001; Kaessmann *et al.*, "Extensive nuclear DNA sequence diversity among chimpanzees", *Science* 286, 1159–1162, 1999 참조.
17. 지금부터 나올 내용의 대부분은 추측 또는 지어낸 이야기라는 점을 밝혀야겠다. 누군가가 말했듯이 예측, 특히 미래에 관한 예측은 매우 어려운 일이다.
18. 나는 이 매력적인 동물의 이미지를 『인류 시대 이후의 미래 동물 이야기(*After Man: A Zoology of the Future*)』(Granada Publishing, 1982)라는 책에서 빌려왔다. 이 책에서 두걸 딕슨은 인류가 멸종하고 5,000만 년 후에

출현할 동물들의 모습을 예측했다. "나이트스토커"는 바타비아라는 새롭게 형성된 화산 육괴의 어두운 숲속을 돌아다니는 무시무시한 육식동물이다. 박쥐로부터 진화한 이 동물은 오직 박쥐류만 사는 바타비아에서 박쥐와 어울리지 않아 보이는 수많은 생태적 지위를 차지한다.

19. 밤에 잠 못 이루며 걱정하고 싶다면 Peter Ward and Donald Brownlee, *The Life and Death of Planet Earth*(Times Books, Henry Holt and Co., 2002)를 읽어보라. 이 두 가지 요소를 거침없이 파헤치는 책이다.

20. 약 80만 년 넘게 대기 중의 이산화탄소 농도는 300ppm을 넘긴 적이 없었다. 그러다 2018년에 인간 활동의 결과로 400ppm을 넘어섰다. 300만 년 이상 본 적이 없었던 농도이다. K. Hashimoto, "Global temperature and atmospheric carbon dioxide concentration", in *Global Carbon Dioxide Recycling*, SpringerBriefs in Energy (Singapore: Springer, 2019) 참조.

21. 물론 이것이 다가 아니다. 여기에서 묘사한 상황은 생명체가 살지 않는 환경에서 규산염 암석만이 풍화되었을 때를 가정한 것이다. 수십억 년 전에는 실제로 그랬지만 생명체가 존재하게 되면 이야기가 달라진다. 유기물질과 탄산염이 풍부한 퇴적암의 존재는 예측하기 힘든 방식으로 풍화 속도에 영향을 미친다(R. G. Hilton and A. J. West, "Mountains, erosion and the carbon cycle", *Nature Reviews Earth & Environment* 1, 284–299, 2020). 게다가 육지의 탄소는 대부분 생물의 작용으로 만들어지는 토양 속에 저장되어 있다. 기온이 상승하면 토양 미생물의 호흡이 활발해져서 더 많은 이산화탄소가 대기 중으로 방출된다(Crowther *et al.*, "Quantifying global soil carbon losses in response to warming", *Nature* 540, 104–108, 2016). 이러한 과정들이 대기 중의 이산화탄소가 심해로 이동하는 데에도 영향을 미친다.

22. 또다른 요소는 지구가 약 8억 년 전에 소행성과 한두 번 정도 충돌했을지도 모른다는 사실이다. 달의 크레이터 형성에 관한 연구를 보면 그 무렵에 충돌 횟수가 증가했음을 알 수 있다. Terada *et al.*, "Asteroid shower on the Earth-Moon system immediately before the Cryogenian period revealed by KAGUYA", *Nature Communications* 11, 3453, 2020

참조.

23. Simon *et al.*, "Origin and diversification of endomycorrhizal fungi and coincidence with vascular land plants", *Nature* 363, 67–69, 1993 참조.
24. Simard *et al.*, "Net transfer of carbon between ectomycorrhizal tree species in the field", *Nature* 388, 579–582, 1997; Song *et al.*, "Defoliation of interior Douglas-fir elicits carbon transfer and stress signalling to ponderosa pine neighbors through ectomycorrhizal networks", *Scientific Reports* 5, 8495, 2015; J. Whitfield, "Underground networking", *Nature* 449, 136–138, 2007 참조.
25. Smith *et al.*, "The fungus Armillaria bulbosa is among the largest and oldest living organisms", *Nature* 356, 428–431, 1992 참조.
26. 막시류는 약 2억8,100만 년 전에 분화하기 시작했다(Peters *et al.*, "Evolutionary history of the Hymenoptera", *Current Biology* 27, 1013–1018, 2017). 지금까지 알려진 가장 오래된 나방은 약 3억 년 전에 살았다(Kawahara *et al.*, "Phylogenomics reveals the evolutionary timing and pattern of butterflies and moths", *Proceedings of the National Academy of Sciences of the United States of America* 116, 22657–22663, 2019).
27. 그런데 왜 우리가 무화과를 먹을 때 입 안 가득 말벌이 들어오지 않는지를 알고 싶다면 다음을 참고하라. J. M. Cook and S. A. West, "Figs and fig wasps", *Current Biology* 15, R978–R980, 2005.
28. C. A. Sheppard and R. A. Oliver, "Yucca moths and yucca plants: discovery of 'the most wonderful case of fertilisation'", *American Entomologist* 50, 32–46, 2004 참조.
29. D. M. Gordon, "The rewards of restraint in the collective regulation of foraging by harvester ant colonies", *Nature* 498, 91–93, 2013 참조.
30. 다음의 책이 이 주제를 다룬다. E. O. Wilson, *The Social Conquest of Earth*(New York: Liveright, 2012).
31. 과학자들은 만장일치로 2억5,000만 년 후에는 초대륙이 형성될 것이라고 말한다. 하지만 정확한 형태에 대해서는 의견이 갈린다. 한 가지 시나리오는 아메리카 대륙이 서쪽으로 밀려 올라가서 동아시아와 만나

면서 태평양이 사라지는 것이다. 또다른 시나리오는 아메리카 대륙이 과거에 그랬던 것처럼 유라시아의 서쪽 끝으로 이동해서 대서양이 사라지는 것이다. 테드 닐드의 책인 『초대륙』에 이런 시나리오들에 대한 근거가 설명되어 있다.

32. 심층 생물권에 관해서 알고 싶다면, 먼저 A. L. Mascarelli, "Low life", *Nature* 459, 770–773, 2009를 읽어보면 좋다.
33. Borgonie *et al.*, "Eukaryotic opportunists dominate the deep-subsurface biosphere in South Africa", *Nature Communications* 6, 8952, 2015; Borgonie *et al.*, "Nematoda from the terrestrial deep subsurface of South Africa", *Nature* 474, 79–82, 2011 참조.
34. 그 과학자는 N. A. 콥이었다. 그가 그린 회충의 펜화는 "Nematodes and their relationships", *United States Department of Agriculture Yearbook*(Washington DC: US Department of Agriculture, 1914), p. 472에 실려 있다.
35. 탄소 주기 모형에 따르면, 생명은 앞으로 9억–15억 년 후에 절멸할 것이다. 그후 다시 10억 년이 흐르면 바다가 끓어서 없어질 것이다(K. Caldeira and J. F. Kasting, "The life span of the biosphere revisited", *Nature* 360, 721–723, 1992). 그후의 일은 바다가 얼마나 빨리 끓느냐에 달려 있다. 빨리 끓으면 지구가 말라붙어서 뜨거운 사막 행성이 될 것이고, 천천히 끓으면 지구를 둘러싼 대기가 강력한 온실 효과를 일으켜 지구 표면이 녹아버릴 것이다. P. Ward and D. Brownlee, *The Life and Death of Planet Earth*(Times Books, Henry Holt and Co., 2002)에서는 이런 흥미로운 예측에 관해서 설명한다. 그러나 결국에는 어느 쪽이든 상관없어질 것이다. 수십억 년이 더 지나면 태양은 거대한 "적색거성"이 되어 하늘을 가득 채울 것이고, 지구는 다 타서 재만 남게 될 것이다. 그후 물질 대부분은 "행성 성운(planetary nebula)"의 형태로 방출되고, 지구는 아주 작은 백색왜성이 되어 수조 년 동안 지속될 것이다. 태양은 거대하지만 폭발하여 초신성이 되어 새로운 세대의 항성과 행성, 생명을 탄생시킬 정도로 거대하지는 않다.

에필로그

1. Barnosky *et al*., "Has the Earth's sixth mass extinction already arrived?" *Nature* 471, 51–57, 2011 참조.
2. https://www.carbonbrief.org/analysis-uk-renewablesgenerate-more-electricity-than-fossil-fuels-for-first-time, accessed 26 July 2020 참조.
3. 예를 들면 다음을 참조하라. Paul Ehrlich, *The Population Bomb*. 반세기 동안의 효과를 평가하려면 https://www.smithsonianmag.com/innovation/book-incited-worldwide-fear-overpopulation-180967499, accessed 26 July 2020 참조.
4. https://ourworldindata.org/energy, accessed 26 July 2000 참조.
5. Friedman *et al*., "Measuring and forecasting progress towards the education-related SDG targets", *Nature* 580, 636–639, 2020 참조.
6. Vollset *et al*., "Fertility, mortality, migration and population scenarios for 195 countries and territories from 2017 to 2100: a forecasting analysis for the Global Burden of Disease Study", *The Lancet* doi.org/10.1016/S0140–6736(20)20677–2, 2020 참조.
7. 예를 들어 다음을 참조하라. Horneck *et al*., "Space microbiology", *Microbiology and Molecular Biology Reviews* 74, 121–156, 2010. 인간 외의 생물들이 행성 간 여행을 할 가능성에 대해서는 이 책에서 논하지 않겠다.
8. 그리고 모두 남성이었다. 이것은 어쨌든 번식 기회를 제한하는 일이다.

역자 후기

이 책은 먼 옛날 초신성의 폭발로 태양계와 지구가 탄생하고 얼마 지나지 않아 지구상에 생명이 등장한 후부터 오늘날까지 이어진 약 46억 년의 역사를 한 권의 책으로 압축해놓은 결과물이다. 저자인 헨리 지는 그 기나긴 시간 동안 생명의 세계에서 일어난 커다란 사건들을 책의 제목처럼 아주 짧고 누구나 이해하기 쉽게 정리했다. 아무리 화석 기록을 근거로 삼는다고 해도 수억 년 전 지구의 모습을 묘사하는 일은 가정과 추측으로 이루어질 수밖에 없다. 이 책 또한 '–했을 것이다'나 '–했을지도 모른다'와 같은 문장들을 통해서 기이하게 아름다운 생물들로 가득했던 약 5억 년 전의 바닷속, 고요하고 음침했던 약 3억 년 전의 숲속, 공룡들이 날아다니던 약 1억 년 전의 하늘 등 까마득하게 먼 과거의 모습을 생생하게 되살려낸다. 특히 마지막 제12장은 인류의 멸종과 지구의 미래를 다루는 만큼 더욱더 불확실한 예측들로 채워져 있다. 그러나 이 책은 과거나 미래의 사건들에 관한 가설들을 다양하게 소개하기보다는 기나긴 생명의 역사를 관통하는 하나의 거대한 이야기를 독자들이 이해하기 쉽게 끌고 가는 데에 집중한다. 저자가 솜씨 좋게 풀어놓은 이 이야기를 따라가다 보면 최초의 척추동물, 최초의 육상동물, 최초의 새 등을 거쳐 어느새 인류의 조상과 만나게 된다.

번역을 하는 동안에는 책 속의 세세한 정보에 매달릴 수밖에 없다. 상상하기 힘들 정도로 오래 전에 살았던 어느 동물의 긴 라틴어 학명, 화석 기록을 통해서 밝혀진 그 동물의 뼈 모양, 그 동물을 잡아먹던 포식자의 구강 구조 같은 것들 말이다. 그렇게 어느 한 시대에 몰두하다 보면 그 모든 일이 일어난 무대가 지금 내가 발을 디디고 서 있는 지구와는 상관없는 전혀 다른 공간, 그저 낯설고 기이한 생명체들이 뛰어다니는 흥미진진한 세계처럼 느껴진다. 과거의 신기한 생물들에 대해서 알아가는 것은 그 자체로 즐거운 일이다. 어린 시절, 발음하기도 힘든 공룡의 이름을 줄줄 외우며 느꼈던 기쁨을 기억해보라. 인류의 역사에 대해서도 마찬가지이다. 아프리카에서 처음 출현한 우리의 조상들이 역경을 헤치며 전 세계로 퍼져나간 사실에만 몰입해 있다 보면, 이 모든 것이 하나의 기승전결이 있는 서사, 예를 들면 인간이 지구의 지배자가 된 현재를 결말로 삼는 한 편의 영화처럼 느껴지기도 한다. 사실 이런 즐거움이야말로 우리가 서점에서 공룡에 관한 책, 인류의 진화에 관한 책을 한 권이라도 더 집어드는 이유가 된다.

그러나 지구 생명의 역사를 처음부터 끝까지 한 호흡으로 읽다 보면 좀더 넓은 시각으로 이 거대한 흐름을 바라보게 된다. 다시 말해서 주기적으로 지구상의 모든 것을 태우고 녹이고 묻어버리는 어마어마한 재난을 겪으면서도 다양한 방식으로 버텨내고 번성해온 생명의 힘, 그런 생명이 거쳐온 수십억 년의 역사에서 아주 최근에야 등장한 인류의 존재가 가지는 의미에 대해서 생각해볼 기회가 생긴다. 우리는 이런저런 우연들을 바탕으로 지금처럼 지구에 크나큰 영향을 미치는 존재로 진화했다. 그러나 저자가 장담하듯이 우리는 아무리 노력해도 조만간 멸종하게 될 것이고, 기나긴 지구의 역사에 비하면 너무나 짧은 시간 동안 우리가 쌓은 그 찬란한 업적도 결국에는 흔적조차 남지 않고 사라질 것이다. 우리가 사라진 후에도 아무 일 없었다는 듯 지구와 태양의 역사는 계속될 것임은 물론이다. 즉, 우리는 너무나 특별하면서도 특별할 것 없는 존재이다.

인간이 쓴 모든 생명의 역사는 당연히 인류의 이야기로 끝을 맺는다. 그리고 그 과정에서 우리가 이 지구에 미친 영향, 특히 우리가 입힌 피해를 돌아보지 않을 수 없다. 이 책의 후반부도 마찬가지이다. 인류가 지구에 초래한 위기와 그로 인해 임박한 종말에 대해서 요즘처럼 심각하게 돌아보게 되는 때가 또 있었을까 싶다. 저자가 올라프 스테이플던의 소설 속 문장을 인용하며 "절망하지 마라"는 말로 끝을 맺을 때, 신기한 고대 생물들의 이름 속에서 즐거운 시간 여행을 하던 우리는 다시 특별하면서도 특별할 것 없는 인류의 한 구성원으로 돌아와 공통의 책임과 마주하게 된다. 수십억 년에 걸친 생명의 역사를 아주 짧게 압축하여 읽는다는 것은 바로 그런 시각을 가지게 한다는 점에서 의미 있는 일이 아닐까 싶다.

2022년 봄

홍주연

찾아보기